高等职业教育建筑工程技术专业系列教材

总主编 /李 辉
执行总主编 /吴明军

建筑工程项目管理

（第2版）

主 编 张 迪 申永康
副主编 王 华 魏 俊 高 翔
参 编 马 琳
主 审 张小林

重庆大学出版社

内容提要

本教材根据《高等职业教育建筑工程技术专业教学标准》并结合高等职业教育的教学特点和专业需要编写而成。其主要内容由建筑工程项目管理概述、建筑工程项目管理程序与制度、施工项目管理概述、施工项目目标控制、施工项目现场管理、建筑工程项目信息管理、建筑工程项目资源管理、工程项目收尾管理8个项目组成。通过对本课程的学习,学生能够掌握建筑工程项目管理的基本知识,具备编制工程项目管理文件,指导现场施工,进行施工过程控制等技能。

本教材可作为高等职业教育建筑工程技术专业、工程造价等专业的教学用书,也可作为岗位培训教材或供土建工程技术人员学习参考。

图书在版编目(CIP)数据

建筑工程项目管理 / 张迪,申永康主编. -- 2 版
. -- 重庆:重庆大学出版社,2020.8(2022.7 重印)
高等职业教育建筑工程技术专业系列教材
ISBN 978-7-5624-8251-2

Ⅰ. ①建… Ⅱ. ①张… ②申… Ⅲ. ①建筑工程—工
程项目管理—高等职业教育—教材 Ⅳ. ①TU712.1

中国版本图书馆 CIP 数据核字(2020)第 139094 号

高等职业教育建筑工程技术专业系列教材
建筑工程项目管理
(第 2 版)
主　编　张　迪　申永康
副主编　王　华　魏　俊　高　翔
责任编辑:范春青　版式设计:范春青
责任校对:邹　忌　责任印制:赵　晟
*
重庆大学出版社出版发行
出版人:饶帮华
社址:重庆市沙坪坝区大学城西路 21 号
邮编:401331
电话:(023)88617190　88617185(中小学)
传真:(023)88617186　88617166
网址:http://www.cqup.com.cn
邮箱:fxk@cqup.com.cn(营销中心)
全国新华书店经销
重庆巍承印务有限公司印刷
*
开本:787mm×1092mm　1/16　印张:16.25　字数:407 千
2014 年 8 月第 1 版　2020 年 8 月第 2 版　2022 年 7 月第 7 次印刷
ISBN 978-7-5624-8251-2　定价:43.00 元

编审委员会

序　言

　　进入 21 世纪,高等职业教育建筑工程技术专业办学在全国呈现出点多面广的格局。截至 2013 年,我国已有 600 多所院校开设了高职建筑工程技术专业,在校生达到 28 万余人。如何培养面向企业、面向社会的建筑工程技术技能型人才,是广大建筑工程技术专业教育工作者一直在思考的问题。建筑工程技术专业作为教育部、住房和城乡建设部确定的国家技能型紧缺人才培养专业,也被许多示范高职院校选为探索构建"工作过程系统化的行动导向教学模式"课程体系建设的专业,这些都促进了该专业的教学改革和发展,其教育背景以及理念都发生了很大变化。

　　为了满足建筑工程技术专业职业教育改革和发展的需要,重庆大学出版社在历经多年深入高职高专院校调研基础上,组织编写了这套"高等职业教育建筑工程技术专业系列教材"。该系列教材由四川建筑职业技术学院吴泽教授担任顾问,住房和城乡建设职业教育教学指导委员会副主任委员李辉教授、四川建筑职业技术学院吴明军教授分别担任总主编和执行总主编,以国家级示范高职院校及建筑工程技术专业为国家级特色专业、省级特色专业的院校为编著主体,全国共 20 多所高职高专院校建筑工程技术专业骨干教师参与完成,极大地保障了教材的品质。

　　本系列教材精心设计专业课程体系,共包含两大模块:通用的"公共模块"和各具特色的"体系方向模块"。公共模块包含专业基础课程、公共专业课程、实训课程三个小模块;体系方向模块包括传统体系专业课程、教改体系专业课程两个小模块。各院校可根据自身教改和教学条件实际情况,选择组合各具特色的教学体系,即传统教学体系(公共模块 + 传统体系专业课)和教改教学体系(公共模块 + 教改体系专业课)。

本系列教材在编写过程中,力求突出以下特色:

(1)依据《高等职业学校专业教学标准(试行)》中"高等职业学校建筑工程技术专业教学标准"和"实训导则"编写,紧贴当前高职教育的教学改革要求。

(2)教材编写以项目教学为主导,以职业能力培养为核心,适应高等职业教育教学改革的发展方向。

(3)教改教材的编写以实际工程项目或专门设计的教学项目为载体展开,突出"职业工作的真实过程和职业能力的形成过程",强调"理实"一体化。

(4)实训教材的编写突出职业教育实践性操作技能训练,强化本专业的基本技能的实训力度,培养职业岗位需求的实际操作能力,为停课进行的实训专周教学服务。

(5)每本教材都有企业专家参与大纲审定、教材编写以及审稿等工作,确保教学内容更贴近建筑工程实际。

我们相信,本系列教材的出版将为高等职业教育建筑工程技术专业的教学改革和健康发展起到积极的促进作用!

全国住房和城乡建设职业教育教学指导委员会副主任委员

前言（第2版）

随着建筑工程管理领域的蓬勃发展与新一批建设规范的颁布，2014年出版的《建筑工程项目管理》内容需要修订。在保留原版内容框架与教材风格的基础上，本次修订主要体现三个新的特点：首先是紧扣新标准，以《建设工程项目管理规范》（GB/T 50326—2017）、《建设项目工程总承包管理规范》（GB/T 50358—2017）、国务院16号令等一批新规范、新规定、新标准为指导，重新梳理教材内容；其次是凸显新技术、新方法，以BIM技术等建筑信息化技术为导向，彰显新技术、新方法对建筑工程管理的影响；再次是紧跟工程管理研究的新前沿，如工程管理问题的哲学分析等，让学生对学科前沿知识有所了解。

本书由咸阳职业技术学院张迪、西安工程大学申永康任主编，杨凌职业技术学院王华、中国煤炭科工集团北京华宇工程有限公司魏俊、杨凌职业技术学院高翔任副主编，由杨凌职业技术学院张小林任主审。全书由8个项目组成，项目1与项目4由西安工程大学申永康编写，项目2和项目5由杨凌职业技术学院王华编写，项目3由咸阳职业技术学院张迪编写，项目6由杨凌职业技术学院高翔编写，项目7由中国煤炭科工集团北京华宇工程有限公司魏俊编写，项目8由杨凌职业技术学院马琳编写。申永康承担了全书的统稿和校订工作。

在本书编写中引用了大量的规范、专业文献和资料，恕未在书中一一注明。在此，对有关作者表示诚挚的谢意。

由于编者水平有限，书中难免存在缺点和疏漏，恳请广大读者批评指正。

编　者

2020年7月

前　言

　　"建筑工程项目管理"是高等职业教育建筑工程技术专业及其他相关土建类专业的一门专业主干课程,主要阐述了建筑工程项目管理的基本理论、基本方法、建设项目管理的主要内容,以及建筑工程管理的现行行业规范和标准。

　　本书是以2012年5月重庆大学出版社高等职业教育"建筑工程技术专业系列教材"编委会编制的课程大纲为依据编写的。本书在编写过程中,注重与项目管理基本理论知识的联系,突出实用性,主要突出对解决施工项目管理实践问题的能力培养,力求做到特色鲜明、层次分明、条理清晰、结构合理。教材内容组织体现了工程项目管理的基本理论及基本方法与建筑工程项目管理实践相结合的原则,前3个项目主要介绍基本概念、基本理论与基本方法,后5个项目结合建筑工程项目管理的特点,主要介绍基于建筑工程项目管理过程及现场管理的实务技术。通过对本课程的学习,学生能够掌握建筑工程项目管理的基本知识,具备编制工程项目管理文件、指导现场施工、进行施工过程控制等技能。

　　本书由杨凌职业技术学院张迪、内蒙古机电职业技术学院金明祥任主编,由杨凌职业技术学院马琳、彭燕,内蒙古机电职业技术学院葛春兰任副主编,由杨凌职业技术学院申永康任主审。全书由8个项目组成,第1、3项目由内蒙古机电职业技术学院金明祥编写,第2、5项目由杨凌职业技术学院彭燕编写,第4项目由杨凌职业技术学院张迪编写,第6项目由内蒙古机电职业技术学院葛春兰编写,第7、8项目由杨凌职业技术学院马琳编写。张迪教授还承担了全书的统稿和校订工作。

　　本书在编写中引用了大量的规范、专业文献和资料,恕未在书中一一注明。在此,对有关作者表示诚挚的谢意。

　　由于编者水平有限,书中难免存在缺点和疏漏,恳请广大读者批评指正。

编　者

2014年1月

目 录

项目 1
建筑工程项目管理概述

项目导读

● **主要内容及要求**　本项目主要介绍了建筑工程项目、项目管理、项目管理的分类、项目管理的主体等建筑工程项目管理的基本概念,从施工方、业主方及其他3个方面介绍了建设项目管理的主要内容,分别介绍了中美两国的项目管理知识框架体系。通过本项目的学习,了解项目管理的产生与发展,掌握建筑工程项目管理的基本内容,熟悉项目管理知识框架体系。

● **重点**　建设项目管理的基本内容。

● **难点**　项目管理知识框架体系。

子项 1.1　建筑工程项目管理的基本概念

1.1.1　建筑工程项目

项目是指在一定的约束条件下,具有特定的明确目标和完整的组织结构的一次性任务或活动。简单来说,安排一场演出、开发一种新产品、建一幢房子都可以称为一个项目。

建设项目是为完成依法立项的新建、改建、扩建的各类工程(土木工程、建筑工程及安装工程等)而进行的、有起止日期的、达到规定要求的由一组相互关联的受控活动组成的特定过程,包括策划、勘察、设计、采购、施工、试运行、竣工验收和移交等,有时也简称为项目。

建筑工程项目是建设项目的主要组成内容,也称建筑产品。建筑产品的最终形式为建筑物和构筑物,它除具有建设项目所有的特点以外,还具有下述特点:

1) 建筑产品的特点

(1) 庞大性

建筑产品与一般的产品相比,从体积、占地面积和自重上看相当庞大,从耗用的资源品种和数量上看也是相当巨大的。

(2) 固定性

建筑产品相当庞大,移动非常困难。因其为人类主要的活动场所,不仅需要舒适,更要满足安全、耐用等功能上的要求,这就要求其要固定地与大地连在一起,和地球一同自转和公转。

(3) 多样性

建筑产品的多样性体现在功能不同、承重结构不同、建造地点不同、参与建设的人员不同、使用的材料不同等,使得建筑产品具有人一样的个性,即多样性。如按使用性质不同,建筑物可分为居住建筑、公共建筑、工业建筑和农业建筑4大类;按结构的不同,建筑物一般分为砖木结构、砖混结构、钢筋混凝土结构、钢结构建筑等。

(4) 持久性

建筑产品因其庞大性和建筑工艺的要求使得建造时间很长,因其是人们生活和工作的主要场所,它的使用时间更长。房屋建筑的合理使用年限短则几十年,长则上百年,有些建筑距今已有几百年的历史,但仍然完好。

2) 建筑产品施工的特点

(1) 季节性

由于建筑产品的庞大性,使得整个建筑产品的建造过程受到风吹、雨淋、日晒等自然条件的影响,因此工程施工包括冬季施工、夏季施工和雨季施工等季节性施工。

(2) 流动性

由于建筑产品具有固定性,就给施工生产带来了流动性。这是因为建筑的房屋是不动的,所需要的劳动力、材料、设备等资源均需要从不同的地点流动到建设地点。这也给建筑工人的生活、生产带来很多不便和困难。

(3) 复杂性

由于建筑产品的多样性,使得建筑产品的施工应该根据不同的地质条件、不同的结构形式、不同的地域环境、不同的劳动对象、不同的劳动工具和不同的劳动者去组织实施。因此,整个建造过程相当复杂,随着工程进展,施工工作还需要不断调整。

(4) 连续性

一般情况下,人们把建筑物分成基础工程、主体工程和装饰工程3个部分。一个功能完善的建筑产品则需要完成所有的工作步骤才能使用。另外,由于工艺上要求不能间断施工,从而使得施工过程具有一定的连续性,如混凝土的浇筑等。

3) 施工管理的特点

(1) 多变性

建筑产品的建造时间长、建造地质和地域差异、环境变化、政策变化、价格变化等因素使得整个过程充满了变数和变化。

（2）广交性

在整个建筑产品的施工过程中参与的单位和部门繁多,项目管理者要与上自国家机关各部门的领导、下到施工现场的操作工人打交道,需要协调各方面和各层次之间的关系。

1.1.2 建筑工程项目管理

项目管理作为20世纪50年代发展起来的新领域,现已成为现代管理学的一个重要分支,并越来越受到重视。运用项目管理的知识和经验,可以极大地提高管理人员的工作效率。按照传统的做法,当企业设定了一个项目后,参与这个项目的至少会有几个部门,如财务部门、市场部门、行政部门等。不同部门在运作项目过程中不可避免地会产生摩擦,须进行协调,这些无疑会增加项目的成本,影响项目实施的效率。项目管理的做法则不同。不同职能部门的成员因为某一个项目而组成团队,项目经理则是项目团队的领导者,他所肩负的责任就是领导他的团队准时、优质地完成全部工作,在不超出预算的情况下实现项目目标。项目的管理者不仅仅是项目执行者,他还参与项目的需求确定、项目选择、计划直至收尾的全过程,并在时间、成本、质量、风险、合同、采购、人力资源等各个方面对项目进行全方位的管理,因此,项目管理可以帮助企业处理需要跨领域解决的复杂问题,并实现更高的运营效率。

建设工程项目管理是组织运用系统的观点、理论和方法,对建设工程项目进行的计划、组织、指挥、协调和控制等专业化活动。而建筑工程项目管理则是针对建筑工程,在一定约束条件下,以建筑工程项目为对象,以最优实现建筑工程项目目标为目的,以建筑工程项目经理负责制为基础,以建筑工程承包合同为纽带,对建筑工程项目高效率地进行计划、组织、协调、控制和监督等系统管理活动。

1.1.3 建筑工程项目管理的周期

工程项目管理周期,是人们长期在工程建设实践、认识、再实践、再认识的过程中,对理论和实践的高度概括和总结。工程项目周期是指一个工程项目由筹划立项开始,直到项目竣工投产收回投资,达到预期目标的整个过程。

工程项目管理的周期实际就是工程项目的周期,也就是一个建设项目的建设周期。建筑工程项目管理周期相对工程项目管理周期来讲,面比较窄,但周期是一致的,当然对于不同的主体来讲周期是不同的。如作为项目发包人来说,从整个项目的投资决策到项目报废回收称为全寿命周期的项目管理,而对于项目承包人来说则是合同周期或法律规定的责任周期。

参与建筑工程项目建设管理的各方(管理主体)在工程项目建设中均存在项目管理。项目承包人受业主委托承担建设项目的勘察、设计及施工,他们有义务对建筑工程项目进行管理。一些大、中型工程项目,发包人(业主)因缺乏项目管理经验,也可委托项目管理咨询公司代为进行项目管理。

在项目建设中,业主、设计单位和施工项目承包人处于不同的地位,对同一个项目各自承担的任务不同,其项目管理的任务也是不相同的。如在费用控制方面,业主要控制整个项目建设的投资总额,而施工项目承包人考虑的是控制该项目的施工成本;在进度控制方面,业主应控制整个项目的建设进度,而设计单位主要控制设计进度,施工项目承包人控制所承包部分工程的施工进度。

1.1.4　工程项目建设管理的主体

在项目管理规范中明确了管理的主体分为项目发包人(简称发包人)和项目承包人(简称承包人)。项目发包人是按合同约定、具有项目发包主体资格和支付合同价款能力的当事人,以及取得该当事人资格的合法继承人。项目承包人是按合同约定、被发包人接受的具有项目承包主体资格的当事人,以及取得该当事人资格的合法继承人。有时承包人也可以作为发包人出现,如在项目分包过程中。

1)项目发包人

①国家机关等行政部门;

②国内外企业;

③在分包活动中的原承包人。

2)项目承包人

(1)勘察设计单位

①建筑专业设计院;

②其他设计单位(如林业勘察设计院、铁路勘察设计院、轻工勘察设计院等)。

(2)中介机构

①专业监理咨询机构;

②其他监理咨询机构。

(3)施工企业

①综合性施工企业(总包);

②专业性施工企业(分包)。

1.1.5　建筑工程项目管理的分类

在建筑工程项目实施过程中,每个参与单位依据合同或多或少地进行了项目管理,这里的分类则是按项目管理的侧重点而分。建筑工程项目管理按管理的责任可以划分为咨询公司(项目管理公司)的项目管理、工程项目总承包方的项目管理、施工方的项目管理、业主方的项目管理、设计方的项目管理、供应商的项目管理以及建设管理部门的项目管理。在我国,目前还有采用工程指挥部代替有关部门进行的项目管理。

在工程项目建设的不同阶段,参与工程项目建设各方的管理内容及重点各不相同。在设计阶段的工程项目管理分为项目发包人的设计管理和设计单位的设计管理两种;在施工阶段的工程管理则主要分为业主的工程项目管理、承包商的工程项目管理、监理工程师的工程项目管理。下面对工程项目管理实践中最常见的管理类型进行介绍。

1)工程项目总承包方的项目管理

业主在项目决策后,通过招标择优选定总承包商,全面负责建设工程项目的实施全过程,直至最终交付使用功能和质量符合合同文件规定的工程项目。因此,总承包方的项目管理是贯穿于项目实施全过程的全面管理,既包括设计阶段也包括施工安装阶段,以实现其承建工程项目的经营方针和项目管理的目标,取得预期的经营效益。显然,总承包方必须在合同条件的约束下,依靠自身的技术和管理优势,通过优化设计及施工方案,在规定的时间内,保质保量并且安全地完成工程项目的承建任务。从交易的角度看,项目业主是买方,总承包单位是卖方,因此两者的地位和利益追求是不同的。

2)施工方(承包人)项目管理

项目承包人通过工程施工投标取得工程施工承包合同,并以施工合同所界定的工程范围组织项目管理,简称施工项目管理。从完整的意义上说,这种施工项目应该指施工总承包的完整工程项目,包括其中的土建工程施工和建筑设备工程施工安装,最终成果能形成独立使用功能的建筑产品。然而从工程项目系统分析的角度,分项工程、分部工程也是构成工程项目的子系统。按子系统定义项目,既有其特定的约束条件和目标要求,而且也是一次性的任务。

因此,工程项目按专业、按部位分解发包的情况,承包方仍然可以按承包合同界定的局部施工任务作为项目管理的对象,这就是广义的施工企业的项目管理。

子项 1.2   建筑工程项目管理的基本内容

建设工程项目管理的基本内容应包括编制项目管理规划大纲和项目管理实施规划、项目组织管理、项目进度管理、项目质量管理、项目职业健康安全管理、项目环境管理、项目成本管理、项目采购管理、项目合同管理、项目资源管理、项目信息管理、项目风险管理、项目沟通管理、项目收尾管理。

建筑工程项目是最常见、最典型的工程项目类型,建筑工程项目管理是项目管理在建筑工程项目中的具体应用。建筑工程项目管理是根据各项目管理主体的任务对以上各内容的细分。承包商的项目管理是对所承担的施工项目目标进行的策划、控制和协调,项目管理的任务主要集中在施工阶段,也可以向前延伸到设计阶段,向后延伸到动工前准备阶段和保修阶段。

1.2.1   施工方项目管理的内容

为了实现施工项目各阶段目标和最终目标,承包商必须加强施工项目管理工作。在投标、签订工程承包合同以后,施工项目管理的主体,便是以施工项目经理为首的项目经理部(即项目管理层)。管理的客体是具体的施工对象、施工活动及相关的劳动要素。

管理的内容包括:建立施工项目管理组织,进行施工项目管理规划,进行施工项目的目标控制,对施工项目劳动要素进行优化配置和动态管理,施工项目的组织协调,施工项目的合同管理、信息管理以及施工项目管理总结等。现将上述各项内容简述如下:

1)建立施工项目管理组织

由企业采用适当的方式选聘称职的施工项目经理;根据施工项目组织原则,选用适当的组织形式,组建施工项目管理机构,明确责任、权限和义务;在遵守企业规章制度的前提下,根据施工项目管理的需要,制订施工项目管理制度。

2)进行施工项目管理规划

施工项目管理规划是对施工项目管理组织、内容、方法、步骤、重点进行预测和决策,作出具体安排的纲领性文件。施工项目管理规划的内容主要有:

①进行工程项目分解,形成施工对象分解体系,以便确定阶段性控制目标,从局部到整体进行施工活动和施工项目管理。

②建立施工项目管理工作体系,绘制施工项目管理工作体系图和施工项目管理工作信息流程图。

③编制施工管理规划,确定管理点,形成文件,以便于执行。这个文件类似于施工组织设计。

3)进行施工项目的目标控制

施工项目的目标有阶段性目标和最终目标。实现各项目标是施工项目管理的目的,所以应当坚持以控制论原理和理论为指导,进行全过程的科学控制。施工项目的控制目标包括进度控制目标、质量控制目标、成本控制目标和安全控制目标。

由于在施工项目目标的控制过程中会不断受到各种客观因素的干扰,各种风险因素都有可能发生,故应通过组织协调和风险管理对施工项目目标进行动态控制。

4)劳动要素管理和施工现场管理

施工项目的劳动要素是施工项目目标得以实现的保证,主要包括劳动力、材料、机械设备、资金和技术(即"5M")。施工现场的管理对于节约材料、节省投资、保证施工进度、创建文明工地等方面都至关重要。

这部分的主要内容有:

①分析各劳动要素的特点;按照一定的原则、方法对施工项目劳动要素进行优化配置,并对配置状况进行评价。

②对施工项目的各劳动要素进行动态管理;进行施工现场平面图设计,做好现场的调度与管理。

5)施工项目的组织协调

组织协调为目标控制服务,其内容包括人际关系的协调、组织关系的协调、配合关系的协调、供求关系的协调、约束关系的协调。

6)施工项目的合同管理

由于施工项目管理是在市场条件下进行的特殊交易活动的管理,这种交易活动从招标、投标工作开始,并持续于项目管理的全过程,因此必须依法签订合同,进行履约经营。合同管理体制的好坏直接涉及项目管理及工程施工的技术经济效果和目标实现。因此要从招标、投标开始,加强工程承包合同的签订、履行管理。合同管理是一项执法、守法活动,市场有国内市场和国际市场,因此合同管理势必涉及国内和国际上有关法规和合同文本、合同条件,在合同管理中应予以高度重视。为了取得经济效益,还必须注意重视工程索赔,讲究方法和技巧,为获取索赔提供充分的证据。

7）施工项目的信息管理

现代化管理要依靠信息。施工项目管理是一项复杂的现代化管理活动。进行施工项目管理、施工项目目标控制、动态管理,必须依靠信息管理,而信息管理又要依靠电子计算机进行辅助。

8）施工项目管理总结

从管理的循环来说,管理的总结阶段既是对管理计划、执行、检查阶段经验和问题的提炼,又是进行新的管理所需信息的来源,其经验可作为新的管理标准和制度,其问题有待于下一循环管理予以解决。施工项目管理由于其一次性特点,更应注意总结,依靠总结不断提高管理水平,丰富和发展工程项目管理学科。

1.2.2 业主方项目管理(建设监理)

业主方的项目管理是全过程、全方位的,包括项目实施阶段的各个环节,主要有组织协调,合同管理,信息管理,投资、质量、进度、安全4大目标控制,人们把它通俗地概括为"一协调二管理四控制"或"四控制二管理一协调"。

由于工程项目的实施是一次性的任务,因此,业主方自行进行项目管理往往具有很大的局限性。首先在技术和管理方面,缺乏配套的力量,即使配备了管理班子,没有连续的工程任务也是不经济的。在计划经济体制下,每个项目发包人都建立了一个筹建处或基建处来负责工程建设,这不符合市场经济条件下资源的优化配置和动态管理,而且也不利于建设经验的积累和应用。因此,在市场经济体制下,工程项目业主完全可以依靠发达的咨询业为其提供项目管理服务,这就是建设监理。监理单位接受工程业主的委托,提供全过程监理服务。由于建设监理的性质是属于智力密集型的咨询服务,因此,它可以向前延伸到项目投资决策阶段,包括立项和可行性研究等。这是建设监理和项目管理在时间范围、实施主体和所处地位、任务目标等方面的不同之处。

1.2.3 项目相关方管理

（1）设计方项目管理

设计单位受业主委托承担工程项目的设计任务,以设计合同所界定的工作目标及其责任义务作为该项工程设计管理的对象、内容和条件,通常简称设计项目管理。设计项目管理也就是设计单位对履行工程设计合同和实现设计单位经营方针目标而进行的设计管理。尽管其地位、作用和利益追求与项目业主不同,但它也是建设工程设计阶段项目管理的重要方面。

只有通过设计合同,依靠设计方的自主项目管理,才能贯彻业主的建设意图和实施设计阶段的投资、质量和进度控制。

（2）供货方的项目管理

从建设项目管理的系统分析角度看,建设物资供应工作也是工程项目实施的一个子系统,它有明确的任务和目标,明确的制约条件以及项目实施子系统的内在联系。因此,制造厂、供应商同样可以将加工生产制造和供应合同所界定的任务,作为项目进行目标管理和控制,以适应建设项目总目标控制的要求。

（3）建设管理部门的项目管理

建设管理部门的项目管理就是对项目实施的可行性、合法性、政策性、方向性、规范性、计划性进行监督管理。

子项 1.3 项目管理知识框架体系

目前全世界有三大项目管理的研究体系,即以欧洲为代表的体系——国际项目管理协会(International Project Management Association,IPMA)、以美国为代表的体系——美国项目管理协会(Project Management Institute,PMI)和以中国为代表的体系——中项技工程技术研究院(4DPM)。其中,美国项目管理协会和中项技工程技术研究院拥有纯粹原创的知识体系。而 IPMA 拥有一个应用标准——国际项目管理专业资质标准(IPMA Competence Baseline,ICB),其对项目管理者的素质要求大约有 40 个方面。

1.3.1 美国的项目管理知识框架体系介绍

截至 2017 年 3 月出版的第六版 PMBOK,将项目管理划分为 10 大知识领域,即项目整合管理、项目范围管理、项目时间管理、项目成本管理、项目质量管理、项目人力资源管理、项目沟通管理、项目风险管理、项目采购管理、项目干系人管理。

1) 项目整合管理

项目整合管理(以前版本称为项目综合管理或项目集成管理),包括 6 个子过程:制订项目章程、制订项目管理计划、指导与管理项目执行、监控项目工作、实施整体变更控制、结束项目或阶段。项目整合管理包括那些确保项目各要素相互协调所需要的过程,它涉及在竞争目标和方案选择中作出平衡,以满足或超出项目利害关系者的需求和期望。

本书叙述的焦点集中在用于项目管理各过程相互作用的工具和技术。例如:当成本估计被用于某一计划中或者与成员变化相关的风险要求被识别时,项目整合管理即可派上用场。为了项目的成功,综合管理也必须发生在其他领域。

2) 项目范围管理

保证项目的完成,并不仅是完成全部要求的工作,而要保证不会偏离项目,造成资源浪费的过程。项目管理范围主要包括以下内容:

①立项——证实项目开始。

②范围计划编程——制订一个范围说明,作为将来项目决策的基础。

③范围定义——将项目可交付成果分为几个小的、更易管理的部分。

④范围核实——项目范围的正式接纳。

⑤范围变更控制——控制项目范围的变化。

3) 项目时间管理

确保项目按时完成的过程,也被称为项目进度管理。其主要包括 7 个子过程:规划进度管理、定义活动、排列活动顺序、估算活动资源、估算活动持续时间、制订进度计划、控制进度。

①规划进度管理及定义活动——确定为完成各种项目可交付成果所必须进行的诸项具体流程。

②排列活动顺序——确定各流程间的依赖关系,并形成文件。

③估算活动时间及资源——估计每一项工作所需要的时间段及需要资源。

④制订进度计划——分析工作顺序、工作工期和资源需求,编制项目进度计划。

⑤进度控制——控制项目进度计划的变化。

4)项目成本管理

项目成本管理包括确保在批准的预算内完成项目所需要的诸过程,以下是成本管理主要过程的概况。

①资源规划——确定为完成项目各项工作,需要何种资源(人、设备、材料)以及每种资源的概况。

②费用估算——编制一个为完成项目各环节所需要的资源费用的近似估算。

③费用预算——将总费用估算分配到各单项工作上。

④费用控制——控制项目预算的变更。

5)项目风险管理

项目风险管理包括对项目风险的识别、分析和应对过程,包括对正面事件效果的最大化及对负面事件影响的最小化。

①风险识别——确定哪些风险可能对项目造成影响,并且编制每种风险的特性文件。

②风险量化——通过对风险及风险相互作用的评估来评价项目结果的可能性。

③风险应对措施的开发——确定扩大机会的步骤及对威胁的应对措施。

④风险应对控制——对项目过程中风险变化的回应。

6)项目沟通管理

项目沟通管理包括保证及时、适当地产生、收集、发布、储存和最终处理项目信息所需的过程。它是人、意见和信息之间的关键纽带,是成功所必需的条件。参与项目的每一个人都必须做好以项目"语言"方式传达和接收信息的准备,同时还必须明白他们以个人身份涉及的信息将如何影响整个项目。

①信息计划编制——确定项目受益人的信息和沟通需求:什么人需要什么信息,他们什么时候需要,以及如何将信息提供给他们。

②信息发布——及时将所需的信息提供给项目受益人。

③执行情况汇报——收集并发布执行情况信息,包括现状汇报、进度测量和预测。

④行政收尾——产生、收集和发布阶段定型或项目完成的信息。

7)项目质量管理

项目质量管理包括保证项目满足其需求所需要的过程。它包括确定质量方针、目标和职责,并在质量体系中通过诸如质量计划、质量控制、质量保证和质量改进使其实施的全面管理职能的所有活动。以下是质量管理过程:

①质量计划编制——确定哪些质量标准与项目相关,并决定如何满足它们。

②质量保证——定期评价总体项目执行情况,以提供项目满足相关质量标准的信心。

③质量控制——监控具体项目结果,以确定是否遵照相关的质量标准;确定消除导致不满意执行情况的方法。

8)项目人力资源管理

项目人力资源管理包括需要最有效地利用涉及项目人员的过程。

①组织计划编制——所有项目受益者、发起人、客户、个体贡献者和其他方组织的计划编制,确定、编制和分配项目任务,职权和报告关系。

②人员招聘——通过人员招聘,获得需要分配到并工作于项目上的人力资源。

③队伍开发与建设——为加强项目执行开发个人或团体技能,包括综合管理技能中讨论的领导、沟通、协商等,委派、激励、培训、监控、指导及其他有关针对个人的事宜,队伍建设、矛盾处理及其他有关针对团体的事宜。

④评价及其他——执行情况评价、招募及保持劳动关系、保健和安全规则及其他与人力资源职能管理有关的事宜。

9)项目采购管理

项目采购管理包括需要从执行组织以外获得货物和服务的过程。概述其主要过程为:

①采购计划编制——决定何时采购何物。

②招标计划编制——编制产品需求和鉴定潜在的来源。

③招标——依据情况获得报价、投标建议书。

④选择来源——选择潜在的卖方。

⑤合同管理——管理与买方的关系。

10)干系人管理

干系人管理包括4个过程:识别干系人、规划干系人管理、管理干系人参与、控制干系人参与。应该把干系人满意度作为一个关键的项目目标进行管理。

干系人管理包含的项目管理过程有:

①识别干系人——识别能影响项目或受项目影响的全部人员、群体和组织,以及识别项目决策、活动或结果影响的人、群体或组织,并分析记录他们的相关信息的过程。

②规划干系人的管理——基于对干系人需要、利益及对项目成功的潜在影响的分析,制订合适的管理策略,以有效调动干系人参与整个项目生命周期的过程。

③管理干系人参与——在整个项目周期中,与干系人进行沟通和协作,以满足其需要与期望,解决实际出现的问题,并促进干系人合理参与项目活动的过程。

④控制干系人参与——全面监督项目干系人之间的关系,调整策略和计划,以调动干系人参与的过程。

综上所述,每个项目都有干系人,他们受项目的积极或消极影响,或者能对项目施加积极或消极的影响。有些项目关系人对项目的影响有限,有些可能对项目及其结果有重大影响。项目经理正确识别并合理管理干系人的能力,能决定项目的成败。

1.3.2 中国项目管理知识体系

中国项目管理知识体系(Chinese-Project Management Body of Knowledge,C-PMBOK)是由

中国(双法)项目管理研究委员会(PMRC)发起并组织实施的,2001 年 7 月推出了第 1 版,2006 年 10 月推出了第 2 版。与其他国家的 PMBOK 相比较,如《美国项目管理知识体系》《英国项目管理知识体系》《德国项目管理知识体系》《法国项目管理知识体系》《瑞士项目管理知识体系》《澳大利亚项目管理知识体系》等,C-PMBOK 的突出特点是以生存周期为主线,以模块化的形式来描述项目管理所涉及的主要工作及其知识领域。在知识内容、写作结构上,C-PMBOK 的特色主要表现在:采用了"模块化的组合结构",便于知识的按需组合;以生存周期为主线,进行项目管理知识体系、知识模块的划分与组织;体现中国项目管理特色,扩充了项目管理知识体系的内容。

中国项目管理知识体系 C-PMBOK 主要是以项目生存周期为基本线索展开的,从项目及项目管理的概念入手,按照项目开发的 4 个阶段,即概念阶段、规划阶段、实施阶段及收尾阶段,分别阐述了每一阶段的主要工作及其相应的知识内容,同时考虑到项目管理过程中所需要的共性知识及其所涉及的方法与工具。面向构建中国项目管理学科体系的目标,基于体系化与模块化的要求,提出了如图 1.1 所示的 C-PMBOK 2006 体系框架和模块化结构。

	项目管理基础									
	概念阶段	规划阶段	实施阶段	收尾阶段						
	跨生命周期阶段知识									
范围管理	时间管理	费用管理	质量管理	人力资源管理	信息管理	风险管理	采购管理	综合管理		
	方法与工具									
项目化管理理念										
项目化管理方法	项目化管理组织	项目化管理机制	项目化管理流程							

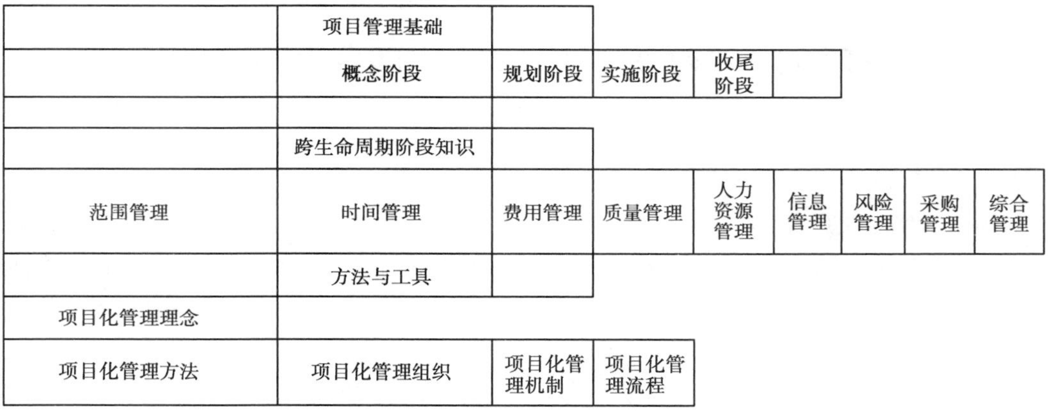

图 1.1 C-PMBOK 2006 体系框架和模块化结构

2008 年,我国的立体项目管理知识体系成型。该体系首先明确了三维的立体项目空间模型。2010 年,我国《项目管理技术和应用体系》正式发布,经过了 2 年的实验,2012 年,我国《项目管理知识体系》发布。由此可见,我国的项目管理知识体系是在技术和应用体系的基础上改进而来的。该项目管理知识体系是我国在 2003 年开始开发的一套四维项目管理体系(4D Project Management Body OF Knowledge,简称 4DPMBOK)。该体系经过 8 年的开发,最终由中项技工程技术研究院等单位在 2012 年完成第 1 版。该体系主要作用于宏观体系构建和微观系统应用,是一个大纲级别的体系,基本以纲要、框架为准,目的是更好地兼容各种具体管理技术,促进发展各种应用型专项管理工具,并与这些管理工具实现灵活对接。使用人可在本体系的基础上,以合适的方式,与自己选择、设计、组织的各种技术、工具进行对接。目前,该体系的相关图书有 2012 年出版的《项目管理知识体系(大纲)通用 1.0 版本》。

四维项目管理知识体系创新地提出了项目的新定义和动态立体的项目数学模型,属于一个很大胆的创新。该体系目前正处于推广阶段。四维项目管理知识体系为广大项目管理学习、应用、研究爱好者提供一个可参考的标准体系。四维项目管理知识体系主要从 8 个方面对项目管理知识体系进行分析:理论知识、项目总体管理、项目过程管理、项目内容管理、项目高度管理、项目形态管理、项目重点管理、项目能力管理。

我国版本的 PMBOK 与美国版本的 PMBOK 完全不同。美国的 PMBOK 仍旧是二维的平面体系,而我国的 PMBOK 则是四维的动态立体体系,覆盖更全面、知识容量更多。其内容主要包括6大系统:

①项目的总体管理(动态立体空间)。

②项目的过程管理(纵向 A 轴),这一部分相当于美国版本五大过程。

③项目的内容管理(横向 B 轴),这一部分相当于美国版本 PMBOK 的十大知识体系。

④项目的高度管理(竖向 C 轴)。

⑤项目的形态管理(微观 D 轴),这一部分是微观循环部分。

⑥项目的重点管理(主线和节点),这一部分是微观的组分和网络。

我国版本的 PMBOK 涵盖了 4 大维度、宏观与微观,其内容范围要远大于其他的任何一个平面知识体系。其技术可操作性和应用可行性也远远高于任何一个平面理论知识体系。

子项 1.4　建筑工程项目管理的哲学分析

1.4.1　概述

中国工程院原院长徐匡迪院士在《文汇报》上撰文《工程师要有哲学思维》。该文从工程概念、工程任务、工程理念以及工程中的矛盾问题等方面提出工程界应自觉地用哲学思维来更好地解决工程难题,促进工程与人文、社会、生态之间的和谐,为构建和谐社会做出应有的贡献。

哲学辩证思维主张基于联系的、动态变化的、全面的、矛盾的观点看待事物和分析问题。建筑工程项目管理体现了许多哲学辩证思维,主要包括工程项目集成管理与工程项目结构分解、工程项目目标管理与过程控制、工程项目硬管理与项目软管理、工程项目临时性与项目产品持久性的辩证思维。工程管理是具体的科学研究,较一般哲学研究更具有特有的表现形式和哲学属性。在工程中运用哲学思想考虑工程质量的问题,用工程的哲学理论指导人与工程的关系等,是建立工程管理哲学体系普遍性和方法论的基础研究。对于工程管理者来说,工程实践中人的能动性是改造自然的重要条件,将人的主观能动性作为研究工程管理哲学解析的主要矛盾,立足于研究人与自然和工程的实践管理符合马克思主义哲学思想的辩证主义哲学。工程管理哲学内涵是一个不断完善的、立体的综合体系,具有独特的思想特性和不断完善的内涵。

1.4.2　建筑工程管理中的哲学问题

1)工程与工程管理思维中的哲学解析

工程思维不同于其他科学思维,它是人们在生产和研究生活进程中形成的,具有独特的思维方式。工程思维方式是一个集综合分析、总结、概况形成的思维。在历史的长河中,社会在不断发展进步,工程管理的内涵越来越重要,技术水平的提高、智能化管理的普及推动着工程管理的发展趋势。从远古时代人类征服自然,到现代社会人类运用哲学的思想改造自然,力求创造人与自然的相互协调与统一,工程管理的思维模式越来越趋向科学。

2) 工程与工程决策中的哲学解析

工程与工程管理决策直接决定工程的成效,工程决策是综合的、立体的、多样的,应遵循科学的发展观、决策性。决策者应积极面对在工程决策中遇到的问题,以主观性和客观性作为改变工程管理决策的哲学解析,充分发挥主观能动性,减少在此过程中消极地面对客观因素的影响,避免机械唯物主义错误,同时也要避免不以事实为依据的主观唯心主义。工程管理决策的服务主体是人民群众,处理好民主与集中的关系,听取人民群众的建议,还给人民群众在工程管理过程中充分的发言权,是体现工程管理决策民主与集中的最好表现,有利于形成科学有效的工程管理决策。

3) 工程与工程管理组织中的哲学解析

工程管理是通过人的主观能动性完成的,在工程管理过程中分工与合作,有效组织与激发人的能动性是组织工程管理的关键环节。通过工程管理组织形式及体制机制,不断探索工程与自然,工程与艺术,工程与社会的关系,提升工程管理的意义,是工程管理的本质任务。

1.4.3 工程管理哲学的本质思考

1) 工程的哲学界定

从哲学的视角来认识工程的本质:工程具备物质性、变化性和时空性三大哲学特性。同时,随着社会发展现代工程越来越体现出多样性与复杂性等特点。

2) 工程管理的哲学内涵

工程管理蕴含着深刻的哲学内涵,并在实质上指导和影响着工程的实践和发展。因此,需要对工程管理进行哲学思考,上升到哲学的高度,从中提炼出一些规律性的东西。

(1) 工程管理活动体现了认识的辩证过程:实践—认识—再实践—再认识

实践—认识—再实践—再认识将工程管理实践上升为理论并指导工程管理实践,工程管理的主体是决策者、管理者或者其群体,客体是组织机构和各类资源。主体和客体相互依存,相互作用,相互影响,相互协调,体现了主客体的辩证统一。

(2) 工程管理的系统思想:整体宇宙观

工程管理具有系统特性:整体性、层次性、开放性、综合最优,因此需要树立系统工程的思想。注重系统管理这一特点,是哲学上的整体宇宙观、归纳和演绎、分析与综合的科学思维方法的具体应用,是把工程看作一个动态开放的、互相联系作用整体的哲学思想的具体体现。

(3) 工程管理的组织:体现人的主观能动性

工程管理是通过一个有时限性的柔性组织来实施完成的,反映了人的主观能动性、共性与个性的关系以及矛盾的主要方面决定事物的本质和发展等基本规律。工程应注重组织和运行中的人文因素,贯彻"以人为本",提升人的价值,充分发挥人的主观能动性,有效地进行组织整合和机制设计。

（4）工程管理的方式：多目标管理

目标管理本身和自我控制充满了哲学思辨。它把客观的需要转化成为个人目标，从而保证能取得成就。工程管理目标设定要考虑工程的利益相关者，其中还包括整体、综合的哲学内涵。工程管理中强调对目标范围的界定，蕴涵着质、量、度及质量互变规律等深刻的哲理。

（5）工程管理的价值观：辩证统一——和谐管理

和谐本身就是强调事物的辩证统一，和谐是工程管理又一重要的哲学内涵。工程管理的要求和特点，鲜明地体现和遵循着"和谐管理"与"管理要和谐"的理念。自觉地有意识地认识与贯彻和谐管理的思想，对工程管理的顺利进行、成功达到工程的预定目标十分重要。

（6）工程管理的灵魂：认识的飞跃——创新

创新是人类认识世界、改造世界的主要思维和实践活动，是新世纪哲学的重要内容。从哲学的观点来说，工程的本质是变化，是辩证法，是体现人类智慧成果与世界变化的典型代表。工程创新是质的飞跃，工程管理创新是认识的飞跃。

1.4.4　工程管理哲学的意义

从现实看，我国目前正在进行的工程建设无论数量、类型、规模等方面在世界上都是首屈一指的，而且今后还要建设更多的工程。这本身就需要对工程开展跨学科、多学科的研究。各种情况表明，我国工程建设需要树立新理念，特别应当克服重技术因素、经济因素和短期利益而轻视或忽视综合效益、社会效益和长远效益等问题。利用哲学思维与方法研究工程与工程管理问题，在哲学和工程之间架起一座桥梁，把工程和哲学贯通起来，既改变哲学"无视"工程的状况，又改变工程"远离"哲学的状况。这可以使工程界和哲学界开拓视野、转变观念，提高全社会对工程的认知水平，从而把我国的工程建设搞得更快更好。

项目小结

本项目重点介绍了建筑工程项目管理的基本概念，介绍了建筑工程项目管理的基本内容，最后介绍了中美两国的项目管理知识框架体系与工程管理的哲学问题。

数字资源及
拓展材料

①建筑工程项目管理的基本概念。首先应该熟悉，建设项目是为完成各类工程而进行的、有起止日期的、达到规定要求的一组相互关联的受控活动组成的特定过程。建筑工程项目管理是组织运用系统的观点、理论和方法，对建筑工程项目进行的计划、组织、指挥、协调和控制等专业化活动。

②建筑工程项目管理的基本内容。本项目主要从施工方、业主方及其他3个方面介绍了建筑工程项目管理的基本内容。承包商的项目管理是对所承担的施工项目目标进行的策划、控制和协调。项目管理的任务主要集中在施工阶段，也可以向前延伸到设计阶段，向后延伸到动工前准备阶段和保修阶段。

③项目管理知识框架体系。美国项目管理知识框架体系主要包括项目管理范围、项目时间管理、项目成本管理、项目风险管理、沟通管理、采购管理、综合管理、人力资源管理、质

量管理、干系人管理 10 个方面内容。中国项目管理知识体系主要是以项目生存周期为基本线索展开的,从项目及项目管理的概念入手,按照项目开发的 4 个阶段,即概念阶段、规划阶段、实施阶段及收尾阶段,展开项目管理工作。中项技工程技术研究院项目管理知识体系 4DPMBOK 主要从理论知识、项目总体管理、项目过程管理、项目内容管理、项目高度管理、项目形态管理、项目重点管理、项目能力管理 8 个方面分析,主要包括总体管理、过程管理、内容管理、高度管理、形态管理、重点管理 6 大系统。

④工程项目管理的哲学问题。建筑工程项目管理中蕴含许多辩证法的哲学思维。项目管理的哲学分析主要包括建筑工程项目的哲学问题、工程管理哲学的本质思考与工程管理哲学的意义。

复习思考题

1. 什么是建设项目?

2. 建筑产品有哪些特点?

3. 建筑产品的施工有哪些特点?

4. 施工管理的特点有哪些?

5. 简述建筑工程项目管理的概念。

6. 简述工程项目管理周期的概念。

7. 美国项目管理知识体系 PMBOK2017 与中国项目管理知识体系 C-PMBOK2006 有哪些区别?

8. 建筑工程项目管理中存在哪些哲学问题?

项目 2
建设工程项目管理程序与制度

项目导读

- **主要内容及要求** 本项目主要介绍了建设项目基本建设程序及建筑工程施工程序两个方面的建设项目管理建设程序,建设项目法人责任制、建设监理工程制度两个方面的主要内容。通过本项目的学习,应熟悉建设项目基本建设程序,掌握建筑工程施工程序,了解建设项目法人责任制,熟悉建设监理工程制度。
- **重点** 建设项目基本建设程序;建筑工程施工程序。
- **难点** 建设监理制度。

子项 2.1 建设项目的建设程序

2.1.1 建设项目的建设程序

建设项目的建设程序,是指建设项目建设全过程中各项工作必须遵循的先后顺序。建设程序是指建设项目从设想、选择、评估、决策、设计、施工到竣工验收、投入生产整个建设过程中,各项工作必须遵循的先后次序的法则。按照建设项目发展的内在联系和发展过程,建设程序分成若干阶段,这些发展阶段有严格的先后次序,不能任意颠倒,否则就违反了它的发展规律。

在我国按现行规定,建设项目从建设前期工作到建设、投产一般要经历以下几个阶段的工作程序:

①根据国民经济和社会发展长远规划,结合行业和地区发展规划的要求,提出项目建议书;

②在勘察、试验、调查研究及详细技术经济论证的基础上编制可行性研究报告；

③根据项目的咨询评估情况，对建设项目进行决策；

④根据可行性研究报告编制设计文件；

⑤初步设计经批准后，做好施工前的各项准备工作；

⑥组织施工，并根据工程进度，做好生产准备工作；

⑦项目按批准的设计内容建成并经竣工验收合格后，正式投产，交付生产使用；

⑧生产运营一段时间后(一般为两年)，进行项目后评价。

以上程序可由项目审批主管部门视项目建设条件、投资规模作适当合并。

目前我国基本建设程序的内容和步骤主要有前期工作阶段(主要包括项目建议书、可行性研究、设计工作)、建设实施阶段(主要包括施工准备、建设实施)、竣工验收阶段和后评价阶段。每一阶段都包含着许多环节和内容。

1) 前期工作阶段

(1) 项目建议书

项目建议书是要求建设某一具体项目的建议文件，是基本建设程序中最初阶段的工作，是投资决策前对拟建项目的轮廓设想。项目建议书的主要作用是推荐一个拟进行建设项目的初步说明，论述它建设的必要性、条件的可行性和获得的可能性，供基本建设管理部门选择并确定是否进行下一步工作。

项目建议书报经有审批权限的部门批准后，可以进行可行性研究工作，但这并不表明项目非上不可，项目建议书不是项目的最终决策。

项目建议书的审批程序：项目建议书首先由项目建设单位通过其主管部门报行业归口主管部门和当地发展计划部门(其中工业技改项目报经贸部门)，由行业归口主管部门提出项目审查意见(着重从资金来源、建设布局、资源合理利用、经济合理性、技术可行性等方面进行初审)，发展计划部门参考行业归口主管部门的意见，并根据国家规定的分级审批权限负责审批、报批。凡行业归口主管部门初审未通过的项目，发展计划部门不予审批、报批。

(2) 可行性研究

可行性研究阶段包括以下 3 项主要工作：

①可行性研究。项目建议书一经批准，即可着手进行可行性研究。可行性研究是指在项目决策前，通过对项目有关的工程、技术、经济等各方面条件和情况进行调查、研究、分析，对各种可能的建设方案和技术方案进行比较论证，并对项目建成后的经济效益进行预测和评价的一种科学分析方法，由此考查项目技术上的先进性和适用性，经济上的盈利性和合理性，建设的可能性和可行性。可行性研究是项目前期工作的最重要的内容，它从项目建设和生产经营的全过程考察分析项目的可行性，其目的是回答项目是否有必要建设，是否可能实施建设和如何进行建设的问题，其结论为投资者的最终决策提供直接的依据。因此，凡大中型项目以及国家有要求的项目，都要进行可行性研究，其他项目有条件的也要进行可行性研究。

②可行性研究报告的编制。可行性研究报告是确定建设项目、编制设计文件和项目最终决策的重要依据，要求必须有相当的深度和准确性。承担可行性研究工作的单位必须是经过资格审定的规划、设计和工程咨询单位，要有承担相应项目的资质。

③可行性研究报告的审批。可行性研究报告经评估后按项目审批权限由各级审批部门

进行审批。其中大中型和限额以上项目的可行性研究报告要逐级报送国家发展和改革委员会审批;同时要委托有资格的工程咨询公司进行评估。小型项目和限额以下项目,一般由省级发展计划部门、行业归口管理部门审批。受省级发展计划部门、行业主管部门的授权或委托,地区发展计划部门可以对授权或委托权限内的项目进行审批。可行性研究报告批准后即国家同意该项目进行建设,一般先列入预备项目计划。列入预备项目计划并不等于列入年度计划,何时列入年度计划,要根据其前期工作进展情况、国家宏观经济政策和对财力、物力等因素进行综合平衡后决定。

(3)设计工作

一般建设项目(包括工业、民用建筑、城市基础设施、水利工程、道路工程等),设计过程划分为初步设计和施工图设计两个阶段。对技术复杂而又缺乏经验的项目,可根据不同行业的特点和需要,增加技术设计阶段。对一些水利枢纽、农业综合开发、林区综合开发项目,为解决总体部署和开发问题,还需进行规划设计或编制总体规划,规划审批后编制具有符合规定深度要求的实施方案。

①初步设计(基础设计)。初步设计的内容依项目的类型不同而有所变化,一般来说,它是项目的宏观设计,即项目的总体设计、布局设计、主要的工艺流程、设备的选型和安装设计、土建工程量及费用的估算等。初步设计文件应当满足编制施工招标文件、主要设备材料订货和编制施工图设计文件的需要,是下一阶段施工图设计的基础。

初步设计(包括项目概算)根据审批权限,由发展计划部门委托投资项目评审中心组织专家审查通过后,按照项目实际情况,由发展计划部门或会同其他有关行业主管部门审批。

②施工图设计(详细设计)。施工图设计的主要内容是根据批准的初步设计,绘制出正确、完整和尽可能详细的建筑、安装图纸。施工图设计完成后,必须由施工图设计审查单位审查并加盖审查专用章后使用。审查单位必须是取得审查资格,且具有审查权限要求的设计咨询单位。经审查的施工图设计还必须经有权审批的部门进行审批。

2)建设实施阶段

(1)施工准备

施工准备主要包括以下两个项目的准备:

①建设开工前的准备。主要内容包括征地、拆迁和场地平整;完成施工用水、电、路等工程;组织设备、材料订货;准备必要的施工图纸;组织招标投标(包括监理、施工、设备采购、设备安装等方面的招标投标)并择优选择施工单位,签订施工合同。

②项目开工审批。建设单位在工程建设项目可行性研究报告批准,建设资金已经落实,各项准备工作就绪后,应当向当地建设行政主管部门或项目主管部门及其授权机构申请项目开工审批。

(2)建设实施

建设实施包括以下3个关键环节:

①项目开工建设时间。开工许可审批之后即进入项目建设施工阶段。开工之日按统计部门规定是指建设项目设计文件中规定的任何一项永久性工程(无论生产性或非生产性)第一次正式破土开槽开始施工的日期。公路、水库等需要进行大量土、石方工程的,以开始进行土方、石方工程的日期作为正式开工日期。

②年度基本建设投资额。国家基本建设计划使用的投资额指标,是以货币形式表现的基本建设工作,是反映一定时期内基本建设规模的综合性指标。年度基本建设投资额是建设项目当年实际完成的工作量,包括用当年资金完成的工作量和动用库存的材料、设备等内部资源完成的工作量;而财务拨款是当年基本建设项目实际货币支出。投资额以构成工程实体为准,财务拨款以资金拨付为准。

③生产或使用准备。生产准备是生产性施工项目投产前所要进行的一项重要工作。它是基本建设程序中的重要环节,是衔接基本建设和生产的桥梁,是建设阶段转入生产经营的必要条件。使用准备是非生产性施工项目正式投入运营使用所要进行的工作。

3) 竣工验收阶段

(1) 竣工验收的范围

根据国家规定,所有建设项目按照上级批准的设计文件所规定的内容和施工图纸的要求全部建成,工业项目经负荷试运转和试生产考核能够生产合格产品,非工业项目符合设计要求,能够正常使用且都要及时组织验收。

(2) 竣工验收的依据

按国家现行规定,竣工验收的依据是经过上级审批机关批准的可行性研究报告、初步设计或扩大初步设计(技术设计)、施工图纸和说明、设备技术说明书、招标投标文件和工程承包合同、施工过程中的设计修改签证、现行的施工技术验收标准及规范以及主管部门有关审批、修改、调整文件等。

(3) 竣工验收的准备

竣工验收准备主要有 4 个方面的工作:

①整理技术资料。各有关单位(包括设计、施工单位)应将技术资料进行系统整理,由建设单位分类立卷,交生产单位或使用单位统一保管。技术资料主要包括土建方面、安装方面、各种有关的文件、合同和试生产的情况报告等。

②绘制竣工图纸。竣工图必须准确、完整、符合归档要求。

③编制竣工决算。建设单位必须及时清理所有财产、物资和未花完或应收回的资金,编制工程竣工决算,分析预(概)算执行情况,考核投资效益,报规定的财政部门审查。

④必须提供的资料文件。一般的非生产项目的验收要提供以下文件资料:项目的审批文件、竣工验收申请报告、工程决算报告、工程质量检查报告、工程质量评估报告、工程质量监督报告、工程竣工财务决算批复、工程竣工审计报告、其他需要提供的资料。

(4) 竣工验收的程序和组织

按国家现行规定,建设项目的验收根据项目的规模大小和复杂程度可分为初步验收和竣工验收两个阶段进行。规模较大、较复杂的建设项目应先进行初验,然后进行全部建设项目的竣工验收。规模较小、较简单的项目,可以一次进行全部项目的竣工验收。

建设项目全部完成,经过各单项工程的验收,符合设计要求,并具备竣工图表、竣工决算、工程总结等必要文件资料,由项目主管部门或建设单位向负责验收的单位提出竣工验收申请报告。竣工验收的组织要根据建设项目的重要性、规模大小和隶属关系而定,大中型和限额以上基本建设和技术改造项目,由我国发展和改革委员会或由发展和改革委员会委托项目主管部门、地方政府部门组织验收,小型项目和限额以下基本建设和技术改造项目由项目主管部门和地方政府部门组织验收。竣工验收要根据工程的规模大小和复杂程度组成验收委员会或验收组。验收委员会或验收组负责审查工程建设的各个环节,听取各有关单位的工作总结汇报,审阅工程档案并实地查验建筑工程和设备安装,并对工程设计、施工和设备质量等方面作出全面评价。不合格的工程不予验收;对遗留问题提出具体解决意见,限期落实完成。最后经验收委员会或验收组一致通过,形成验收鉴定意见书。验收鉴定意见书由验收会议的组织单位印发各有关单位执行。

生产性项目的验收根据行业不同有不同的规定。工业、农业、林业、水利及其他特殊行业,要按照国家相关的法律、法规及规定执行。上述程序只是反映项目建设共同的规律性程序,不可能完全反映各行业的差异性。因此,在建设实践中,还要结合行业项目的特点和条件,有效地去贯彻执行基本建设程序。

4)后评价阶段

建设项目后评价是工程项目竣工投产、生产运营一段时间后,再对项目的立项决策、设计施工、竣工投产、生产运营等全过程进行系统评价的一种技术经济活动。通过建设项目后评价以达到肯定成绩、总结经验、研究问题、吸取教训、提出建议、改进工作、不断提高项目决策水平和投资效果的目的。

我国目前开展的建设项目后评价一般都按3个层次组织实施,即项目单位的自我评价、项目所在行业的评价和各级发展计划部门(或主要投资方)的评价。

2.1.2 建筑工程施工程序

施工程序,是指项目承包人从承接工程业务到工程竣工验收一系列工作必须遵循的先后顺序,是建设项目建设程序中的一个阶段。它可以分为承接业务签订合同、施工准备、正式施工和竣工验收4个阶段。

1)承接业务签订合同

项目承包人承接业务的方式有3种:国家或上级主管部门直接下达;受项目发包人委托而承接;通过投标中标而承接。不论采用哪种方式承接业务,项目承包人都要检查项目的合法性。

承接施工任务后,项目发包人与项目承包人应根据《中华人民共和国民法典》(简称《民法典》)和《中华人民共和国招标投标法》(简称《招标投标法》)的有关规定及要求签订施工合同。施工合同应规定承包的内容、要求、工期、质量、造价及材料供应等,明确合同双方应承担的义务和职责以及应完成的施工准备工作(土地征购、申请施工用地、施工许可证、拆除障碍物,接通场外水源、电源、道路等内容)。施工合同经双方负责人签字后具有法律效力,必须共同履行。

2)施工准备

施工合同签订以后,项目承包人应全面了解工程性质、规模、特点及工期要求等,进行场址勘察、技术经济和社会调查,收集有关资料,编制施工组织总设计。施工组织总设计经批准后,项目承包人应组织先遣人员进入施工现场,与项目发包人密切配合,共同做好各项开工前的准备工作,为顺利开工创造条件。根据施工组织总设计的规划,对首批施工的各单位工程,应抓紧落实各项施工准备工作。如图纸会审,编制单位工程施工组织设计,落实劳动力、材料、构件、施工机具及现场"三通一平"等。具备开工条件后,提出开工报告并经审查批准,即可正式开工。

3)正式施工

施工过程是施工程序中的主要阶段,应从整个施工现场的全局出发,按照施工组织设计,精心组织施工,加强各单位、各部门的配合与协作,协调解决各方面问题,使施工活动顺利开展。

在施工过程中,应加强技术、材料、质量、安全、进度等各项管理工作,落实项目承包人项目经理负责制及经济责任制,全面做好各项经济核算与管理工作,严格执行各项技术、质量检验制度,抓紧工程收尾和竣工工作。

4)进行工程验收、交付生产使用

这是施工的最后阶段。在交工验收前,项目承包人内部应先进行预验收,检查各分部分项工程的施工质量,整理各项交工验收的技术经济资料。在此基础上,由项目发包人组织竣工验收,经相关部门验收合格后,到主管部门备案,办理验收签证书,并交付使用。

子项 2.2 建设项目管理制度

2.2.1 建设项目法人责任制

改革开放以来,我国先后试行了各种形式的投资项目责任制度,但是,责任主体、责任范围、目标和权益、风险承担方式等都不明确。为了改变这种状况,建立投资责任约束机制,规范项目法人行为,明确其责、权、利,提高投资效益,依照《中华人民共和国公司法》(简称《公司法》),原国家计划委员会于 1996 年 1 月制订颁发了《关于实行建设项目法人责任制的暂行规定》(简称《规定》)。根据《规定》要求,国有单位经营性基本建设大中型项目必须组建项目法人,实行项目法人责任制。《规定》明确了项目法人的设立、组织形式和职责、任职条件和任免程序及考核和奖惩等要求。为了建立投资约束机制,规范建设单位的行为,建设工程应当按照政企分开的原则组建项目法人,实行项目法人责任制,即由项目法人对项目的策划、资金筹措、建设实施、生产经营、债务偿还和资产的保值增值,实行全过程负责的制度。

1)建设项目法人

国有单位经营性大中型建设工程必须在建设阶段组建项目法人。项目法人可设立有限责任公司(包括国有独资公司)和股份有限公司等。

2)建设项目法人的设立

(1)设立时间

新上项目在项目建议书被批准后,应及时组建项目法人筹备组,具体负责项目法人的筹建工作。筹备组主要由项目投资方派代表组成。

申报项目可行性研究报告时,需同时提出项目法人组建方案。否则,其可行性研究报告不予审批。项目可行性报告经批准后,正式成立项目法人,并按有关规定确保资金按时到位,同时及时办理公司设立登记。

（2）备案

国家重点建设项目的公司章程须报国家发改委备案，其他项目的公司章程按项目隶属关系分别向有关部门、地方发改委备案。

（3）要求

项目法人组织要精干。建设管理工作要充分发挥咨询、监理、会计师和律师事务所等各类社会中介组织的作用。由原有企业负责建设的基建大中型项目，需新设立子公司的，要重新设立项目法人，并按上述规定的程序办理；只设分公司或分厂的，原企业法人即是项目法人。对这类项目，原企业法人应向分公司或分厂派遣专职管理人员，并实行专项考核。

3）组织形式和职责

（1）组织形式

国有独资公司设立董事会。国有控股或参股的有限责任公司、股份有限公司设立股东会、董事会和监事会。

（2）建设项目董事会职权

负责筹措建设资金；审核上报项目初步设计和概算文件；审核上报年度投资计划并落实年度资金；提出项目开工报告；研究解决建设工程中出现的重大问题；负责提出项目竣工验收申请报告；审定偿还债务计划和生产经营方针，并负责按时偿还债务；聘任或解聘项目总经理，并根据总经理的提名，聘任或解聘其他高级管理人员。

（3）总经理职权

组织编制项目初步设计文件，对项目工艺流程、设备选型、建设标准、总图布置提出意见，提交董事会审查；组织工程设计、施工监理、施工队伍和设备材料采购的招标工作，编制和确定招标方案、标底和评标标准，评选和确定投、中标单位。实行国际招标的项目，按现行规定办理；编制并组织实施项目年度投资计划、用款计划、建设进度计划；编制项目财务预、决算；编制并组织实施归还贷款和其他债务计划；组织工程建设实施，负责控制工程投资、工期和质量；在项目建设过程中，在批准的概算范围内对单项工程的设计进行局部调整（凡引起生产性质、能力、产品品种和标准变化的设计调整以及概算调整，需经董事会决定并报原审批单位批准）；根据董事会授权处理项目实施中的重大紧急事件，并及时向董事会报告；负责生产准备工作和培训有关人员；负责组织项目试生产和单项工程预验收；拟订生产经营计划、企业内部机构设置、劳动定员定额方案及工资福利方案；组织项目后评价，提出项目后评价报告；按时向有关部门报送项目建设、生产信息和统计资料；提请董事会聘任或解聘项目高级管理人员。

4）任职条件和任免程序

董事长及总经理的任职条件，除按《公司法》的规定执行以外，还应具备以下条件：

（1）能力要求

熟悉国家有关投资建设的方针、政策和法规，有较强的组织能力和较高的政策水平；具有大专以上学历；总经理还应具有建设项目管理工作的实际经验，或担任过同类建设项目施工现场高级管理职务，并经实践证明是称职的项目高级管理人员。

（2）建立项目高级管理人员培训制度

总经理、副总经理在项目批准开工前，应经过国家发改委或有关部门、地方发改委专门培训。未经培训不得上岗。

（3）国有项目董事长与总经理任免制度

国有独资和控股项目董事长的任免，先由主要投资方提出意见，在报经项目主管政府部门批准后，由主要投资方任免；国家参股项目，其董事长在任免前须报项目主管政府部门认可。国有独资和控股项目总经理的任免，由董事会提出意见，经项目主管政府部门批准后，由董事会聘任或解聘；国家参股项目的总经理，董事会在聘任或解聘前须报项目主管政府部门认可。国家重点建设项目的董事会、监事会成员及所聘请的总经理须报国家发改委备案，同时抄送有关部门或地方发改委。在项目建设期间，总经理和其他高级管理人员应保持相对稳定。董事会成员可以兼任总经理。国家公务人员不得兼任项目法人的领导职务。

5）考核和奖惩

（1）项目考核与监督制度

①建立对建设项目和有关领导人的考核和监督制度。项目董事会负责对总经理进行定期考核；各投资方负责对董事会成员进行定期考核。国务院各有关部门、各地发改委负责对有关项目进行考核。必要时国家发改委组织有关单位进行专项检查和考核。

②考核的主要内容：国家发布的固定资产投资与建设的法律、法规的执行情况；国家年度投资计划和批准设计文件的执行情况；概算控制、资金使用和工程组织管理情况；建设工期、施工安全和工程质量控制情况；生产能力和国有资产形成及投资效益情况；土地、环境保护和国有资源利用情况；精神文明建设情况；其他需要考核的事项。

（2）项目奖惩制度

根据对建设项目的考核结论，由投资方对董事会成员进行奖罚，由董事会对总经理奖罚。建立对项目董事长、总经理的在任和离任审计制度。审计办法由审计部门负责另行制订。根据对项目的考核，在工程造价、工期、质量和施工安全得到有效控制的前提下，经投资方同意，董事会可决定对为项目建设做出突出成绩的领导和有关人员进行适当奖励。奖金可从工程投资结余或按项目管理费的一定比例从项目成本中提取；对工期较长的项目，可实行阶段性奖励，奖金从单项工程结余中提取。凡在项目建设管理和生产经营管理中，因人为失误给项目造成重大损失浪费以及在招标中弄虚作假的董事长、总经理，应分别予以撤换和解聘，同时要给予必要的经济和行政处罚，并在 3 年内不得担任国有单位投资项目的高级管理职务。构成犯罪的，要追究法律责任。

2.2.2　项目管理责任制度

项目管理责任制度应作为项目管理的基本制度之一。项目管理机构负责人制度应是项目管理责任制度的核心内容。项目管理机构负责人应取得相应资格，并按规定取得安全生产考核合格证书，应根据法定代表人的授权范围、期限和内容，对项目实施全过程及全面管理。

1）项目建设相关责任方管理

项目建设相关责任方应在各自的实施阶段和环节，明确工作责任，实施目标管理，确保项目正常运行。项目管理机构负责人应按规定接受相关部门的责任追究和监督管理，在工程开工前签署质量承诺书,并报相关工程管理机构备案。项目各相关责任方应建立协同工作机制,宜采用例会、交底及其他沟通方式,避免项目运行中的障碍和冲突。建设单位应建立管理责任排查机制,按项目进度和时间节点,对各方的管理绩效进行验证性评价。

2)项目管理机构与项目团队建设

(1)项目管理机构建立与活动

项目管理机构应承担项目实施的管理任务和实现目标的责任,由项目管理机构负责人领导,接受组织职能部门的指导、监督、检查、服务和考核,负责对项目资源进行合理使用和动态管理。项目管理机构应在项目启动前建立,在项目完成后或按合同约定解体。

项目管理机构建立应遵循下列规定:结构应符合组织制度和项目实施要求;应有明确的管理目标、运行程序和责任制度;机构成员应满足项目管理要求及具备相应资格;组织分工应相对稳定并可根据项目实施变化进行调整;应确定机构成员的职责、权限、利益和需承担的风险。

项目管理机构建立步骤:第一,根据项目管理规划大纲、项目管理目标责任书及合同要求明确管理任务;第二,根据管理任务分解和归类,明确组织结构;第三,根据组织结构,确定岗位职责、权限以及人员配置;第四,制订工作程序和管理制度;第五,由组织管理层审核确认。

项目管理机构的管理活动应符合下列要求:应执行管理制度,应履行管理程序,应实施计划管理,保证资源的合理配置和有序流动,应注重项目实施过程的指导、监督、考核和评价。

(2)项目团队建设

项目建设相关责任方均应实施项目团队建设,明确团队管理原则,规范团队运行。项目建设相关责任方的项目管理团队之间应围绕项目目标协同工作并有效沟通。项目团队建设应符合下列规定:建立团队管理机制和工作模式;各方步调一致,协同工作;制订团队成员沟通制度,建立畅通的信息沟通渠道和各方共享的信息平台。同时,项目管理建设应开展绩效管理,利用团队成员集体的协作成果。

项目管理机构负责人应对项目团队建设和管理负责,组织制订明确的团队目标、合理高效的运行程序和完善的工作制度,定期评价团队运作绩效。同时,项目管理机构负责人应统一团队思想,增强集体观念,和谐团队氛围,提高团队运行效率。

3)项目管理机构负责人职责与权限

建设工程项目各实施主体和参与方法定代表应书面授权委托项目管理机构负责人,并实行项目负责人负责制。项目管理机构负责人应根据法定代表人的授权范围、期限和内容,履行管理职责。

(1)履行管理职责

项目管理机构负责人应履行下列职责:项目管理目标责任书中规定的职责;工程质量安全责任承诺书中应履行的职责;组织或参与编制项目管理规划大纲、项目管理实施规划,对项目目标进行系统管理;主持制订并落实质量、安全技术措施和专项方案,负责相关的组织协调工作;对各类资源进行质量监控和动态管理;对进场的机械、设备、工器具的安全、质量和使用进行监控;建立各类专业管理制度,并组织实施;制订有效的安全、文明和环境保护措施并组织实施;组织或参与评价项目管理绩效;进行授权范围内的任务分解和利益分配;按规定完善工程资料,规范工程档案文件,准备工程结算和竣工资料,参与工程竣工验收;接受审计,处理项目管理机构解体的善后工作;协助和配合组织进行项目检查、鉴定和评审申报;配合组织完善缺陷责任期的相关工作。

（2）执行管理权限

项目管理机构负责人应具有下列权限:参与项目招标、投标和合同签订;参与组建项目管理机构;参与组织对项目各阶段的重大决策;主持项目管理机构工作;决定授权范围内的项目资源使用;在组织制度的框架下制订项目管理机构管理制度;参与选择并直接管理具有相应资质的分包人;参与选择大宗资源的供应单位;在授权范围内与项目相关方进行直接沟通;法定代表人和组织授予的其他权利。

2.2.3　建设项目承发包制度

建筑工程承发包方式又称"工程承发包方式",是指建筑工程承发包双方之间经济关系的形式,交易双方为项目业主和承包商,双方签订承包合同,明确双方各自的权利与义务,承包商为业主完成工程项目的全部或部分项目建设任务,并从项目业主处获取相应的报酬。建筑工程承发包制度是我国建筑经济活动中的一项基本制度。

（1）范围和内容

按承发包的范围和内容可以分为全过程承包、阶段承包和专项承包。全过程承包又称"统包""一揽子承包"或"交钥匙",是指承包单位按照发包单位提出的使用要求和竣工期限,对建筑工程全过程实行总承包,直到建筑工程达到交付使用要求。《建设项目工程总承包管理规范》（GB/T 50358—2017）对建设项目工程总承包涉及的项目管理组织、设计管理、施工管理、采购管理、试运行管理、进度管理、费用管理、质量管理、风险管理、安全管理、资源管理、沟通信息管理、合同管理与收尾管理等方面进行详细规定。阶段承包,是指承包单位承包建设过程中某一阶段或某些阶段工程的承包形式,如勘察设计阶段、施工阶段等;专项承包,又称专业承包,指承包单位对建设阶段中某一专业工程进行的承包,如勘察设计阶段的工程地质勘察、施工阶段的分部分项工程施工等。

（2）相互结合关系

按承发包中相互结合的关系,可分为总承包、分承包、独家承包、联合承包等。总承包,也称"总包",是指由一个施工单位全部、全过程承包一个建筑工程的承包方式;分包,也称"二包",是指总包单位将总包工程中若干专业性工程项目分包给专业施工企业施工的方式;独家承包,指承包单位必须依靠自身力量完成施工任务,而不实行分包的承包方式;联合承包,是指由两个以上承包单位联合向发包单位承包一项建筑工程,由参加联合的各单位统一与发包单位签订承包合同,共同对发包单位负责的承包方式。

（3）合同类型和计价方法

按承发包合同类型和计价方法,可分为施工图预算包干、平方米造价包干、成本加酬金包干、中标价包干等。施工图预算包干,是指以建设单位提供的施工图纸和工程说明书为依据编制的预算,是一次包干的承包方式。这种方式通常适用于规模较小、技术不太复杂的工程。平方米造价包干,也称"单价包干",是指按每平方米最终建筑产品的单价承包的承包方式。成本加酬金包干,是指按工程实际发生的成本,加上商定的管理费和利润来确定包干价格的承包方式。中标价包干,是指投标人按中标的价格和内容进行承包的承发包方式。不同的承发包方式有不同的特点,不论采取哪一种方式,均应遵循公开、公正、平等竞争的原则,协商一致,互惠互利。

2.2.4 建设项目招投标制度

建设工程招标投标是建设单位对拟建的建设工程项目通过法定的程序和方法吸引承包单位进行公平竞争,并从中选择条件优越者来完成建设工程任务的行为。

1)术语释义

建筑工程招标,是指建筑单位(业主)就拟建的工程发布通告,用法定方式吸引建筑项目的承包单位参加竞争,进而通过法定程序从中选择条件优越者来完成工程建筑任务的一种法律行为。

建筑工程投标,是指经过特定审查而获得投标资格的建筑项目承包单位,按照招标文件的要求,在规定的时间内向招标单位填报投标书,争取中标的法律行为。

工程招投标制度也称为工程招标承包制,它是指在市场经济的条件下,采用招投标方式以实现工程承包的一种工程管理制度。工程招投标制的建立与实行是对计划经济条件下单纯运用行政办法分配建设任务的一项重大改革措施,是保护市场竞争、反对市场垄断和发展市场经济的一个重要标志。

2)招投标范围与标准

(1)招投标法

《中华人民共和国招标投标法》规定,在中华人民共和国境内进行下列工程建设项目,包括项目的勘察、设计、施工、监理以及与工程建设有关的重要设备、材料等的采购,必须进行招标:大型基础设施、公用事业等关系社会公共利益、公众安全的项目;全部或者部分使用国有资金投资或者国家融资的项目;使用国际组织或者外国政府贷款、援助资金的项目。对于依法必须招标的具体范围和规模标准以外的建设工程项目,可以不进行招标,采用直接发包的方式。

(2)相关规定

根据2000年颁布的《工程建设项目招标范围和规模标准规定》(国家计委令第3号),建设项目的勘察、设计,采用特定专利或者专有技术的,或者其建筑艺术造型有特殊要求的,经项目主管部门批准,可以不进行招标。原国家计委、建设部等七部委2013年颁布的《工程建设项目施工招标投标办法》(七部委第30号令)中规定,有下列情形之一的,经该办法规定的审批部门批准,可以不进行施工招标:

①涉及国家安全、国家秘密或者抢险救灾而不适宜招标的;

②属于利用扶贫资金实行以工代赈需要使用农民工的;

③施工主要技术采用特定的专利或者专有技术的;

④施工企业自建自用的工程,且该施工企业资质等级符合工程要求的;

⑤在建工程追加的附属小型工程或者主体加层工程,原中标人仍具备承包能力的;

⑥法律、行政法规规定的其他情形。

（3）最新要求

2018年中华人民共和国国家发展和改革委员会令第16号《必须招标的工程项目规定》,对《中华人民共和国招标投标法》中有关招投标工程项目进行具体规定:

①全部或者部分使用国有资金投资或者国家融资的项目包括:使用预算资金200万元人民币以上,并且该资金占投资额10%以上的项目;使用国有企业事业单位资金,并且该资金占控股或者主导地位的项目。

②使用国际组织或者外国政府贷款、援助资金的项目包括:使用世界银行、亚洲开发银行等国际组织贷款、援助资金的项目;使用外国政府及其机构贷款、援助资金的项目。

③符合上述规定范围内的项目,其勘察、设计、施工、监理以及与工程建设有关的重要设备、材料等的采购达到下列标准之一的,必须招标:施工单项合同估算价在400万元人民币以上;重要设备、材料等货物的采购,单项合同估算价在200万元人民币以上;勘察、设计、监理等服务的采购,单项合同估算价在100万元人民币以上。

同一项目中可以合并进行的勘察、设计、施工、监理以及与工程建设有关的重要设备、材料等的采购,合同估算价合计达到前款规定标准的,必须招标。

④不属于上述规定情形的大型基础设施、公用事业等关系社会公共利益、公众安全的项目,必须招标的具体范围由国务院发展改革部门会同国务院有关部门按照确有必要、严格限定的原则制订,报国务院批准。

3）招投标的流程与步骤

《中华人民共和国招标投标法》规定,招标分为公开招标和邀请招标。招标投标活动应当遵循公开、公平、公正和诚实信用的原则。建设工程招标的基本程序主要包括落实招标条件、委托招标代理机构、编制招标文件、发布招标公告或投标邀请书、资格审查、开标、评标、中标和签订合同等。一般来说,招标投标需经过招标、投标、开标、评标与定标等程序。

4）规范要求

《建设工程项目管理规范》（GB/T 50326—2017）对建筑工程投标管理如下规定:

（1）招标计划

项目招标前,应进行投标策划,确定投标目标,依据规定程序形成投标计划,经过授权批准后实施。同时,应识别和评审下列与招投标项目有关的要求:招标文件和发包方明示的要求;发包方未明示但应满足的要求;法律法规和标准规范要求;组织的相关要求。

根据投标项目需求进行分析,确定招标计划内容主要包括:招标目标、范围、要求与准备工作安排;招标工作各过程及进度安排;投标所需要的文件和资料;与代理方以及合作方的协作;投标风险分析及信息沟通;投标策略与应急措施;投标监控要求。

（2）投标文件

根据招标和竞争需求编制包括下列内容的投标文件:响应招标要求的各项商务规定;有竞争力的技术措施和管理方案;有竞争力的报价。应保证投标文件符合发包方及相关要求,经过评审后投标,并保存投标文件评审的相关记录。评审应包括下列内容:商务标满足招标要求的程度;技术标和实施方案的竞争性;投标报价的经济性;投标风险的分析与应对。

（3）其他

依法与发包方或其他代表有效沟通,分析投标过程的变更信息,形成必要记录。应识别和评价投标过程风险,并采取相关措施以确保实现投标目标要求。中标后,应根据相关规定办理有关手续。

2.2.5　建设项目合同制度

1）相关法律规定

（1）建筑法

《中华人民共和国建筑法》（以下简称《建筑法》）第15条规定,"建筑工程的发包单位与承包单位应当依法订立书面合同,明确双方的权利和义务。发包单位和承包单位应当全面履行合同约定的义务。不按照合同约定履行义务的,依法承担违约责任"。

（2）合同法

建设工程合同是合同的一种,因此其签订、履行、变更和消灭除了受到《建筑法》的约束外,也受到《民法典》的约束。《民法典》规定,建设工程合同是承包人进行工程建设,发包人支付价款的合同。建设工程合同实质上是一种特殊的承揽合同。《民法典》第18章建设工程合同第808条规定:"本章没有规定的,适用承揽合同的有关规定。"建设工程合同可分为建设工程勘察合同、建设工程设计合同、建设工程施工合同。建设工程施工合同的内容包括工程范围、建设工期、中间交工工程的开工和竣工时间、工程质量、工程造价、技术资料交付时间、材料和设备供应责任、拨款和结算、竣工验收、质量保修范围和质量保证期、双方相互协作等条款。

2）建设工程合同的分类

①工程范围和承包关系。按照承包的工程范围和承包关系,建筑工程合同分为建设工程总承包合同（设计—建造及交钥匙承包合同）、建设工程承包合同和建设工程分包合同。

②合同标的性质。按照建设工程合同标的性质,建设工程合同分为建设工程勘察合同、建设工程设计合同、建设工程施工合同和建设工程监理合同。

③计价方式。按照承包工程计价方式,建设工程合同分为固定价格合同、可调价格合同、工程成本加酬金确定的价格合同。

3）规范要求

《建设工程项目管理规范》（GB/T 50326—2017）对合同管理的有关规定如下:

（1）一般规定

建筑工程项目管理组织应建立项目合同管理制度,明确合同管理责任,设立专门机构或人员负责合同管理工作;组织应配备符合要求的项目合同管理人员,实施合同的策划和编制活动,规范项目合同管理的实施程序和控制要求,确保合同订立和履行过程的合规性;严禁通过违法发包、转包、违法分包、挂靠方式订立和实施建设工程合同。

项目合同管理应遵循下列程序:合同评审;合同订立;合同实施计划;合同实施控制;合同管理总结。

（2）合同评审

合同订立前,项目管理职责应进行合同评审,完成对合同条件的审查、认定和评估工作。以招标方式订立合同时,组织应对招标文件和投标文件进行审查、认定和评估。合同评审应包括:合法性、合规性评审;合理性、可行性评审;合同严密性、完整性评审;与产品或过程有关要求的评审;合同风险评估。合同内容涉及专利、专有技术或著作权等知识产权时,应对其使用权的合法性进行审查。合同评审中发现的问题,应以书面形式提出,要求予以澄清或调整。根据需要进行合同谈判,细化、完善、补充、修改或另行约定合同条款和内容。

（3）合同订立

应依据合同评审和谈判结果,按程序和规定订立合同。合同订立应符合下列规定:合同订立应是组织的真实意思表示;合同订立应采用书面形式,并符合相关资质管理与许可管理的规定;合同应由当事方的法定代表人或其授权的委托代理人签字或盖章;合同主体是法人或者其他组织时,应加盖单位印章;法律、行政法规规定需办理批准、登记手续后合同生效时,应依照规定办理;合同订立后应在规定期限内办理备案手续。

（4）合同实施计划

①项目管理组织应规定合同实施工程程序,编制合同实施计划。合同实施计划应包括下列内容:合同实施总体安排;合同分解与分包策划;合同实施保证体系的建立。

②合同实施保证体系应与其他管理体系协调一致。应建立合同文件沟通方式、编码系统和文档系统。承包人应对其承接的合同作总体协调安排。承包人自行完成的工作及分包合同的内容,应在质量、资金、进度、管理架构、争议解决方式方面符合总包合同的要求。分包合同实施应符合法律和组织有关合同管理制度的要求。

（5）合同实施控制

①项目管理机构应按约定全面履行合同。合同实施控制的日常工作应包括下列的内容:合同交底;合同跟踪与诊断;合同完善与补充;信息反馈与协调;其他应自主完成的合同管理工作。

②合同实施前,组织的相关部门和合同谈判人员应对项目管理机构进行合同交底。合同交底应包括下列内容:合同的主要内容;合同订立过程中的特殊问题及合同待定问题;合同实施计划及责任分配;合同实施的主要风险;其他应进行交底的合同事项。

③项目管理机构应在合同实施过程定期进行合同跟踪和诊断。合同跟踪和诊断应符合下列要求:对合同实施信息进行全面收集、分类处理,查找合同实施中的偏差;定期对合同实施中出现的偏差进行定性、定量分析,通报合同实施情况及存在的问题。

④项目管理机构应根据合同实施偏差结果制订合同纠偏措施或方案,经授权人批准后实施。实施需要其他相关方配合时,项目管理机构应事先征得各相关方的认同,并在实施中协调一致。项目管理机构应按规定实施合同变更的管理工作,将合同变更文件和要求传递至相关人员。合同变更应当符合下列条件:变更内容应符合合同约定或者法律规定。变更超过原设计标准或者批准规模时,应由组织按照规定程序办理变更审批手续;变更或变更异议的提出,应符合合同约定或者法律法规规定的程序和期限;变更应经组织或授权人员签字或盖章后实施;变更对合同价格及工期有影响时,相应调整合同价格和工期。

⑤项目管理机构应控制和管理合同中止行为。合同中止应按照下列方式处理:合同中

止履行前,应书面通知对方并说明理由。因对方违约导致合同中止履行时,在对方提供适当担保时应恢复履行;中止履行后,对方在合理期限内未恢复履行能力并未提供相应担保时,应报请组织决定是否解除合同。合同中止或恢复履行,如依法需要向有关行政主管机关报告或履行核验手续,应在规定的期限内履行有关手续。合同中止后不再恢复履行时,应根据合同约定或法律规定解除合同。

⑥项目管理机构应按照规定实施合同索赔的管理工作。索赔应符合下列条件:索赔应依据合同约定提出。合同没有约定或者约定不明确时,按照法律法规规定提出。索赔应全面、完整地收集和整理索赔资料。索赔意向通知及索赔报告应按照约定或法定的程序和期限提出。索赔报告应说明索赔理由,提出索赔金额及工期。

⑦合同实施过程中产生争议时,应按下列方式解决:双方通过协商达成一致;请求第三方协调;按照合同约定申请仲裁或向人民法院起诉。

(6)合同管理总结

项目管理机构应进行项目合同管理评价,总结合同订立和执行过程中的经验和教训,提出总结报告。合同总结报告应包括下列内容:合同订立情况评价;合同履行情况评价;合同管理工作评价;对本项目有重大影响的合同条款评价;其他经验和教训。组织应根据合同总结报告确定项目合同管理改进要求,制订改进措施,完善合同管理制度,并按照规定保存合同总结报告。

2.2.6　建设工程监理制度

建设工程监理又称工程建设监理,国际上属于业主项目管理的范畴。《工程建设监理规定》自 1996 年 1 月 1 日起实施。《工程建设监理规定》第 3 条明确提出:建设工程监理是指监理单位受项目法人的委托,依据国家批准的工程项目建设文件、有关工程建设的法律、法规和工程建设监理合同及其他工程建设合同,对工程建设实施的监督管理。建设工程监理可以是建设工程项目活动的全过程监理,也可以是建设工程项目某一实施阶段的监理,如设计阶段监理、施工阶段监理等。我国目前应用最多的是施工阶段监理。

1)原则与特性

《工程建设监理规定》第 18 条规定:监理单位是建筑市场的主体之一,建设监理是一种高智能的有偿技术服务。监理单位与项目法人之间是委托与被委托的合同关系,与被监理单位是监理与被监理关系。

监理单位应按照“公正、独立、自主”的原则,开展工程建设监理工作,公平地维护项目法人和被监理单位的合法权益。可见,监理是一种有偿的工程咨询服务;是受项目法人委托进行的;监理的主要依据是法律、法规、技术标准、相关合同及文件;监理的准则是守法、诚信、公正和科学。

(1)服务性

工程监理机构受业主的委托进行工程建设的监理活动,它提供的不是工程任务的承包,而是服务,工程监理机构将尽一切努力进行项目的目标控制,但它不可能保证项目的目标一定实现,它也不可能承担由于不是它的缘故而导致项目目标的失控。《工程建设监理规定》第 11 条规定,监理单位承担监理业务,应当与项目法人签订书面工程建设监理合同。工程建设监理合同的主要条款是：监理的范围和内容、双方的权利与义务、监理费的计取与支付、违约责任、双方约定的其他事项。第 12 条规定，监理费从工程概算中列支，并核减建设单位的管理费。《建设工程监理规范》（GB 50319—2013）要求：建设单位与承包单位之间与建设工程合同有关的联系活动应通过监理单位进行。

（2）独立性

独立性指的是不依附性，它在组织上和经济上不能依附于监理工作的对象，否则它就不可能自主地履行其义务。监理是一种有偿的工程咨询服务，是受项目法人委托进行的。职责就是在贯彻执行国家有关法律、法规的前提下，促使甲、乙双方签订的工程承包合同得到全面履行。建设工程监理的依据包括工程建设文件、有关的法律法规规章和标准规范、建设工程委托监理合同和有关的建设工程合同。其中工程建设文件包括：批准的可行性研究报告、建设项目选址意见书、建设用地规划许可证、建设工程规划许可证、批准的施工图设计文件、施工许可证等。

（3）公正性

工程监理机构受业主的委托进行工程建设的监理活动，当业主方和承包商发生利益冲突或矛盾时，工程监理机构应以事实为依据，以法律和有关合同为准绳，在维护业主的合法权益时，不损害承包商的合法权益，这体现了建设工程监理的公正性。

《工程建设监理规定》第 26 条规定：总监理工程师要公正地协调项目法人与被监理单位的争议。国务院有关部门管理本部门工程建设监理工作。第 7 条规定：国务院工业、交通等部门管理本部门工程建设监理工作，其主要职责：贯彻执行国家工程建设监理法规，根据需要制订本部门工程建设监理实施办法，并监督实施；审批直属的乙级、丙级监理单位资质，初审并推荐甲级监理单位；管理直属监理单位的监理工程师资格考试、考核和注册工作；指导、监督、协调本部门工程建设监理工作。

（4）科学性

工程监理机构拥有从事工程监理工作的专业人士——监理工程师，它将应用所掌握的工程监理科学的思想、组织、方法和手段从事工程监理活动。《建设工程监理规范》（GB 50319—2013）要求，建设工程监理应符合国家现行的有关强制性标准、规范的规定。

2）制度和作用

我国的建设工程监理制度于 1988 年开始试点。1997 年，《中华人民共和国建筑法》以法律制度的形式做出规定，"国家推行建筑工程监理制度"，从而使建设工程监理在全国范围内进入全面推行阶段。从法律上明确了监理制度的法律地位。建设监理是商品经济发展的产物。工业发达国家的资本占有者，在进行一项新的投资时，需要一批有经验的专家进行投资机会分析，制订投资决策；项目确立后，又需要专业人员组织招标活动，从事项目管理和合同管理工作。建设监理业务便应运而生，而且随着商品经济的发展，不断得到充实完善，逐渐成为建设程序的组成部分和工程实施惯例。推行建设工程监理制度的目的是确保工程建设质量和安全，提高工程建设水平，充分发挥投资效益。

3）工作内容

建设工程监理制度工作内容主要包括三控制、三管理与一协调。三控制包括的内容为投资控制、进度控制、质量控制;三管理为合同管理、安全管理和风险管理;一协调主要指的是施工阶段项目监理机构组织协调工作。

（1）三控制

三控制包括投资控制、进度控制、质量控制。

①投资控制。投资控制是在建设工程项目的投资决策阶段、设计阶段、施工阶段以及竣工阶段,把建设工程投资控制在批准的投资限额内,随时纠正发生的偏差,以保证项目投资管理目标的实现,力求在建设工程中合理使用人力、物力、财力,取得较好的投资效益和社会效益。监理工程师在工程项目的施工阶段进行投资控制的基本原理是把计划投资额作为投资控制的目标值,在施工阶段,定期进行投资实际值与目标值的比较。通过比较并找出实际支出额与投资目标值之间的偏差,然后分析产生偏差的原因,采取有效的措施加以控制,以确保投资控制目标的实现。这种控制贯穿于项目建设的全过程,是动态的控制过程。要有效地控制投资项目,应从组织、技术、经济、合同与信息管理等多方面采取措施。从组织上采取措施,包括明确项目组织结构、明确项目投资控制者及其任务,以使项目投资控制有专人负责,明确管理职能分工;从技术上采取措施,包括重视设计方案选择,严格审查监督初步设计、技术设计、施工图设计、施工组织设计、渗入技术领域研究节约投资的可能性;从经济上采取措施,包括动态的比较项目投资的实际值和计划值,严格审查各项费用支出,采取节约投资的奖励措施等。

②进度控制。进度控制是指对工程项目建设各阶段的工作内容、工作程序、持续时间和衔接关系,根据进度总目标及资源优化配置的原则,编制计划并付诸实施,然后在进度计划的实施过程中经常检查实际进度是否按计划进行,对出现的偏差情况进行分析,采取有效的扑救措施,修改原计划后再付诸实施,如此循环,直到建设工程项目竣工验收交付使用。建设工程仅需控制的最终目标是确保建设项目按预定时间交付使用或提前交付使用。建设工程进度控制的总目标是建设工期。

影响建设工程进度的不利因素很多,如人为因素、设备、材料及构配件因素、机具因素、资金因素、水文地质因素等。常见影响建设工程进度的人为因素有:

a.建设单位因素:如建设单位因使用要求改变而进行的设计变更;不能及时提供建设场地而满足施工需要;不能及时向承包单位、材料供应单位付款。

b.勘察设计因素:如勘察资料不准确,特别是地质资料有错误或遗漏;设计有缺陷或错误;设计对施工考虑不周,施工图供应不及时等。

c.施工技术因素:如施工工艺错误;施工方案不合理等。

d.组织管理因素:如计划安排不周密,组织协调不利等。

③质量控制。建筑工程质量是指工程满足建设单位需要的,符合国家法律、法规、技术规范标准、设计文件及合同规定的特性综合。建设工程作为一种特殊的产品,能具有一般产品共有的质量特性,如适用性、寿命、可靠性、安全性、经济性等满足社会需要的使用价值和属性外,还具有特定的内涵。建设工程质量的特性主要表现在适用性、耐久性、安全性、可靠性、经济性和与环境的协调性。工程建设的不同阶段,对工程质量的形成起到不同的作用和影响。影响工程的因素很多,归纳起来主要有 5 个方面:人、机、料、法、环,即人员素质、工程材料、施工设备、工艺方法、环境条件都影响着工程质量。

（2）三管理

三管理包括合同管理、安全管理、风险管理。

①合同管理。合同是工程监理中最重要的法律文件。订立合同是为了证明一方向另一方提供货品或者劳务，它是订立双方责、权、利的证明文件。施工合同的管理是项目监理机构的一项重要的工作，整个工程项目的监理工作即可视为施工合同管理的全过程。

②安全管理。建设单位施工现场安全管理包括两层含义：一是指工程建筑物本身的安全，即工程建筑物的质量是否达到了合同的要求；二是施工过程中人员的安全，特别是与工程项目建设有关各方在施工现场施工人员的生命安全。

监理单位应监理安全监理管理体制，确定安全监理规章制度，检查指导项目监理机构的安全监理工作。

③风险管理。风险管理是对可能发生的风险进行预测、识别、分析、评估，并在此基础上进行有效的处置，以最低的成本实现最大目标保障。工程风险管理是为了降低工程中风险发生的可能性，减轻或消除风险的影响，以最低的成本取得对工程目标保障的满意结果。

（3）一协调

一协调主要指的是施工阶段项目监理机构组织协调工作。

工程项目建设是一项复杂的系统工程。在系统中活跃着建设单位、承包单位、勘察实际单位、监理单位、政府行政主管部门以及与工程建设有关的其他单位。

在系统中监理单位具备最佳的组织协调能力。主要原因是：监理单位是建设单位委托并授权的，是施工现场为宜的管理者，代表建设单位，并根据委托监理合同及有关的法律、法规授予的权利，对整个工程项目的实施过程进行监督并管理。监理人员都是经过考核的专业人员，它们有技术，会管理，懂经济，通法律，一般要比建设单位的管理人员有着更高的管理水平、管理能力和监理经验，能驾驭工程项目建设过程的有效运行。监理单位对工程建设项目进行监督与管理，并根据有关的法律、法规，而使自己拥有特定的权利。

4）实施程序

（1）成立项目监理机构

监理单位应根据建设工程的规模、性质、业主对监理的要求，委派称职的人员担任项目总监理工程师。总监理工程师是一个建设工程监理工作的总负责人，他对内向监理单位负责，对外向业主负责。

监理机构的人员构成是监理投标书中的重要内容，是业主在评标过程中认可的，总监理工程师在组建项目监理机构时，应根据监理大纲内容和签订的委托监理合同内容组建，并在监理规划和具体实施计划执行中进行及时调整。

（2）编制建设工程监理规划

建设工程监理规划是开展工程监理活动的纲领性文件。

（3）制订各专业监理实施细则

监理实施细则应由专业监理工程师编制，经总监理工程师批准，在工程开工前完成，并报建设单位核备。

监理实施细则应分专业编制，体现该工程项目在各专业技术、管理和目标控制方面的具体要求，以达到规范监理工作的目的。

（4）规范化地开展监理工作

监理工作的规范化体现在：建设工程施工完成后，监理单位应在工程项目正式验交前组织竣工预验收，在预验收中发现的问题，应及时与施工单位沟通，提出整改要求。监理单位应参加业主组织的工程竣工验收，签署监理单位意见。

建设工程监理工作完成后，监理单位向业主提交的监理档案资料应在委托监理合同文件中约定。如在合同中没有作出明确规定，监理单位一般应提交设计变更、工程变更资料，监理指令性文件，各种签证资料等档案资料。

2.2.7　建设项目管理其他制度

建设项目管理主要依靠管理制度确保实现项目管理目标，是建筑项目管理最重要的内容之一。除了前面介绍的法人制度、责任制度、目标管理制度、承发包及合同管理制度与监理制度外，建设项目管理还包括许多其他的管理制度，如建设工程许可制度、安全管理制度、质量管理制度以及环境保护制度等，本节因篇幅所限不再赘述，将在后续内容穿插介绍。

子项 2.3　建设工程项目管理策划

2.3.1　建设项目目标管理

目标管理，简而言之就是将工作任务和目标明确化，同时建立目标系统，以便统筹兼顾进行协调，然后在执行过程中予以对照和控制，及时进行纠偏，努力实现既定目标。工程项目的目标管理作为工程项目管理中重要的工作内容，因其涉及内容繁杂、利益方众多、建设周期长、不确定因素多等原因，故在建设执行过程中，项目目标会受到各方面影响。项目目标的正确设置与否，以及是否可控，在一定意义上直接决定着项目建设的成败。

1）工程建设项目中目标系统的建立

（1）项目目标确定的依据

在工程项目决策之初，无论投资方、承建方、协作方或政府，均会有一定的目的或利益期望，这些目的与利益期望，只要可行，即经过项目的控制和协调后是可以实现的，也可以认为是项目目标的雏形。其中可能包含项目建设的费用投入与收益、资源投入、质量要求、进度要求、HSE（健康/安全/环境）、风险控制率、各利益方满意度，以及其他特殊目标和要求。此外，目标的确定还应遵循在政策法规之下的原则。

由于每个项目均有其唯一性，每个项目目标的侧重点不尽相同，但 HSE、质量、费用与进度在绝大多数工程项目中，都是相对重要的控制要求。

（2）有效目标的特征

有意义的目标应该具备以下特点：明确、具体、可行（可操作）、可度量和一定的挑战性，而且这些目标也需要得到上级或相关利益方的认可，亦即与其他方的目标一致。项目目标应该有属性（如成本）、计算单位或一个绝对或相对的值。对于成功完成地项目来说，没有量化的目标通常隐含较高的风险。

（3）总目标与目标系统

工程项目涉及面广，在很多方面均会有控制要求，因此需要设立多个总目标，而且在总目标之下，也需要设立多个子目标用以支撑或说明各类控制要求和建设期望。比如项目的投资、产能、质量、进度、环保等要求就属于总目标之列；在化工建设中，就投资控制而言，这些投资可能由几个工段组成，而在这几个工段中，包含设计费、采购费、建安费、管理费等，这些分项控制要求均属于项目投资总目标下的子目标；又如在设计变更控制目标下，则又可分解为不同专业的目标；再如拟订进度总目标后，则可能分解为项目策划决策期、项目准备期、项目实施期和项目试运行期等。项目总目标与多个子目标就构成了一个目标系统，成了项目建设研究和管理的对象。

2）目标系统的建立方法

（1）完整列出该项目的各类期望和要求

其中可能包含的方面有：生产能力（功能）、经济效益要求、进度要求、质量保证、产业与社会影响、生态保护、环保效应、安全、技术及创新要求、试验效果、人才培养与经验积累及其他功能要求。详细研究工作范围，建立工作分解结构（WBS）。准确研究和确定项目工作范围；按照工程固有的特点，沿可执行的方向，对项目范围进行分解，层层细分，建立工作分解结构（WBS），全面明确工作范围内包含哪些环节和内容，并以此作为目标细分的依据。工作分解结构的末端应该是可执行单元，对应的目标亦即可执行目标。

（2）建立目标矩阵

以项目期望目标为列，以WBS结构为行，建立目标矩阵。识别目标矩阵中重要因素，作为重要控制目标；根据重要控制目标情况，设置相关专职或兼职职能岗位。项目目标矩阵及重要控制目标识别是项目职能岗位设置及团队组建的基础，亦即组织分解机构（OBS）组建的依据。

3）项目管理目标责任书

在项目实施之前，由法定代表人或其授权人与项目管理机构负责人协商制订项目管理目标责任书，责任书应属于组织内部明确责任的系统性管理文件，其内容应符合组织制度要求和项目自身特点。

项目管理目标责任书应根据下列信息：项目合同文件，组织管理制度，项目管理规划大纲，组织经营方针和目标，项目特点和实施条件与环境。项目管理目标责任书宜包括下列内容：项目管理实施目标；组织和项目管理机构职责、权限和利益的划分；项目现场质量、安全、环保、文明、职业健康和社会责任目标；项目设计、采购、施工、试运行管理的内容和要求；项目所需资源的获取和核算办法；法定代表人向项目管理机构负责人委托的相关事项；项目管理机构负责人和项目管理机构应承担的风险；项目应急事项和突发事件处理的原则和方法；项目管理效果和目标实现的评价原则、内容和方法；项目实施过程中相关责任和问题的认定和处理原则；项目完成后对项目管理机构负责人的奖惩依据、标准和办法；项目管理机构负责人解职和项目管理机构解体的条件及办法；缺陷责任期、质量保修期及之后对项目管理机构负责人的相关要求。

组织应对项目管理目标责任书的完成情况进行考核和认定，并根据考核结果和项目管理目标责任书的奖惩规定,对项目管理机构负责人和项目管理机构进行奖励或处罚。同时,项目管理目标责任书应根据项目实施变化进行补充和完善。

施工项目的目标管理及其目标责任详见子项3.1。

2.3.2 项目管理策划

项目管理策划是对项目实施的任务分解和任务组织工作的策划,包括设计、施工、采购任务的招投标,合同结构,项目管理机构设置、工作程序、制度及运行机制,项目管理组织协调,管理信息收集、加工处理和应用等。项目管理策划视项目系统的规模和复杂程度,分层次、分阶段地展开,从总体的轮廓性、概略性策划,到局部的实施性详细策划逐步深化。

1)一般规定

项目管理策划由项目管理规划和管理配套策划组成。项目管理规划应包括项目规划大纲和管理实施规划,项目管理配套策划应包括项目管理规划策划以外的所有项目管理策划内容。应建立项目管理策划的管理制度,确定项目管理策划的管理过程,实施程序和控制要求。

(1)管理过程

项目管理策划应包括下列管理过程:分析、确定项目管理的内容与范围;协调、研究、形成项目管理策划结果;检查、监督、评价项目管理策划过程;履行其他确保项目管理策划的规定责任。

(2)实施程序

项目管理策划应遵循下列程序:识别项目管理范围;进行项目工作分解;确定项目的实施方法;规定项目需要的各种资源;测算项目成本;对各个项目管理过程进行策划。

(3)控制要求

项目管理策划过程应符合下列规定:项目管理范围应包括项目的全部内容,并与各相关方的工作协调一致;项目工作分解结构应根据项目管理范围,以可交付成果为对象实施;应根据项目实际情况与管理需要确定详细程度,确定工作分解结构;提供项目所需资源,应保证工程质量和降低项目成本的要求进行方案比较;项目进度安排应形成项目总进度计划,宜采用可视化图表表达;宜采用量价分离的方法,按照工程实体性消耗和非实体性消耗测算项目成本;应进行跟踪检查和必要的策划调整,项目结束后宜编写项目管理策划的总结文件。

2)项目管理规划大纲

(1)编制目的与步骤

项目管理规划大纲应是项目管理工作中具有战略性、全局性和宏观性的指导文件。编制项目管理规划大纲应遵循下列步骤:明确项目需求和项目管理范围;确定项目管理目标;分析项目实施条件,进行项目工作结构分解;确定项目管理组织模式、组织结构和职责分工;规定项目管理措施;编制项目资源计划;报送审批。

(2)编制依据与编制内容

①编制依据。项目管理规划大纲编制依据应包括下列内容:项目文件、相关法律法规和标准;类似项目经验资料;实施条件调查资料。

②编制内容。项目管理规划大纲文件宜包括下列内容,可根据需要在其中选定:项目概况;项目范围管理;项目管理目标;项目管理组织;项目采购与投标管理;项目进度管理;项目质量管理;项目成本管理;项目安全生产管理;绿色建造与环境管理;项目资源管理;项目信息管理;项目沟通与相关方管理;项目风险管理;项目收尾管理。

③编制要求。项目管理规划大纲应具备下列内容:项目管理目标和职责规定;项目管理程序和方法要求;项目管理资源的提供和安排。

3)项目管理实施规划

(1)编制步骤

项目管理实施规划应对项目管理规划大纲的内容进行细化。编制项目实施规划应遵循下列步骤:了解相关方的要求;分析项目具体特点和环境条件;熟悉相关的法规和文件;实施编制活动;履行报批手续。

(2)编制依据与内容

①编制依据。项目管理实施规划编制依据可包括下列内容:适用的法律、法规和标准;项目合同及相关要求;项目管理规划大纲;项目设计文件;工程情况与特点;项目资源和条件;有价值的历史数据;项目团队的能力和水平。

②编制内容。项目管理实施规划应包括下列内容:项目概况;项目总体工作安排;组织方案;设计与技术措施;进度计划;质量计划;成本计划;安全生产计划;绿色建造与环境管理计划;资源需求与采购计划;信息管理计划;沟通管理计划;风险管理计划;项目收尾计划;项目现场平面布置图;项目目标控制计划与技术经济指标。

③编制要求。项目管理实施规划文件应满足下列要求:项目大纲内容应得到全面深化和具体化;实施规划范围应满足实现项目目标的实际需求;实施项目管理规划的风险处于可以接受的水平。

4)项目管理配套策划

项目管理配套策划应是与项目管理规划相关的项目管理策划过程,应将项目管理配套策划作为项目管理策划的支撑措施纳入项目管理策划过程。

(1)编制依据与内容

①编制依据。项目管理配套策划依据应包括下列内容:项目管理制度;项目管理规划;实施过程需求;相关风险程度。

②编制内容。项目管理配套策划应包括下列内容:确定项目管理规划的编制人员、方法选择与时间安排;安排项目管理策划各项规定的具体落实途径;明确可能影响项目管理实施绩效的风险应对措施。

(2)策划过程

①要求与规定。项目管理机构应确保项目管理配套策划过程满足项目管理的需求,并应符合下列规定:界定项目管理配套策划的范围、内容、职责和权利;规定项目管理配套策划的授权、批准和监督范围。确定项目管理配套策划的风险应对措施;总结评价项目管理配套策划水平。

②基础工作过程。组织应建立下列保证项目管理配套策划有效性的基础工作过程:积

累以往项目管理经验;制订有关消耗定额;编制项目基础设施配套参数;建立工作说明书和实施操作标准;规定项目实施的专项条件;配置专用软件;建立项目信息数据库;进行项目团队建设。

子项2.4 建设项目总承包管理制度

2.4.1 工程总承包管理的组织

1)一般规定

工程总承包企业应建立与工程总承包项目相适应的项目管理组织,并行使项目管理职能,实行项目经理负责制。项目总承包企业宜采用项目管理目标责任书的形式,并明确项目目标和项目经理的职责、权限和利益。项目经理应根据工程总承包企业法定代表人授权的范围、时间和项目管理目标责任书中规定的内容,对工程总承包项目,自项目启动至项目收尾,实行全过程管理。

工程总承包企业承担建设项目总承包,宜采用矩阵式管理。项目部应由项目经理领导,并接受工程总承包企业职能部门指导、监督、检查和考核。项目部在项目收尾完成后应由工程总承包企业获批解散。

2)项目部与项目经理

工程总承包企业应在工程总承包合同生效后,任命项目经理,并由工程总承包企业法定代表人签发书面授权委托书。

项目部的设立应包括下列主要内容:根据工程总承包企业管理规定,结合项目特点,确定组织形式,组建项目部,确定项目部的职能。根据工程总承包合同和企业有关管理规定,确定项目部的管理范围和任务;确定项目部的组成人员、职责和权限。工程总承包企业与项目经理签订项目管理目标责任书。

项目部的人员配置和管理规定应满足工程总承包项目管理的需要。

3)项目部职能

项目部应具有工程总承包项目组织实施和控制职能。项目部应对项目质量、安全、费用、进度、职业健康和环境保护目标负责。项目部应具有内外部沟通协调管理职能。

4)项目部岗位设置及管理

根据工程总承包合同范围和工程总承包企业管理的有关规定,项目部可在项目经理以下设置控制经理、设计经理、采购经理、施工经理、试运行经理、财务经理、质量经理、安全经理、商务经理、行政经理等职能经理和进度控制工程师、质量工程师、安全工程师、合同管理工程师、费用估算师、费用控制工程师、材料控制工程师、信息管理工程师和文件管理控制工程师等管理岗位。根据项目具体情况,相关岗位可进行调整。项目部应明确所设置岗位职责。

5)项目经理的能力要求

工程总承包企业应明确项目经理的能力要求,确认项目经理任职资格,并进行管理。

工程总承包项目经理应具备下列条件:取得工程建设类注册执业资格或高级专业技术职务;具备决策、组织、领导和沟通能力,能正确处理与协调与项目发包人、项目相关方之间及企业内部各专业、各部门之间的关系;具有工程总承包项目管理及相关经济、法律法规和标准化知识;具有类似项目的管理经验;具有良好的信誉。

6) 项目经理的职责与权限

项目经理应履行下列职责:执行工程总承包企业的管理制度,维护企业的合法权益;代表企业组织实施工程在总承包项目管理,对实现合同约定的项目目标负责。完成项目管理目标责任书规定的任务。在授权范围内负责与项目干系人的协调,解决项目实施中出现的问题;对项目实施全过程进行策划、组织、协调和控制;负责组织项目的管理收尾和合同收尾工作。

项目经理应具有下列权限:经授权组建项目部、提出项目部的组织机构,选用项目部成员,确定岗位人员职责;在授权范围内,行使相应的管理权,履行相应的职责;在合同范围内,按规定程序使用工程总承包企业的相关资源;批准发布项目管理程序;协调和处理与项目有关的内外部事项。

项目管理目标责任书宜包括下列主要内容:规定项目质量、安全、费用、进度、职业健康和环境保护目标等;明确项目经理的责任、权益和利益;明确项目所需资源及工程总承包企业为项目提供的资源条件;项目管理目标评价的原则、内容和方法;工程总承包企业对项目部人员进行奖惩的依据、标准和规定。项目经理解职和项目部解散的条件及方式;在工程总承包企业制度规定以外的、由企业法定代表人向项目经理委托的事项。

2.4.2　项目总策划

1) 一般规定

项目部应在项目初始阶段开展项目策划工作,并编制项目管理计划和项目实施计划。项目策划应结合项目特点,根据合同和总承包企业管理的要求,明确项目目标和工作范围,分析风险以及采取的应对措施,确定项目各项管理原则、措施和进程。项目策划的范围宜涵盖项目活动的全过程所涉及的全要素。根据项目的规模和特点,可将项目管理计划和项目实施计划编制为项目计划。

2) 策划内容

项目策划应满足合同要求。同时应符合工程所在地对社会环境、依托条件、项目干系人需求以及项目对技术、质量、安全、费用、进度、职业健康、环境保护、相关政策和法律法规等方面的要求。

项目策划应包括下列主要内容:明确项目策划原则;明确项目技术、质量、安全、费用、进度、职业健康和环境保护等目标,并制订相关管理程序;确定项目的管理模式、组织机构和职责分工;制订资源配置计划;制订项目协调程序;制订风险管理计划;制订分包计划。

3) 项目管理计划

项目管理计划应由项目经理组织编制,并由工程总承包企业相关负责人审批。项目管理计划编制的主要依据应包括下列主要内容:项目合同;项目发包人和其他项目干系人的要求;项目情况和实施条件;项目发包人提供的信息和资料;相关市场信息;工程总承包企业管理的总体要求。

项目管理计划应包括下列主要内容:项目概况;项目范围;项目管理目标;项目实施条件分析。项目的管理模式、组织机构和职责分工;项目实施的基本原则;项目协调程序;项目的资源配置计划;项目风险分析与对策;合同管理。

4)项目实施计划

项目实施计划应由项目经理组织编制,并经项目发包人认可。项目实施计划的编制依据应包括下列主要内容:批准后的项目管理计划;项目管理目标责任书;项目的基础资金。项目实施计划应包括下列主要内容:概述;总体实施方案;项目实施要点;项目初步进度计划等。

项目实施计划的管理应符合下列规定:项目实施计划应由项目经理签署,并经项目发包人认可;项目发包人对项目实施计划提出异议时,经协商后可由项目经理主持修改;项目部应对项目实施计划的执行情况进行动态监控;项目结束后,项目部应对项目实施计划的编制和执行进行分析和评价,并把相关活动结果的证据整理归档。

2.4.3 项目设计管理

1)一般规定

工程总承包项目的设计应由具备相应设计资质和能力的企业承担。设计应满足合同约定的技术性能、质量标准和工程的可施工性、可操作性及可维修性的要求。设计管理应由设计经理负责,并适时组建项目设计组,在项目实施过程中,设计经理应接受项目经理和工程总承包企业设计管理部门的管理。工程总承包项目应将采购纳入设计程序。设计组应负责请购文件的编制、报价技术评审和技术谈判、供应商图纸资料的审查和确认等工作。

2)设计执行计划

设计执行计划应由设计经理或项目经理负责组织编制,经工程总承包企业有关职能部门评审后,由项目经理批准实施。设计执行计划编制的依据应包括下列主要内容:合同文件;本项目的有关批准文件;项目计划;项目的具体特性;国家或行业的有关规定和要求;工程总承包企业管理体系的有关要求。

设计执行计划宜包括下列主要内容:设计依据;设计范围;设计的原则和要求;组织机构及职责分工;适用的标准规范清单;质量保证程序和要求;进度计划和主要控制点;技术经济要求;安全、职业健康和环境保护要求;与采购、施工和试运行的接口关系及要求。

设计执行计划应满足合同约定的质量目标和要求,同时应符合工程总承包企业的质量管理体系要求。设计执行计划应明确项目费用控制指标、设计人工时指标,并宜建立项目设计执行效果测量基准。设计进度计划应符合项目总进度计划的要求,满足设计工作的内部逻辑关系及资源分配、外部约束等条件,与工程勘察、采购、施工和试运行的进度协调一致。

3)设计实施

设计组应执行已批准的设计执行计划,满足设计控制目标的要求。设计经理应组织对设计基础数据和资料进行检查和验证。设计组应按项目协调程序,对设计进行协调管理,并按工程总承包企业有关专业条件管理规定,协调和控制各专业之间的接口关系。

设计组应按项目设计评审程序和计划进行设计评审,并保存评审活动结果的证据。设计组应按设计执行计划与采购和施工等进行有序的衔接并处理好接口关系。初步设计文件应满足主要设备、材料订货和编制施工图设计文件的需要;施工图设计文件应满足设备、材料采购,非标准设备制作和施工以及试运行的需要。

设计选用的设备、材料,应在设计文件中注明其规格、型号、性能、数量等技术指标。其质量要求应符合合同要求和国家现行有关标准的有关规定。在施工前,项目部应组织设计交底或培训。设计组应依据合同约定,承担施工和试运行阶段的技术支持和服务。

4)设计控制

设计经理应组织检查设计执行计划的执行情况,分析进度偏差,制订有效措施。设计进度的控制点应包括下列主要内容:设计各专业间的条件关系及其进度;初步设计完成和提交时间;关键设备和材料请购文件的提交时间;设计组收到设备、材料供应商最终技术资料的时间;进度关键线路上的设计文件提交时间;施工图设计完成和提交时间;设计工作结束时间。

设计质量应按项目质量管理体系要求进行控制,制订控制措施,设计经理及各专业负责人应填写规定的质量记录,并向工程总承包企业职能部门反馈项目设计质量信息。设计质量控制点应包括系列主要内容:设计人员资格的管理;设计输入的控制;设计策划的控制;设计技术方案的评审。设计文件的校审与会签;设计输出的控制;设计确认的控制;设计变更的控制;设计技术支持和服务的控制,

设计组应按合同变更程序进行设计变更管理。设计变更应对技术、质量、安全和材料数量等提出要求。设计组应按设备、材料控制程序,统计设备、材料数量,并提出请购文件。请购文件应包括下列主要内容:请购单;设备材料规格书和数据表;设计图纸;适用的标准规范;其他有关的资料和文件。

设计经理及各专业负责人应配合控制人员进行设计费用进度综合检测和趋势预测,分析偏差原因,提出纠正措施。

5)设计收尾

设计经理及各专业负责人应根据设计执行计划的要求,除应按合同要求提交设计文件外,尚应完成为关闭合同所需要的相关文件。设计经理及各专业负责人应根据项目文件管理规定,收集、整理设计图纸、资料和有关记录,组织编制项目设计文件总目录并存档。设计经理应组织编制设计完成报告,并参与项目完成报告的编制工作,将项目设计的经验与教训反馈给工程总承包企业有关职能部门。

2.4.4 项目采购管理

1)一般规定

项目采购管理应由采购经理负责,并适时组建项目采购组,在项目实施过程中,采购经理应接受项目经理和工程总承包企业采购管理部门的管理。采购工作应按项目的技术、质量、安全、进度和费用要求,获得所需的设备、材料及有关服务。工程总承包企业宜对供应商

进行资格预审。

2）采购工作程序

采购工作应按下列程序实施：根据项目采购策划，编制项目采购执行计划；采买；对所订购的设备、材料及其图纸、资料进行催交；依据合同约定进行检验；运输与交付；仓储管理；现场服务管理；收尾管理。

采购组可根据采购工作的需要对采购工作程序及其内容进行调整，并应符合项目合同要求。

3）采购执行计划

采购执行计划应由采购经理负责编制，并经项目经理批准后实施。采购执行计划编制的依据应包括下列主要内容：项目合同；项目管理计划和项目实施计划；项目进度计划；工程总承包企业有关采购管理程序和规定。

采购执行计划应包括下列主要内容：编制依据；项目概况；采购原则包括标包划分策略及管理原则。技术、质量、安全、费用和进度控制原则，设备、材料分交原则等；采购工作范围和内容；采购岗位设置及其主要职责；采购进度的主要控制目标和要求，长周期设备和特殊材料专项采购执行计划；催交、检验、运输和材料控制计划；采购费用控制的主要目标、要求和措施；采购质量控制的主要目标、要求和措施；采购协调程序；特殊采购事项的处理原则；现场采购管理要求。

采购组应按采购执行计划开展工作，采购经理应对采购执行计划的实施进行管理和监控。

4）采买

采买工作应包括接受请购文件、确定采买方式、实施采买和签订采购合同或订单等内容。采购组应按批准的请购文件组织采买。项目合格供应商应同时符合下列基本条件：满足相应的资质要求；有能力满足产品设计技术要求；有能力满足产品质量要求；符合质量、职业健康安全和环境管理体系要求；有良好的信誉和财务状况；有能力保证按合同要求准时交货；有良好的售后服务体系。

采购工程师应根据采购执行计划确定的采买方式实施采买。根据工程总承包企业授权，可由项目经理或采购经理按规定与供应商签订采购合同或订单，采购合同或订单应完整、准确、严密、合法，宜包括下列主要内容：采购合同或订单正文及其附件；技术要求及其补充文件；报价文件；会议纪要；涉及商务和技术内容变更所形成的书面文件。

5）催交与检验

采购经理应组织相关人员，根据设备、材料的重要性划分催交与检验等级，确定催交与检验方式和频率，制订催交与检验计划并组织实施。催交方式应包括驻厂催交、办公室催交和会议催交等。催交工作宜包括下列主要内容：熟悉采购合同及附件；根据设备、材料的催交等级，制订催交计划，确定主要检查内容和控制点；要求供应商按时提供制造进度计划，并定期提供进度报告；检查设备和材料制造、供应商提交图纸和资料的进度符合采购合同要求；督促供应商按计划提交有效的图纸和资料供设计审查和确认，并确保经确认的图纸、资料按时返回供应商。检查运输计划和货运文件的准备情况，催交合同约定的最终资料；按规定编制催交状态报告。

依据采购合同约定,采购组应按检验计划,组织具备相应资格的检验人员,根据设计文件和标准规范的要求确定其检验方式,并进行设备、材料制造过程中以及出厂前的检验。重要、关键设备应驻厂监造。对于有特殊要求的设备、材料,可与有相应资格和能力的第三方检验单位签订检验合同,委托其进行检验。采购组检验人员应依据合同约定对第三方的检验工作实施监督和控制。合同有约定时,应安排项目发包人参加相关的检验。检验人员应按规定编制驻厂监造及出厂检验报告。检验报告宜包括下列主要内容:合同号、受检设备、材料的名称、规格和数量;供应商的名称、检验场所和起止时间;各方参加人员;供应商使用的检验、测量和试验设备的控制状态并应附有关记录;检验记录;供应商出具的质量检验报告;检验结论。

6) 运输与交付

采购组应依据采购合同约定的交货条件制订设备、材料运输计划并实施。计划内容宜包括运输前的准备工作、运输时间、运输方式、运输路线、人员安排和费用计划等。采购组应依据采购合同约定,对包装和运输过程进行监督管理。对超限和有特殊要求设备的运输,采购组应制订专项运输方案,可委托专门运输机构承担。

对国际运输,应依据采购合同约定、国际公约和惯例进行,做好办理报关、商检及保险等手续。采购组应落实接货条件,编制卸货方案,做好现场接货工作。设备、材料运至指定地点后,接受人员应对照送货单清点、签收、注明设备和材料到货状态及其完整性,并填写接受报告并归档。

7) 采购变更管理

项目部应按合同变更程序进行采购变更管理。根据合同变更的内容和对采购的要求,采购组应预测相关费用和进度,并应配合项目部实施和控制。

8) 仓储管理

项目部应在施工现场设置仓储管理人员,负责仓储管理工作。设备、材料正式入库前,依据合同约定应组织开箱检验;开箱检验合格的设备、材料,具备规定的入库条件,应提出入库申请,办理入库手续。仓储管理工作应包括物资接收、保管、盘库和发放,以及技术档案、单据、账目和仓储安全管理等。仓储管理应建立物资动态明细台账,所有物资应注明货位、档案编号和标识码等。仓储管理员应登账并定期核对,使账物相符。采购组应制订并执行物资发放制度,根据批准的领料申请单发放设备、材料,办理物资出库交接手续。

2.4.5 项目施工管理

1) 一般规定

工程总承包项目的施工应由具备相应施工资质和能力的企业承担。施工管理应由施工经理负责,并适时组建施工组。在项目实施过程中,施工经理应接受项目经理和工程总承包企业施工管理部门的管理。

2) 施工执行计划

施工执行计划应由施工经理负责组织编制,经项目经理批准后组织实施,并报项目发包人确认。施工执行计划宜包括下列主要内容:工程概况;施工组织原则;施工质量计划;施工安全、职业健康和环境保护计划;施工进度计划;施工费用计划;施工计划管理计划,包括施工技术方案要求;资源供应计划;施工准备工作要求。

施工采用分包时,项目发包人应在施工执行计划中明确分包范围、项目分包人的责任和义务。施工组应对施工执行计划实行目标跟踪和监督管理,对施工过程中发生的工程设计和施工方案重大变更,应履行审批程序。

3)施工进度控制

施工组应根据施工执行计划组织编制施工进度计划,并组织实施和控制。施工进度计划应包括施工总进度计划、单项工程进度计划和单位工程进度计划。施工总进度计划应报项目发包人确认。

编制施工进度计划的依据宜包括下列主要内容:项目合同;施工执行计划;施工进度目标;设计文件;施工现场调解;供货计划;有关技术经济资料。

施工进度计划宜按下列程序编制:收集编制依据资料;确定进度控制目标;计算工程量;确定分部、分项、单位工程的施工期限。确定施工流程;形成施工进度计划;编制施工进度计划说明书。

施工组应对施工进度计划建立跟踪、监督、检查和报告的管理机制。施工证应检查施工进度计划中的关键路线、资源配置的执行情况,并提出施工进展报告。施工组宜采用赢得值等技术,测量施工进度,分析进度偏差,预测进度趋势,采取纠正措施。施工进度计划调整时,项目部按规定程序应进行协调和确认,并保存相关记录。

4)施工费用控制

施工组应根据项目施工执行计划,估算施工费用,确定施工费用控制基准。施工费用控制基准调整时,应按规定程序审批。施工组宜采用赢得值等技术,测量施工费用,分析费用偏差,预测费用趋势,采取纠正措施。施工组应依据施工分包合同、安全生产管理协议和施工进度计划制订施工分包费用支付计划和管理规定。

5)施工质量控制

施工组应监督施工过程的质量,并对特殊过程和关键工序进行识别与质量控制,并应保存质量记录。施工组应对供货质量按规定进行复验并保存活动结果的证据。施工组应监督施工质量不合格的处置,并验证其实施效果。施工组应对所需的施工机械、装备、设施、工具和器具的配置以及使用状态进行有效性和安全性检查,必要时进行试验。操作人员应持证上岗,按操作规程作业,并在使用中做好维护和保养。

施工组应对施工过程的质量控制绩效进行分析和评价,明确改进目标,制订纠正措施,进行持续改进。施工组应根据施工质量计划,明确施工质量标准和控制目标。施工组应组织对项目分包大的施工组织设计和专项施工方案进行审查。施工组应按规定组织或参加工程质量验收。当实行施工分包时,项目部应依据施工分包合同约定,组织项目分包人完成并提交质量记录和竣工文件,并进行评审。当施工过程发生质量事故时,应按国家现行有关规定处理。

6）施工安全管理

项目部应建立项目安全生产责任制,明确各岗位人员的责任、责任范围和考核标准等。施工组应根据项目安全管理实施计划进行施工阶段安全策划,编制施工安全计划,建立施工安全管理制度,明确安全职责,落实施工安全管理目标。施工组应按安全检查制度组织现场安全检查,掌握安全信息,召开安全例会,发现和消除隐患。施工组应对施工安全管理工作负责,并实行统一的协调、监督和控制。施工组应对施工各阶段、部位和场所的危险源进行识别和风险分析,制订应对措施,并对其实施管理和控制。依据合同约定,工程总承包企业或分包商必须依法参加工伤保险,为从业人员缴纳保险费,鼓励投保安全生产责任保险。施工组应建立并保存完整的施工记录。

项目部应依据分包合同和安全生产管理协议的约定,明确各自的安全生产管理职责和应采取的安全措施,并指定专职安全生产管理人员进行安全生产管理与协调。工程总承包企业应建立监督管理机制,监督考核项目部安全生产责任落实情况。

7）施工现场管理

施工组应根据施工执行计划的要求,进行施工开工前的各项准备工作,并在施工过程中协调管理。项目部应建立项目环境管理制度,掌握监控环境信息,采取应对措施。项目部应建立和执行安全防范及治安管理制度,落实防范范围和责任,检查报警和救护系统的适应性和有效性。项目部应建立施工现场卫生防疫管理制度。当现场发生安全事故时,应按国家现行有关规定处理。

8）施工变更管理

项目部应按合同变更程序进行施工变更管理。施工组应根据合同变更的内容和对施工的要求,对质量、安全、费用、进度、职业健康和环境保护等的影响进行评估,并应配合项目部实施和控制。

2.4.6 项目试运行管理

1）一般管理

项目部应依据合同约定进行项目试运行管理和服务。项目试运行管理由试运行经理负责,并适时组建试运行组。在试运行管理和服务过程中,试运行经理应按项目经理和工程总承包企业试运行管理部门的管理。依据合同约定,试运行管理内容可包括试运行执行计划的编制、试运行准备、人员培训、试运行过程指导与服务等。

2）试运行执行计划

试运行执行计划应由试运行经理负责组织编制,经项目经理批准、项目发包人确认后组织实施。试运行执行计划应包括下列主要内容:总体说明;组织机构;进度计划;资源计划;费用计划;培训计划;考核计划;质量、安全、职业健康和环境保护要求;试运行文件编制要求;试运行准备工作要求;项目发包人和相关方的责任分工等。

试运行执行计划应按项目特点,安排试运行工作内容、程序和周期。培训计划应依据合同约定和项目特点编制,经项目发包人批准后实施,培训计划宜包括下列内容:培训目标;培训岗位;培训人员、时间安排;培训与考核方式;培训地点;培训设备;培训费用;培训内容及教材等。

考核计划应依据合同约定的目标、考核内容和项目特点进行编制,考核计划应包括下列主要内容:考核项目名称;考核指标;责任分工;考核方式;手段及方法;考核时间;检测或测量;化验仪器设备及工机具;考核结果评价及确认等。

3)试运行实施

试运行经理应依据合同约定,负责组织或协助项目发包人编制试运行方案。试运行方案宜包括下列主要内容:工程概况;编制依据和原则;目标与采用标准;试运行应具备的条件;组织指挥系统;试运行进度安排;试运行资源配置;环境保护设施投运安排;安全及职业健康要求;试运行预计的技术难点和采取的应对措施等。

项目部应配合项目发包人进行试运行前的准备工作,确保按设计文件及相关标准完成生产系统、配套系统和辅助系统的施工安装及调试工作。试运行经理应试运行执行计划和方案的要求落实相关的技术、人员和物资。试运行经理应组织检查影响合同目标考核达标存在的问题,并落实解决措施。

合同目标考核的时间和周期应依据合同约定和考核计划执行。考核期内,全部保证值达标时,合同双方代表应分项或统一签署合同目标考核合格证书。依据合同约定,培训服务的内容可包括生产管理和操作人员的理论培训、模拟培训和实际操作培训。

2.4.7 项目风险管理

1)一般规定

工程总承包企业应制定风险管理规定,明确风险管理职责与要求。项目部应编制项目风险管理程序,明确项目风险管理职责,负责项目风险管理的组织与协调。项目部应制订项目风险管理计划,确定项目风险管理目标。项目风险管理应贯穿项目实施全过程,宜分阶段进行动态管理。项目风险管理宜采用适用的方法和工具。工程总承包企业通过汇总已发生的项目风险事件,可建立并完善项目风险数据库和项目风险损失事件库。

2)风险识别

项目部应在项目策划的基础上,依据合同约定对设计、采购、施工和试运行阶段的风险进行识别,形成项目风险识别清单,输出项目风险识别结果。项目风险识别过程宜包括下列主要内容:识别项目风险;对项目风险进行分类;输出项目风险识别结果。

3)风险评估

项目部应在项目风险识别的基础上进行项目风险评估,并应输出评估结果。项目风险评估过程宜包括下列主要内容:收集项目风险背景信息;确定项目风险评估标准;分析项目风险发生的概率和原因,推测产生的后果。采用适用的风险评价方法确定项目整体风险水平;采用适用的风险评价工具分析项目各风险之间的相互关系,确定项目重大风险;对项目风险进行对比和排序;输出项目风险的评估结果。

4)风险控制

项目部应根据项目风险识别和评估结果,制订项目风险应对措施或专项方案。对项目重大风险应制订应急预案。项目风险控制过程宜包括下列主要内容:确定项目风险控制指标;选择适用的风险控制方法和工具;对风险进行动态监测,并更新风险防范级别;识别和评估新的风险,提出应对措施和方法;风险预警;组织实施应对措施、专项方案或应急预案;评估和统计风险损失。

项目部应对项目风险管理实施动态跟踪和监控。项目部应对项目风险控制效果进行评估和持续改进。

2.4.8 项目进度管理

1)一般规定

项目部应建立项目进度管理体系,按合理交叉、相互协调、资源优化的原则,对项目进度进行控制管理。项目部应对进度控制、费用控制和质量控制等进行协调管理。项目进度管理应按项目工作分解结构逐级管理。项目进度控制宜采用赢得值管理、网络计划和信息技术。

2)进度计划

项目进度计划应按合同要求的工作范围和进度目标,制订工作分解结构并编制进度计划。项目进度计划文件应包括进度计划图表和编制说明。项目总进度计划应依据合同约定的工作范围和进度目标进行编制,项目分进度计划在总进度计划的约束条件下,根据细分的活动内容、活动逻辑关系和资源条件进行编制。项目分进度计划应在控制经理协调下,由设计经理、采购经理、施工经理和试运行经理组织编制,并由项目经理审批。

3)进度控制

项目实施过程中,项目控制人员应对进度实施情况进行跟踪、数据采集,并应根据进度计划,优化资源配置,采用检查、比较、分析和纠偏等方法和措施,对计划进行动态控制。进度控制应按检查、比较、分析和纠偏等方法和措施,对计划进行动态控制。进度控制应按检查、比较、分析和纠偏的步骤进行,并应符合下列规定:应对工程项目进度执行情况进行跟踪和检测,采集相关数据;应对进度计划实际值与基准值进行比较,发现进度偏差;应对比较的结果进行分析,确定偏差幅度、偏差产生的原因及对项目进度目标的影响程度;应根据工程的具体情况和偏差分析结果,预测整体项目的进度发展趋势,对可能的进度延迟进行预警,提出纠偏建议,采取适当的措施,使进度控制在允许的偏差范围内。

进度偏差分析应按下列程序进行:采取赢得值管理技术分析进度偏差;运用网络计划技术分析进度偏差对进度的影响,并应关注关键路径上各项活动的时间偏差。

项目部应按合同变更程序进行计划工期的变更管理,根据合同变更的内容和对计划工期、费用的要求,预测计划工期的变更对质量、安全、职业健康和环境保护等的影响,并实施和控制。

当项目活动进度拖延时,项目计划工期的变更应符合下列规定:该项活动负责人应提出活动推迟的时间和推迟原因的报告;项目进度管理人员应系统分析该活动进度的推迟对计划工期的影响;项目进度管理人员应向项目经理报告处理意见,并转发给费用管理人员和质量管理人员;项目经理应综合各方面意见作出修改计划工期的决定;修改的计划工期大于合同工期时,应报项目发包人确认并按合同变更处理。

项目部应根据项目进度计划对设计、采购、施工和试运行之间的接口关系进行重点监控。项目部应根据项目进度计划对分包工程项目进度进行控制。

2.4.9 项目质量管理

1)一般规定

工程总承包企业应按质量管理体系要求,规范工程总承包项目的质量管理。项目质量管理应贯穿项目管理的全过程,按策划、实施、检查、处置循环的工作方法进行全过程的质量控制。项目部应设专职质量管理人员,负责项目的质量管理工作。

项目质量管理应按下列程序进行:明确项目质量目标;建立项目质量管理体系;实施项目质量管理体系;监督检查项目质量管理体系的实施情况;收集、分析和反馈质量信息,并制订纠正措施。

2)质量计划

项目策划过程中应由质量经理负责组织编制质量计划,经项目经理批准发布。项目质量计划应体现从资源投入到完成工程交付的全过程质量管理与控制要求。

项目质量计划的编制应根据下列主要内容:合同中规定的产品质量特性、产品须达到的各项指标及其验收标准和其他质量要求;项目实施计划;相关的法律法规、技术标准;工程总承包企业质量管理体系文件及其要求。

项目质量计划应包括下列主要内容:项目的质量目标、指标和要求;项目的管理组织与职能;项目质量管理所需要的过程、文件和资源;实施项目质量目标和要求采取的措施。

3)质量控制

项目的质量控制应对项目所有输入的信息、要求和资源的有效性进行控制;项目部应根据项目质量计划对设计、采购、施工和试运行阶段接口的质量进行看点控制;项目质量经理应负责组织检查、监督、考核和评价项目质量计划的执行情况,验证实施效果并形成报告。对出现的问题、缺陷或不合格,应召开质量分析会,并制订整改措施。项目部按规定应对项目实施过程中形成的质量记录进行标识、收集、保存和归档。项目部应根据项目质量计划对分包工程项目质量进行控制。

4)质量改进

项目部人员应收集和反馈项目的各种质量信息。项目部应定期对收集的质量信息进行数据分析;召开质量分析会议,找出影响工程质量的原因,采取纠正措施,定期评价其有效性,并反馈给工程总承包企业。工程总承包企业应依据合同约定对保修期或缺陷责任期内发生的质量问题提供保修服务。工程总承包企业应收集并接受项目发包人意见,获取项目运行信息,应将回访和项目发包人满意度调查工作纳入企业的质量改进活动中。

2.4.10 项目费用管理

1)一般规定

工程总承包企业应建立项目费用管理系统以满足工程总承包管理的需要。项目部应设置费用管理和费用控制人员,负责编制工程总承包项目费用估算,制订费用计划和实施费用控制。项目部应对费用控制与进度控制和质量控制等进行统筹决策、协调管理。项目部可采用赢得值管理技术及相应的项目管理软件进行费用和进度综合管理。

2)费用估算

项目部应根据项目的进度编制不同深度的项目费用估算。编制项目费用估算的依据应包括下列主要内容:项目合同;工程设计文件;工程总承包企业决策;有关的估算基础资料;有关法律文件和规定。根据不同阶段的设计文件和技术资料,应采用相应的估算方法编制项目费用估算。

根据不同阶段的设计文件和技术资料,应采用相应的估算方法编制项目费用估算。

3)费用计划

项目费用计划应由控制经理组织编制,经项目经理批准后实施。项目费用计划编制的主要依据应为经批准的项目费用估算、工作分解结构和项目进度计划。项目部应将批准的项目费用估算按项目进度计划分配到各个工作单元,形成项目费用预算,作为项目费用控制的基准。

4)费用控制

项目部采用目标管理方法对项目实施期间的费用进行过程控制;费用控制应根据项目费用计划、进度报告及工程变更,采用检查、比较、分析、纠偏等方法和措施,对费用进行动态控制,将费用控制在项目批准的预算以内。费用控制应按检查、比较、分析和纠偏的步骤进行,并应符合下列规定:

应对工程项目费用执行情况进行跟踪和检测,采集相关数据;应对已完工作的预算费用与实际费用进行比较,发现费用偏差;应对比较的结果进行分析,确定偏差幅度、偏差产生的原因及对项目费用目标的影响程度;应根据工程的具体情况和偏差分析结果,对整个项目竣工时的费用进行预测,对可能的超支进行预警,采取适当的措施,把费用偏差控制在允许的范围内。项目部应按合同变更程序进行费用变革管理,根据合同变更的内容和对费用、进度的要求,预测费用变更对质量、安全、职业健康和环境保护等的影响,并进行实施和控制。项目部应定期编制项目费用执行报告。

2.4.11 项目安全、职业健康与环境管理

1)一般规定

工程总承包企业应按职业健康安全管理和环境管理体系要求,规范工程总承包项目的职业健康安全和环境管理。项目部应设置专职管理人员,在项目经理领导下,具体负责项目安全、职业健康与环境管理的组织与协调工作。项目安全管理应进行危险源辨识和风险评价,制订安全管理计划,并进行控制。项目职业健康管理应进行职业健康危险源辨识和风险评价,制订职业健康管理计划,并进行控制。项目环境保护应进行环境因素辨识和评价,制订环境保护计划,并进行控制。

2)安全管理

项目经理应为项目安全生产主要负责人,并应负有下列职责:建立、健全项目安全生产

责任制;组织制订项目安全生产规章制度和操作规程;组织制订并实施项目安全生产教育和培训计划;保证项目安全生产投入的有效实施;督促、检查项目的安全生产工作,及时消除生产安全事故隐患;组织制订并实施项目的生产安全事故应急救援预案;及时,如实报告项目生产安全事故。

项目部应根据项目的安全管理目标,制订项目安全管理计划,并按规定程序批准实施。项目安全管理计划应包括下列主要内容:项目安全管理目标;项目安全管理组织机构和职责;项目危险源辨识、风险评价与控制措施;对从事危险和特种作业人员的培训教育计划;对危险源及其风险规避的宣传与警示方式;项目安全管理的主要措施与要求;项目安全生产事故应急救援预案的演练计划。

项目部应对项目安全管理计划的实施进行管理,并应符合下列规定:应为实施、控制和改进项目安全管理计划提供资源;应逐级进行安全管理计划的交底或培训;应对安全管理计划的执行进行监视和测量,动态识别潜在的危险源和紧急情况,采取措施,预防和减少危险。

项目安全管理必须贯穿设计、采购、施工和试运行各阶段,并应符合下列规定:设计应满足本质安全要求;采购应对设备、材料和防护用品进行安全控制;施工应对所有现场活动进行安全控制;项目试运行前,应开展项目安全检查等工作。项目部应配合项目发包人按规定向相关部门申请项目安全施工措施的有关文件。在分包合同中,项目承包人应明确相应的安全要求,项目分包人应按要求履行其安全职责。项目部应制订生产安全事故隐患排查治理制度,采取技术和管理措施,及时发现并消除事故隐患,应记录事故隐患排查治理情况,并应向从业人员通报。当发生安全事故时,项目部应立即启动应急预案,组织实施应急救援并按规定及时、如实报告。

3)职业健康安全管理

项目部应按工程总承包企业的职业健康方针,制订项目职业健康管理计划,并按规定程序批准实施。项目职业健康管理计划宜包括下列主要内容:项目职业健康管理目标;项目职业健康管理组织机构和职责;项目职业健康管理的主要措施。

项目部应对项目职业健康管理计划的实施进行管理,并应符合下列规定:应为实施、控制和改进项目职业健康管理计划提供必要的资源;应进行职业健康的培训;应对项目职业健康管理计划的执行进行监视和测量,动态识别潜在的危险源和紧急情况,采取措施,预防和减少伤害。

项目部应制订项目职业健康的检查制度,对影响职业健康的因素采取措施,记录并保存检查结果。

4)环境管理

项目部应根据批准的建设项目环境影响评价文件,编制用于指导项目实施过程的项目环境保护计划,并按规定程序批准实施,包括下列主要内容:项目环境保护的目标及主要指标;项目环境保护的实施方案;项目环境保护所需的人力、物力、财力和技术等资源的专项计划;项目环境保护所需要的技术研发和技术攻关等工作;项目实施过程中防治环境污染和生态破坏的措施,以及投资估算。

项目部应对项目环境保护计划的实施进行管理,并应符合下列规定:

应为实施、控制和改进项目环境保护计划提供必要资源;应进行环境保护的培训;应对项目环境保护管理计划的执行进行监视和测量,动态识别潜在的环境因素和紧急情况,采取措施,预防和减少对环境产生的影响;落实环境保护主管部门对施工极端的环保要求,以及施工过程中的环境保护措施;对施工现场的环境进行有效控制,建立良好的作业环境。项目部应制订项目环境巡视检查和定期检查制度,对影响环境的因素应采取措施,记录并保存检查结果;项目部应建立环境管理不符合状况的处理和调查程序,明确有关职责和权限,实施纠正措施。

2.4.12 项目资源管理

1)一般规定

工程总成不成企业应建立并完善项目资源管理机制,使项目人力、设备、材料、机具、技术和资金等资源适应工程总承包项目管理的需要。项目资源管理应在满足实现工程总承包项目的质量、安全、费用、进度以及其他目标需要的基础上,进行项目资源的优化配置。项目资源管理的全过程应包括项目资源的计划、配置、控制和调整。

2)人力资源管理

项目部应根据项目实施计划,编制人力资源需求、使用和培训计划,经工程总承包企业批准,配置项目人力资源,建立项目团队。项目部应对项目人力资源进行优化配置和成本控制,并对项目从业人员的从业资格与能力进行管理。项目部应根据工程总承包企业要求,制订项目绩效考核和奖惩制度,对项目部人员实施考核和奖惩。

3)设备材料管理

项目部应编制设备、材料控制计划、建立项目设备、材料控制程序和现场管理规定,对设备、材料进行管理和控制。项目部设备、材料管理人员应对设备、材料进行入场检验、仓储管理、出入库管理和不合格品管理等。项目部应依据合同约定对项目发包人提供的设备、材料进行控制。

4)机具管理

项目部应编制项目机具需求和使用计划。对进入施工现场的机具应进行检验和登记,并按要求报验。项目部应对现场施工机具的使用统一进行管理。

5)技术管理

项目部应执行工程总承包企业相关技术管理规定,对项目的技术资源与技术活动进行计划、组织、协调和控制。项目部应对设计、采购、施工和试运行过程中涉及的技术资源与技术活动进行过程管理。项目部应依据合同约定和工程总承包企业知识产权有关规定,对项目所涉及的知识产权进行管理。

6)资金管理

项目部及工程总承包企业相关职能部门应制订资金管理目标和计划,对项目实施过程中的资金流进行管理和控制。项目部应根据工程总承包企业的资金管理规章制度,制订项目资金管理规定,并接受企业财务部门的监督、检查和控制。项目部应配合工程总承包企业相关职能部门,依法进行项目的税费筹划和管理。项目部应对项目资金计划进行管理。项目财务人员应根据项目进度计划、费用计划、合同价款及支付条件,编制项目资金流动计划和项目财务用款计划,按规定程序审批和实施。项目部应依据合同约定向项目发包人提交工程款结算报告和相关资料,收取工程价款。项目部应对资金风险进行管理。分析项目收入和支出情况,降低资金使用成本,提高资金使用效率,规避资金风险。项目部应根据工程总承包企业财务制度,向企业财务部门提出财务报表。项目竣工后,项目部应完成项目成本和经济效益分析报告,并上报工程总承包企业相关职能部门。

2.4.13 项目沟通与信息管理

1)一般规定

工程总承包企业应建立项目沟通与信息管理系统,制订沟通与信息管理程序和制度。工程总承包企业应利用现代信息及通信技术对项目全过程所产生的各种信息进行管理。项目部应运用各种沟通工具及方法,采取相应的组织协调措施与项目干系人进行信息沟通。项目部应根据项目规模、特点与工程需要,设置专职或兼职项目信息管理和文件管理控制岗位。

2)沟通管理

项目沟通管理应贯穿工程总承包项目管理的全过程。项目部应制订项目沟通管理计划、明确沟通的内容和方式,并根据项目实施过程中的情况变化进行调整。项目部应根据工程总承包项目的特点,以及项目相关方不同的需求和目标,采取协调措施。

3)信息管理

项目部应建立与企业相匹配的项目信息管理系统,实现数据的共享和流转,对信息进行分析和评估。项目部应制订项目信息管理计划,明确信息管理的内容和方式。项目信息管理系统应符合下列规定:应与工程总承包企业的信息管理系统相兼容;应便于信息的输入、处理和存储;应便于信息的发布、传递和检索;应具有数据安全保护措施。

项目部应制订收集、处理、分析、反馈和传递项目信息的管理规定,并监督执行。项目部应依据合同约定和工程总承包企业有关规定,确定项目统一的信息结构、分类和编码规则。

4)文件管理

项目文件和资料应随项目进度收集和处理,并按项目统一规定进行管理。项目部应按档案管理标准和规定,将设计、采购、施工和试运行阶段形成的文件和资料进行归档,档案资料应真实、有效和完整。

5)信息安全及保密

项目部应遵守工程总承包企业信息安全的有关规定,并应符合合同要求。项目部应根据工程总承包企业信息安全和保密有关规定,采取信息安全与保密措施。项目部应根据工程总承包企业的管理规定进行信息的备份和存档。

2.4.14 项目合同管理

1）一般规定

工程总承包企业的合同管理部门应负责项目合同的订立,对合同的履行进行监督,并负责合同的补充、修改和(或)变更、终止或结束等有关事宜的协调与处理。工程总承包项目合同管理应包括工程总承包合同和分包合同管理。项目部应根据工程总承包企业合同管理规定,负责组织对工程总承包合同的履行,并对分包合同的履行实施监督和控制。项目部应根据工程总承包企业合同管理要求和合同约定,制订项目合同变更程序,把影响合同要约条件的变更纳入项目合同管理范围。工程总承包合同和分包合同以及项目实施过程的合同变更和协议,应以书面形式订立,并成为合同的组成部分。

2）工程总承包合同管理

项目部应根据工程总承包企业相关规定建立工程总承包合同管理程序。工程总承包合同管理宜包括下列主要内容:接收合同文本并检查、确认其完整性和有效性;熟悉和研究合同文本,了解和明确项目发包人的要求;确定项目合同控制目标,制订实施计划和保证措施;检查、跟踪合同履行情况;对项目合同变更进行管理;对合同履行中发生的违约、索赔和争议处理等事宜进行处理;对合同文件进行管理;进行合同收尾。

项目部合同管理人员应全过程跟踪检查合同履行情况,收集和整理合同信息和管理绩效评价,并应按规定报告项目经理。项目合同变更应按下列程序进行:提出合同变更申请;控制经理组织相关人员开展合同变更评审并提出实施和控制计划;报项目经理审查和批准,重大合同变更应报工程总承包企业负责人签认;经项目发包人签认,形成书面文件;组织实施。

提出合同变更申请时应填写合同变更单。合同变更单宜包括下列主要内容:变更的内容;变更的理由和处理措施;变更的性质和责任承担方;对项目质量、安全、费用和进度等的影响。

合同争议处理应按下列程序进行:准备并提供合同争议事件的证据和详细报告;通过和解或调解达成协议,解决争议;和解或调解无效时,按合同约定提交仲裁或诉讼处理。

项目部应依据合同约定,对合同的违约责任进行处理。合同索赔处理应符合下列规定:应执行合同约定的索赔程序和规定;应在规定时限内向对方发出索赔通知,并提出书面索赔报告和证据;应对索赔费用和工期的真实性、合理性及准确性进行核定;应按最终商定或裁定的索赔结果进行处理。索赔金额可作为合同总价的增补款或扣减款。

项目合同文件管理应符合下列规定:应明确合同管理人员在合同文件管理中的职责,并依据合同约定的程序和规定进行合同文件管理;合同管理人员应对合同文件定义范围内的信息、记录、函件、证据、报告、合同变更、协议、会议纪要、签证单据、图纸资料、标准规范及相关法规等进行收集、整理和归档。

合同收尾工作应符合下列规定:合同收尾工作应依据合同约定的程序、方法和要求进行;合同管理人员应建立合同文件索引目录;合同管理人员确认合同约定的保修期或缺陷责任期已满并完成了缺陷修补工作时,应向项目发包人发出书面通知,要求项目发包人组织核定工程最终结算及签发合同项目履约证书或验收证书,关闭合同;项目竣工后,项目部应对合同履行情况进行总结和评价。

3)分包合同管理

项目部及合同管理人员,应依据合同约定,将需要订立的分包合同纳入整体合同管理范围,并要求分包合同管理与工程总承包合同管理保持协调一致。项目部应依据合同约定和企业授权,订立设计、采购、施工、试运行或其他咨询服务分包合同。项目部应对分包合同生效后的履行、变更、违约、索赔、争议处理、终止或收尾结束的全部活动实施监督和控制。

分包合同管理宜包括下列主要内容:明确分包合同的管理职责;分包招标的准备和实施;分包合同订立;对分包合同实施监控;分包合同变更处理;分包合同争议处理;分包合同索赔处理;分包合同文件管理;分包合同收尾。

项目部应依据合同约定,明确分包类别及职责,组织订立分包合同,协调和监督分包合同的履行。项目部可根据工程总承包项目的范围、内容、要求和资源状况等进行分包,分包方式根据项目实际情况确定。项目承包人与项目分包人应订立分包合同。项目部应按下列规定组织分包合同谈判:应明确谈判方针和策略,制订谈判工作计划;应按计划做好谈判准备工作;应明确谈判的主要内容,并按计划组织实施。

项目部应组织分包合同的评审,确定最终的合同文本,按工程总承包企业规定或经授权订立分包合同。分包合同文件组成及其优先次序应包括下列内容:协议书;中标通知书;专用条款;通用条款;投标书和构成合同组成部分的其他文件;招标文件。

分包合同履行的管理应符合下列规定:项目部应依据合同约定,对项目分包人的合同履行进行监督和管理,并履行约定的责任和义务;合同管理人员应对分包合同确定的目标实行跟踪监督和动态管理;在分包合同履行过程中,项目分包人应向项目承包人负责。

项目部应按合同变更程序进行分包合同变更管理,根据分包合同变更的内容和对分包的要求,预测相关费用和进度,并实施和控制。分包合同变更应成为分包合同的组成部分。对于合同变更,项目部应按规定向工程总承包企业合同管理部门报告。

分包合同变更应按下列程序进行:综合评估分包变更实施方案对项目质量、安全、费用和进度等的影响;根据评估意见调整或完善后的实施方案,报项目经理审查并按工程总承包企业合同管理程序审批;进行沟通和谈判,签订分包变更合同或协议;监控变更合同或协议的实施。

分包合同收尾应符合下列规定:项目部应按分包合同约定程序和要求进行分包合同的收尾;合同管理人员应对分包合同约定目标进行核查和验证,当确认已完成缺陷修补并达标时,进行分包合同的最终结算和关闭分包合同的工作;当分包合同关闭后应进行总结评价工作,包括对分包合同订立、履行及其相关效果的评价。

2.4.15 项目收尾

1)一般规定

项目收尾工作应由项目经理负责。项目收尾工作宜包括下列主要内容:依据合同约定,项目承包人向项目发包人移交最终产品、服务或成果;依据合同约定,项目承包人配合项目发包人进行竣工验收;项目结算;项目总结;项目资料归档;项目剩余物资处置;项目考核与审计;对项目分包人及供应商的后评价。

2）竣工验收

项目竣工验收应由项目发包人负责。工程项目达到竣工验收条件时,项目发包人应向负责竣工验收的单位提出竣工验收申请报告。

3）项目结算

项目部应依据合同约定,编制项目结算报告。项目部应向项目发包人提交项目结算报告及资料,经双方确认后进行项目结算。

4）项目总结

项目经理应组织相关人员进行项目总结并编制项目总结报告。项目部应完成项目完工报告。

5）考核与审计

工程总承包企业应依据项目管理目标责任书对项目部进行考核。项目部应依据项目绩效考核和奖惩制度对项目团队成员进行考核。项目部应依据工程总承包企业对项目分包人及供应商的管理规定对项目分包人及供应商进行后评价。项目部应依据工程总承包企业有关规定配合项目审计。

项目小结

本项目重点介绍了建设项目管理的基本建设程序与建筑工程施工程序,介绍了建设项目法人制度与建设项目监理制度,介绍了建设项目总承包管理制度。

数字资源及
拓展材料

（1）基本建设程序。我国目前基本建设程序的内容和步骤主要有:前期工作阶段,主要包括项目建议书、可行性研究、设计工作;建设实施阶段,主要包括施工准备、建设实施;竣工验收阶段和后评价阶段。

（2）建设项目法人制度。建设项目法人制度主要内容包括法人的概念、设立、组织与责任、任职与任免、考核和奖惩 5 个方面。

（3）建设工程监理制度。建设工程监理也称工程建设监理,属于国际上业主项目管理的范畴。建设工程监理制度主要包括特性、制度与作用、工作内容、实施程序 4 个方面。

（4）建设项目总承包管理制度。建设项目总承包管理制度主要包括工程总承包管理的组织;项目管理策划;项目设计管理;项目采购管理;项目施工管理;试运行管理;项目风险管理;项目进度管理;项目质量管理;项目费用管理;项目安全、职业健康与环境管理;项目资源管理;项目沟通与信息管理;项目合同管理;项目收尾等。

复习思考题

1.建设项目的建设程序如何?

2. 可行性研究的作用是什么？

3. 建筑工程施工程序如何？

4. 什么是建设项目法人及建设项目法人制度？

5. 建设项目法人制度包括哪些方面？

6. 建设工程监理制度包括哪些方面？

7. 建设项目总承包管理制度包括哪些方面？

项目 3
施工项目管理概述

 项目导读

- **主要内容及要求**　本项目主要介绍了施工项目管理的全过程目标管理,施工项目部组织管理机构设置,重点介绍了施工组织设计、施工项目准备等内容。通过本项目的学习,应了解施工项目的全过程目标管理,熟悉项目部组织管理机构设置,掌握施工组织设计的主要内容及基本要求,掌握施工准备的主要内容。
- **重点**　施工组织设计、施工准备工作。
- **难点**　施工项目的全过程管理。

子项 3.1　施工项目管理的全过程目标管理

施工项目管理的对象是施工项目寿命周期各阶段的工作。广义的施工项目是指从投标、签约开始到工程施工完成后的服务为止的整个过程。它与狭义的施工项目不同。狭义的施工项目管理是指从项目签约后开始到验收、结算、交工时为止的一段过程。这里所谈的施工项目是指广义的施工项目管理过程。施工项目寿命周期可分为 5 个阶段,这 5 个阶段构成了施工项目管理有序的全过程。

3.1.1　投标、签约阶段

业主单位对建设项目进行设计和建设准备,具备了招标条件以后,便发出广告(或邀请函),施工单位见到招标广告或邀请函后,从作出投标决策至中标签约,实质上便是在进行准备,具备招标条件以后发出广告(或邀请函),施工单位见到招标广告(或邀请函)后,从作出投标决策至中标签约,实质上便是在进行施工项目的工作。这是施工项目寿命周期的第一阶段,可称为立项阶段。本阶段最终管理目标是签订工程承包合同。

这一阶段主要进行以下工作:建筑施工企业从经营战略的高度作出是否投标争取承包该项目的决策。决定投标后,从多方面(企业自身、相关单位、市场、现场等)掌握大量信息,编制既能使企业盈利,又有力可望中标的投标书。如果中标,则与招标方进行谈判,依法签订工程承包合同,使合同符合国家法律、法规和国家计划,符合平等互利、等价有偿的原则。

3.1.2　施工准备阶段

施工单位与业主单位签订了工程承包合同、交易关系确立后,便应组建项目经理部,然后以项目经理为主,与企业经营层和管理层、业主单位进行配合,进行施工准备,使工程具备开工和连续施工的基本条件。

这一阶段主要进行以下工作:成立项目经理部,根据工程管理的需要建立机构,配备管理人员。编制施工组织设计,主要是施工方案、施工进度计划和施工平面图,用以指导施工准备和施工。制订施工项目管理规划,以指导施工项目管理活动。进行施工现场准备,使现场具备施工条件,利于进行文明施工。编写开工申请报告,待批开工。

3.1.3　施工阶段

这是一个自开工至竣工的实施过程。在这一过程中,项目经理部既是决策机构,又是责任机构。经营管理层、业主单位、监理单位的作用是支持、监督与协调。这一阶段的目标是完成合同规定的全部施工任务,以达到验收、交工的条件。

这一阶段主要进行以下工作:按施工组织设计的安排进行施工;在施工中努力做好动态控制工作,保证质量目标、进度目标、造价目标、安全目标、节约目标的实现;管好施工现场,实行文明施工;严格履行工程承包合同,处理好内外关系,管好合同变更及索赔;做好记录、协调、检查、分析工作。

3.1.4　验收、交工与结算阶段

这一阶段可称作"结束阶段",与建设项目的竣工验收阶段协调同步进行。其目标是对项目成果进行总结、评价,对外结清债务,结束交易关系。

本阶段主要进行以下工作:工程收尾,进行试运转。在预检的基础上接受正式验收整理、移交竣工文件,进行财务结算,总结工作,编制竣工总结报告,办理工程交付手续。项目经理部解体。

3.1.5　用户服务阶段

用户服务阶段是施工项目管理的最后阶段。在交工验收后,按合同规定的责任期进行用后服务、回访与保修,其目的是保证使用单位正常使用,发挥效益。在该阶段中主要进行以下工作:为保证工程正常使用而作必要的技术咨询和服务。进行工程回访,听取使用单位意见,总结经验教训,观察使用中的问题,进行必要的维护、维修和保修。进行沉陷、抗震性能等观察,以服务于宏观事业。

子项 3.2 施工项目部组织机构的设置

3.2.1 组织机构的设置

1)施工项目组织机构的设置程序

施工项目组织应按图 3.1 所示的程序进行设置。

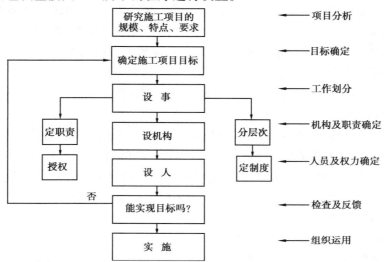

图 3.1 施工项目组织机构设置程序图

2)施工项目部组织机构设置的原则

施工项目部组织机构的设置应遵循以下原则:

(1)目的性原则

施工项目组织机构的设置的根本目的是产生组织功能,实现施工项目管理的总目标。从这一根本目的出发,就会因目标设事,因事设机构、定编制,按编制设岗位、定人员,以职责定制度、授权力。

(2)精干高效原则

施工项目组织机构的人员设置,以能实现施工项目所要求的工作任务(事)为原则,尽量简化机构,做到精干高效。人员配置从严控制二、三线人员,力求一专多能,一人多职。同时还要增加项目管理班子人员的知识含量,着眼于使用和学习锻炼相结合,以提高人员素质。

(3)管理跨度和分层统一的原则

管理跨度也称管理幅度,是指一个主管人员直接管理下属人员的数量,跨度大,管理人员的接触关系增多,处理人与人之间关系的数量也随之增大。跨度(N)与工作接触关系数(C)的关系式是:

$$C = N(2^{N-1} + N - 1)$$

这是有名的邱格纳斯公式,是个几何级数,当 $N = 10$ 时,$C = 5\,210$。故跨度太大时,领导者及下属常会出现应接不暇的烦恼。组织机构设计时,必须使管理跨度适当。然而跨度大小与分层多少有关。层次多,跨度会小,层次少,跨度会大。这就要根据领导者的能力和施工项目的大小进行权衡。对施工项目管理层来说,管理跨度更应尽量少些,以集中精力于施工管理。项目经理在组建组织机构时,必须认真设计切实可行的跨度和层次,绘出机构系统图,以便讨论、修正,按设计组建。

(4)业务系统化管理原则

由于施工项目是一个开放的系统,由众多子系统组成一个大系统,各子系统之间,子系统内部各单位工程之间,不同组织、工种、工序之间,存在着大量的结合部,这就要求项目组织也必须是一个完整的组织结构系统。恰当分层和设置部门,以便在结合部上形成一个相互制约、相互联系的有机整体,防止产生职能分工、权限划分和信息沟通上相互矛盾或重叠。在设计组织机构时以业务工作系统化原则为指导,周密考虑层间关系、分层与跨度关系、部门划分、授权范围、人员配备及信息沟通等,使组织机构自身成为一个严密的、封闭的组织系统,能够为实现项目管理总目标而实行合理分工及和谐协作。

(5)弹性和流动性原则

工程项目的单件性、阶段性、露天性和流动性是施工项目生产活动的主要特点,必然带来生产对象数量、质量和地点的变化,带来资源配置的品种和数量变化。于是要求管理工作和组织机构随之进行调整,以使组织机构适应施工任务的变化。这就是说要按照弹性和流动性原则建立组织机构,不能一成不变,要准备调整人员及部门设置,以适应工程任务变动对管理机构流动性的要求。

(6)项目组织与企业组织一体化原则

项目组织是企业组织的有机组成部分,企业是它的母体,归根结底,项目组织是由企业组建的。从管理方面来看,企业是项目管理的外部环境,项目管理的人员全部来自企业,项目管理组织解体后,其人员仍回企业。即使进行组织机构调整,人员也是进出于企业人才市场的,施工项目的组织形式与企业的组织形式有关,不能离开企业的组织形式去谈项目的组织形式。

3)施工项目部组织形式的选择

施工项目组织形式有多种,主要包括工作队式、部门控制式、矩阵式和事业部式。

(1)工作队式项目组织

①适用情况:这种项目组织类型适用于大型项目、工期要求紧迫的项目、要求多工种多部门密切配合的项目。是按照对象原则组织的项目管理机构,可独立地完成任务,相当于一个"实体"。企业职能部门只提供一些服务。

②组织构成:图3.2是工作队式项目组织构成示意图,虚线内表示项目组织,其人员与原部门脱离。

③该组织结构类型的要求:

a.项目经理在企业内招聘,抽调职能人员组成管理机构(工作队),由项目经理指挥,独立性大。

b.项目管理班子成员在工程建设期间与原所在部门停止领导与被领导关系,原单位负责人员负责业务指导及考察,但不能随意干预其工作或调回人员。

c.项目管理组织与项目同寿命,项目结束后机构撤销,所有人员仍回原所在部门和

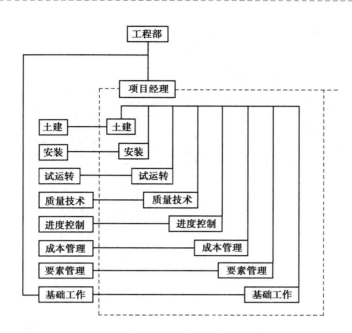

图 3.2 工作队项目组织形式

岗位。

④优点：

a. 项目经理从职能部门抽调或招聘的是一批专家，他们在项目管理中配合，协同工作，可以取长补短，有利于培养一专多能的人才并充分发挥其作用。

b. 各专业人才集中在现场办公，减少了扯皮和等待时间，办事效率高，能快速解决问题。

c. 项目经理权力集中，受到的干扰少，故决策及时，指挥灵便。

d. 由于减少了项目与职能部门的结合部，项目与企业的结合部关系弱化，故易于协调关系，减少了行政干预，便于项目经理工作的开展。

e. 不打乱企业的原建制，传统的直线职能制组织仍可保留。

⑤缺点：

a. 各类人员来自不同部门，具有不同的专业背景，彼此不熟悉，难免配合不力。

b. 各类人员在同一时期内所担负的管理工作任务可能有很大差别，因此很容易产生忙闲不均，可能导致人员浪费。特别是对稀缺专业人才，难以在企业内调剂使用。

c. 职工长期离开原单位，即离开了自己熟悉的环境和工作配合对象，容易影响其积极性的发挥，而且由于环境变化，容易产生临时观点和情绪。

d. 职能部门的优势无法发挥。由于同一部门人员分散，交流困难，也难以进行有效的培养、指导，削弱了职能部门。

（2）部门控制式项目组织

①适用情况：这种形式的项目组织一般适用于小型的，专业性较强的，不需涉及众多部门的施工项目。这是按职能原则建立的项目组织。它并不打乱企业现行的建制，把项目委托给企业某一专业部门或委托给某一施工队，由被委托的部门（工队）领导，在本单位选人组合，负责实施项目管理，项目终止后恢复原职。

②组织构成：这种组织形式的示意图如图3.3所示。

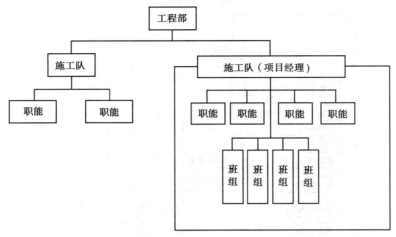

图3.3　部门控制式项目组织机构

③优点：

a. 人才作用发挥较充分，这是因为由熟人组合办熟悉的事，人事关系容易协调。

b. 从接受任务到组织运转启动，时间短。

c. 职责明确，职能专一，关系简单。

d. 项目经理无须专门训练便容易进入状态。

④缺点：

a. 不能适应大型工程项目管理需要。

b. 不利于对计划体系下的组织体制（固定建制）进行调整。

c. 不利于精简机构。

（3）矩阵式项目组织

①适用情况：

a. 适用于同时承担多个需要进行工程项目管理的企业。在这种情况下，各项目对专业技术人才和管理人员都有需求，加在一起数量较大。采用矩阵制组织可以充分利用有限的人才对多个项目进行管理，特别有利于发挥稀有人才的作用。

b. 适用于大型、复杂的施工项目。因大型复杂的施工项目要求多部门、多技术、多工种配合实施，在不同阶段，对不同人员，有不同数量和搭配各异的要求。

②组织构成：组织构成如图3.4所示。

③矩阵式项目组织的特征：

a. 项目组织机构与职能部门的结合部与职能部门数相同，多个项目与职能部门的结合都呈矩阵状。

b. 把职能原则和对象原则结合起来，既发挥职能部门的纵向优势，又发挥项目组织的横向优势。

c. 专业职能部门是永久性的，项目组织是临时性的。职能部门负责人对参与项目组织的人员有组织调配、业务指导和管理考察的责任。项目经理参与项目组织的职能人员在横向上有效地组织在一起，为实现项目目标协同工作。

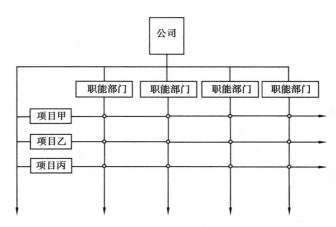

图 3.4 矩阵式项目组织示意图

d.矩阵中的每个成员或部门,接受原部门负责人和项目经理的双重领导,但部门的控制力大于项目的控制力。部门负责人有权根据不同项目的需要和忙闲程度,在项目之间调配本部门人员。一个专业人员可能同时为几个项目服务,特殊人才可充分发挥作用,以免人才在一个项目中闲置又在另一个项目中短缺,可大大提高人才利用率。

e.项目经理对"借"到本项目经理部来的人员,有权控制和使用。当感到人力不足或某些成员不得力时,他可以向职能部门求援或要求调换,并辞退回原部门。

f.项目经理部的工作有多个职能部门支持,项目经理没有人员包袱。但要求在水平方向和垂直方向有良好的信息沟通及良好的协调配合,对整个企业组织和项目组织的管理水平和组织渠道畅通提出较高的要求。

④优点:

a.它兼有部门控制式和工作队式两种组织的优点,解决了传统模式中企业组织和项目组织相互矛盾的状况,把职能原则与对象原则融为一体,求得了企业长期例行性管理和项目一次性管理的一致性。

b.能以尽可能少的人力,实现多个项目管理的高效率。理由是通过职能部门的协调,一些项目上的闲置人才可以及时转移到需要这些人才的项目上去,防止人才短缺,项目组织因此具有弹性和应变力。

c.有利于人才的全面培养。可以使不同知识背景的人在合作中相互取长补短,在实践中拓宽知识面,发挥了纵向的专业优势,可以使人才成长有深厚的专业训练基础。

⑤缺点:

a.由于相关人员来自职能部门,且仍受职能部门控制,故凝聚在项目上的力量减弱,往往使项目组织的作用受到影响。

b.管理人员如果身兼多职地管理各个项目,便往往难以确定管理项目的优先顺序,有时难免顾此失彼。

c.双重领导。项目组织中的成员既要接受项目经理的领导,又要接受企业中原部门的领导。在这种情况下,如果领导双方意见和目标不一致,甚至有矛盾时,当事人无所适从。如要防止这一问题产生,必须加强项目经理和部门负责人之间的沟通,还要有严格的规章制度和详细的计划,使工作人员尽可能明确在不同时间内应当干什么工作。

d. 由于矩阵式组织的结合部多,造成信息沟通量膨胀和沟通渠道复杂化,致使信息梗阻和失真。于是,要求在协调组织内部的关系时必须有强有力的组织措施和协调办法以排除难题。因此,层次、职责、权限要明确划分,有意见分歧难以统一时,企业领导要出面及时协调。

(4)事业部式项目组织

①适用范围:事业部式项目组织适用于大型经营性企业的工程承包,特别适用于远离公司本部的工程承包。需要注意的是,如果一个地区只有一个项目,没有后续工程时,不宜设立地区事业部,即它适应于在一个地区内有长期市场或一个企业有多种专业化施工力量时采用。在此情况下,事业部与地区市场同寿命。地区没有项目时,该事业部应予撤销。

②组织构成:组织构成示意图如图3.5所示。

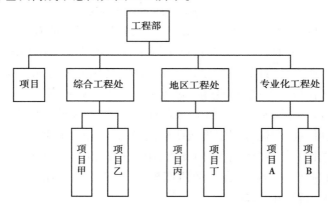

图 3.5　事业部式项目组织机构示意图

③事业部式项目组织机构的要求:

a. 在企业成立事业部,事业部对企业来说是职能部门,对企业外来说享有相对独立的经营权,可以是一个独立单位。事业部可以按地区设置,也可以按工程类型或经营内容设置。图3.5中工程部下的工程处,也可以按事业部对待。事业部能较迅速地适应环境变化,提高企业的应变能力,调动部门积极性。当企业向大型化、智能化发展并实行作业层和经营管理层分离时,事业部式是一种很受欢迎的选择,既可以加强经营战略管理,又可以加强项目管理。

b. 在事业部(一般为其中的工程部或开发部,对外工程公司是海外部)下边设置项目经理部。项目经理由事业部选派,一般对事业部负责,有的可以直接对业主负责,这是根据其授权程度决定的。

④优点:事业部式项目组织有利于延伸企业的经营职能,扩大企业的经营业务,便于开拓企业的业务领域,还有利于迅速适应环境变化以加强项目管理。

⑤缺点:按事业部式建立项目组织,企业对项目经理部的约束力减弱,协调指导的机会减少,故有时会造成企业结构松散,必须加强制度约束,加大企业的综合协调能力。

4)施工项目部组织形式的设置

设置什么样的项目组织形式,应由企业作出决策。要将企业的素质、任务、条件、基础与施工项目的规模、性质、内容、要求的管理方式结合起来分析,选择最适宜的项目组织形式,不能生搬硬套某一种形式,更不能不加分析地盲目作出决策。

一般说来,可按下列思路设置项目组织:

①大型综合企业,人员素质好、管理基础强、业务综合性强,可以承担大型任务,宜采用矩阵式、工作队式、事业部式的项目组织形式。

②简单项目、小型项目、承包内容专一的项目,应采用部门控制式项目组织。

③在同一企业内可以根据项目情况采用几种组织形式,如将事业部式项目组织与矩阵式项目组织结合使用,工作队式项目组织与事业部式项目组织结合使用等。但不能同时采用矩阵式及混合工作队式,以免造成管理渠道和管理秩序的混乱。表3.1可供选择项目组织形式时参考。

表3.1 选择项目组织形式参考因素

项目组织形式	项目性质	施工企业类型	企业人员素质	企业管理水平
工作队式	大型项目,复杂项目,工期紧的项目	大型综合建筑企业,有得力项目经理的企业	人员素质较强,专业人才多,职工和技术素质较高	管理水平较高,基础工作较强,管理经验丰富
部门控制式	小型项目,简单项目,只涉及个别少数部门的项目	小建筑企业,任务单一的企业,大中型基本保持直线职能制的企业	素质较差,力量薄弱,人员构成单一	管理水平较低,基础工作较差,项目经理难找
矩阵式	多工种、多部门、多技术配合的项目,管理效率要求很高的项目	大型综合建筑企业,经营范围很宽,实力很强的建筑企业	文化素质、管理素质、技术素质很高,管理人才多,人员一专多能	管理水平很高,管理渠道畅通,信息沟通灵敏,管理经验丰富
事业部式	大型项目,远离企业基地项目,事业部制企业承揽的项目	大型综合建筑企业,经营能力很强的企业,海外承包企业,跨地区承包企业	人员素质高,项目经理强,专业人才多	经营能力强,信息手段强,管理经验丰富,资金实力强

3.2.2 施工项目部的组建

①要根据所设计的项目组织形式设置项目经理部。因为项目组织形式与企业对施工项目的管理方式有关,与企业对项目经理部的授权有关。不同的组织形式对项目经理部的管理力量和管理职责提出了不同要求,提供了不同的管理环境。

②要根据施工项目的规模、复杂程度和专业特点设置项目经理部。如大型项目经理部可以设职能部、处;中型项目经理部可以设处、科;小型项目经理部一般只需设职能人员即可,如果项目的专业性强,便可设置专业性强的职能部门,如水电处、安装处、打桩处等。

③项目经理部是一个具有弹性的一次性施工生产组织,应随工程任务的变化而进行调整,不应搞成一级固定性组织,在项目施工开始前建立。在工程竣工交付使用后,由于项目

管理任务完成了,项目经理部应解体,项目部不应有固定的作业队伍,而要根据施工的需要,在企业内部市场或社会市场吸收人员,进行优化组合和动态管理。

④项目经理部的人员配置应面向施工项目现场,满足现场的计划与调度、技术与质量、成本与核算、劳务与物资、安全与文明施工的需要。不应设置管理经营与咨询、研究与发展、政工与人事等与项目施工关系较少的非生产性部门。

⑤在项目管理机构建成以后,应建立有益于组织运转的工作制度。

3.2.3　施工项目经理的确定

人们通常把项目主管称为"项目经理",在现代项目管理中起着关键的作用,是决定项目成败的关键角色。充分认识和理解项目经理这一角色的作用和地位、职责范围及其需具备的素质和能力,对上级而言,是培养和选拔适当的项目经理、确保项目成功的前提;对项目经理而言,是加强自身修养、正确行使职责,做一名合格项目经理的基础。

施工项目经理是指受企业法定代表人委托对施工项目全过程全面负责的项目管理者,是建筑施工企业法定代表人在施工项目上的代表人。

1) 施工项目经理的素质和能力

项目经理的任务是复杂的,这就要求项目经理具有高度的灵活性、适应性、协调能力、说服能力、交流技巧、处理冲突的能力,以及在激烈的竞争中和复杂的组织关系中求生存的能力。换言之,作为一个成功的项目经理,需要有坚强的性格、高超的管理能力、熟练的技术手段。

施工项目经理应当是一名管理专家:首先,应具有大专以上的相应专业学历;其次,应具有5种知识,即施工技术知识、经营知识、管理知识、法律和合同知识、施工项目管理知识;最后,应在实际工作中经过了工程施工管理的锻炼,具有关于施工项目管理的实践经验(知识)。只有这样才能具有较强的决策能力、组织能力、指挥能力和应变能力,能够带领项目经理部成员一起工作。每个项目经理还应在建设部认定的项目经理培训单位进行过专门的学习,并取得培训合格证书。

(1)项目经理应具备的素质
①较强的技术背景;
②成熟的人格;
③讲究实际;
④和高层主管有良好的关系;
⑤使项目成员保持振奋;
⑥在几个不同的部门工作过;
⑦临危不惧;
⑧具有创造性思维;
⑨把完成任务放在第一位。

(2)项目经理应具备的主要能力
①领导能力。领导能力包括指导能力、授权能力和激励能力3个方面。
指导能力是指项目经理能够指导项目团队成员去完成项目;授权能力是指项目经理能

够赋予项目团队成员相应的权力,让他们可以作出与自己工作相关的决策;激励能力是指项目经理懂得怎样激励队员,并设计出一种富于支持和鼓励的工作环境。

②人员开发能力。项目经理的人员开发能力是指一个优秀的项目经理在完成项目的同时,能对项目团队人员进行训练和培养,使他们能够将项目视为增加自身价值的机会。

③沟通能力。项目经理应该是一个良好的沟通者,它需要与项目团队成员、承包商、客户以及公司高层管理人员定期交流沟通,因为只有充分的沟通才能保证项目的顺利进行,及时发现潜在问题并予以改正。

④决策能力。决策能力是一种综合的判断能力,即面对几个方案或错综复杂的情况,能够作出正确的判断和采取行动。

⑤人际交往能力。良好的人际交往能力是项目经理必备的技能,它使项目经理能更好地处理与项目利益相关者的关系。

目前,可以从工程师、经济师以及有专业专长的工程管理技术人员中,发现那些熟悉专业技术,懂得管理知识,表现出有较强组织能力和社会能力的人,经过基本素质考察后,作为项目经理预备人才加以有目的培训,主要是在取得专业工作经验以后,给以从事项目管理锻炼的机会,既挑担子,又接受考察,使之逐步具备项目经理条件,然后上岗。在锻炼中,重点内容是项目的设计、施工、采购和管理技能。对项目计划安排、网络计划编制、工程概预算和估算、招标投标工作、合同业务、质量检验、技术措施制订及财务结算等工作,均要给予学习和锻炼的机会。

大中型工程的项目经理,在上岗前要在其他项目经理的带领下,接受项目副经理、助理或见习项目经理的锻炼,或独立承担小型项目经理工作。经过锻炼,有了经验,并证明确实有担任大中型工程项目经理的能力后,才能委以大中型项目经理的重任。但在担任大中型项目经理初期,还应给予指导,培养与考核,使其眼界进一步开阔,经验逐步丰富,成长为德才兼备、理论和实践兼能、法律和经济兼通、技术和管理兼行的项目经理。

2)施工项目经理的地位

施工项目经理是施工项目的管理中心,在整个施工活动中占有举足轻重的地位,确立施工项目经理的地位是做好施工项目管理的关键。

(1)全权委托代理人

施工项目经理是建筑施工企业法人代表在项目上的全权委托代理人。从企业内部看,施工项目经理是施工项目全过程所有工作的总负责人,是项目管理的总责任者,是项目动态管理的体现者,是项目生产要素合理投入和优化组合的组织者。从对外关系看,作为企业法人代表的企业经理,不直接对每个建设单位负责,而是由施工项目经理在授权范围内对建设单位直接负责,由此可见,施工项目经理是项目目标的全面实现者,既要对建设单位的成果性目标负责,又要对企业效率性目标负责。

(2)桥梁和纽带

施工项目经理是协调各方面关系并使之相互紧密协作与配合的桥梁和纽带。施工项目经理对项目管理目标的实现承担着全部责任,即承担合同责任,履行合同义务、执行合同条款、处理合同纠纷、受法律的约束和保护。

（3）项目控制

施工项目经理对项目实施进行控制。施工项目经理是各种信息的集散中心,自下、自外而来的信息通过各种渠道汇集到项目经理的手中;项目经理又通过指令、计划和"办法",对下、对外发布信息,通过信息的集散达到控制的目的,使项目管理取得成功。

（4）项目总体组织管理

施工项目经理是施工项目责、权、利的主体,因为施工项目经理是项目总体的组织管理者,即他是项目中人、财、物、技术、信息和管理等所有生产要素的组织管理人。他不同于技术、财务等专业的总负责人。项目经理必须把组织管理职责放在首位,项目经理首先必须是项目的责任主体,是实现项目目标的最高责任者,而且目标的实现不应超出限定的资源条件。责任是实现项目经理责任制的核心,它构成了项目经理工作的压力,是确定项目经理权力和利益的依据。

3）施工项目经理的职责、权限和利益

（1）施工项目经理的职责

①贯彻执行国家和工程所在地政府的有关法律、法规和政策,执行企业的各项管理制度;

②严格财经制度,加强财经管理,正确处理国家、企业与个人的利益关系;

③执行项目承包合同中由项目经理负责履行的各项条款;

④对工程项目施工进行有效控制,执行有关技术规范和标准,积极推广应用新技术,确保工程质量和工期,实现安全、文明生产,努力提高经济效益。

（2）施工项目经理的权限

①组织项目管理班子;

②以企业法定代表的身份处理与所承担的工程项目有关的外部关系,受委托签署有关合同;

③指挥工程项目建设的生产经营活动,调配并管理进入工程项目的人力、资金、物资、机械设备等生产要素;

④选择施工作业队伍;

⑤进行合理的经济分配;

⑥企业法定代表人授予的其他管理权力。

（3）施工项目经理的利益

施工项目经理最终的利益是项目经理行使权力和承担责任的结果,也是商品经济条件下责、权、利相互统一的具体体现。利益可分为两大类:一是物质兑现;二是精神奖励。两者都要重视。

4）施工项目经理的工作内容

（1）基本工作内容

施工项目经理主要有以下 3 项基本工作。

①规划施工项目管理目标:施工项目经理应当对质量、工期、成本目标作出规划;应当组织项目经理班子成员对目标系统作出详细规划,绘制展开图,进行目标管理。

②制订职工行为准则:建立合理而有效的项目管理规章制度,从而保证规划目标的实现。规章制度必须符合现代管理基本原理,以有利于推进规划目标的实现。但绝大多数由项目经理班子或执行机构制订,项目经理给予审批、督促和效果考察。项目经理亲自主持制订的制度,一个是岗位责任制,一个是赏罚制度。

③选用人才:优秀的项目经理,必须下一番工夫去选择好项目经理班子成员及主要的业务人员。项目经理在选人时,首先要掌握"用最少的人干最多的事"的最基本效率原则,要选得其才,用得其能,置得其所。

(2)经常性工作内容

①决策。项目经理对重大决策必须按照完整的科学方法进行。但项目经理不需要包揽一切决策,只有如下两种情况要项目经理作出及时准确的决断:一个是出现的非规范事件,即例外性事件,如特别的合同变更,对某种特殊材料的购买,领导重要指示的执行决策等;二是下级请示的重大问题,即涉及项目目标的全局性问题,项目经理要明确地作出决断。项目经理可不直接回答下属的问题,只直接回答下属的建议即可。决策要及时、明确,不要模棱两可,更不可遇到问题绕着走。

②深入实际。项目经理必须经常深入实际、密切联系群众,这样才能体察下情,及时发现问题,便于开展领导工作。要把问题解决在群众面前,把关键工作做在最恰当的时候。

③学习。项目管理涉及现代生产、科学技术和经营管理,它往往集中了这三者的新成就。项目经理必须不断抛弃老化了的知识,学习新知识、新思想和新方法。要跟上改革的形势,推进管理改革,使各项管理能与国际接轨。

④实施合同。对合同中确定的各项目标的实现进行有效的协调与控制,协调各种关系,组织全体职工实现工期、质量、成本、安全、文明施工目标。

(3)施工项目经理责任制

由于项目经理在施工中处于中心地位,对施工项目负有全面管理的责任,故对承包到手并签订了工程承包合同的施工项目,应建立以项目经理为首的生产经营管理系统,施行施工项目经理责任制。施工项目经理既是生产经营活动的中心,又是履行合同的主体。施工项目经理从施工项目开工到竣工验收及交付使用,进行全过程的施工和经营管理,并在项目经理负责的前提下与企业签订责任状,实行成本核算,对费用、质量、工期、降低成本、安全文明负责。不进行单项承包,也不进行利润承包,而是多项复合型技术经济指标的全额、全过程责任承包。承包的最终结果与项目经理、项目经理部的职工的晋升和奖罚挂钩。

以施工项目为对象的3个层次承包:

①项目经理部向企业承包施工项目。项目经理部对施工图预算造价(即合同造价)的实现(一包),保上缴利润和竣工要求(二保),使工资总额与质量、工期、成本、安全、文明施工挂钩(五挂)。

②栋号作业承包队向项目经理部承包栋号。该承包以单位工程为对象,以施工预算为依据,以质量为中心,签订栋号承包责任状,实行"一包、两奖、四挂、五保"的经济责制,即栋号作业承包队按施工预算的费用一次包死,实行优质工程奖和材料节约奖,工资总额的核定与质量、工期(形象进度)、成本、文明施工4项指标挂钩,项目经理部发包时保任务安排连续、料具按时供应、技术指导及时、劳动力和技术工种配套、政策稳定、合同兑现。签订合同

时承包队长向项目经理交纳风险抵押金,竣工审计考核后一次奖罚兑现。

③班组向栋号作业承包队承包分项工程,实行"三定、一全、四加奖"承包制,即定质量等级、形象进度和安全标准,全额计件承包,给予材料节约奖、工具包干奖,模板架具维护奖、四小(小发明、小建议、小革新、小创造)活动奖。

3.2.4 施工项目经理部的部门设置和人员配备

1)一般要求

施工项目经理部的部门设置和人员配备与施工项目的规模和项目的类型有关,不能一概而论,为了把施工项目变成市场竞争的核心、企业管理的重心、成本核算的中心、代表企业履行合同的主体及工程管理的实体。施工项目经理部内应配备施工项目经理、总工程师、部经济师、总会计师和技术、预算、劳资、定额、计划、质量、保卫、测试、计量以及辅助生产人员15~45人,其中:一级项目经理部30~45人,二级项目经理部20~30人,三级项目的经理部15~20人。实行一职多岗,全部岗位职责覆盖项目施工全过程的全面管理,不留死角,也要避免职责重叠交叉。全部人员组成4个主要业务部门:

①经营核算部门。主要负责预算、合同、索赔、资金收支、成本控制与核算、劳动配置及劳动分配等工作。

②工程技术部门。主要负责生产调度、进度控制、文明施工、技术管理、施工组织设计、计量、测量、试验、计划、统计工作。

③物资设备部门。主要负责材料的询价、采购、计划供应、管理、运输、工具管理、机械设备的租赁配套使用等工作。

④监控管理部门。主要负责工程质量、安全管理、消防保卫、环境保护等工作。

2)施工项目的劳动组织

施工项目的劳动力来源于企业的劳务市场。企业劳务市场由企业劳务管理部门(或劳务公司)管理,对内以生活基地为依托组建施工劳务队,对外招用由行业主管部门协调或由指定的基地输入且通过培训的施工队伍。

(1)劳务输入

坚持"计划管理,定向输入,市场调节,双向选择,统一调配,合理流动"的方针。项目经理部首先根据所承担的工程项目任务,编制劳动力需要量计划,交公司劳动部门,公司进行平衡,然后由项目经理部根据公司平衡结果,进行供需见面,双向选择,与施工劳务队签订劳务合同,明确需要的工种、人员数量、进出场时间和有关奖罚条款等,正式将劳动力组织引入施工项目,形成施工项目作业层。

(2)劳动力组织

以施工劳务队的建制进入施工项目后,以项目经理部为主、施工劳务公司(或队)配合,双方协商共同组建栋号(作业)承包队,打破工种界限,实行混合编班,提倡一专多能,一岗多职,形成既具有专业工种,又具有协作配套人员,并能独立施工的企业承包队。也可对组建的栋号(作业)承包队设置"项目经理栋号助理",作为项目经理在栋号(单位工程)上的委托代理人,对项目经理负责,实行从栋号(单位工程)开工到竣工交付使用的全过程管理。项目经理栋号助理主要负责解决所管辖栋号现场施工出现的问题,签证各类经济洽商,保证料具供应,沟通协调作业承包队与项目经理部各业务部门之间的关系。

这样,项目经理部及劳务组织便在施工项目中形成了如图3.6所示的组织结构。

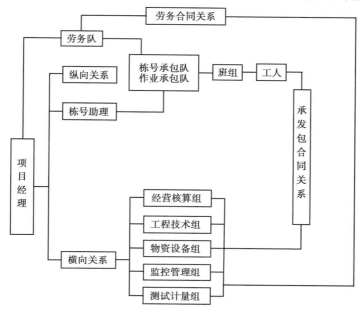

图3.6 施工项目组织结构

3)安装、设备租赁单位参与施工项目管理的方式

安装和机械施工单位应是土建单位的分包单位,故建立有契约关系,合同规定的责任、权利、义务参与施工项目管理。设备安装单位和机械租赁单位可以向项目派出管理人员,全权代表本单位参加项目经理部的工作,负责组织、调度、控制所属作业力量,配置相应的资源,接受项目的统一进度计划的制约和协调,接受项目既定的各项制度和标准的监督。接受隶属企业(单位)和项目经理部的双重领导,在维护项目整体利益的前提下保障本单位利益。与此要求相适应,安装和机械设备租赁企业(单位)可以根据具体任务情况,重组本单位的管理体制。可设立若干个项目管理班子,也可以推行区域性项目管理,一个班子管两个以上项目。

3.2.5 施工项目管理制度的制订

项目经理部组建以后,作为组织建设内容之一的管理制度应立即着手建立。建立管理制度必须遵循以下原则:

①制订施工项目规章制度必须贯彻国家法律政策、部门的法规、企业的制度等文件精神,不得有抵触和矛盾,不得危害公众利益。

②制订施工项目管理制度必须实事求是,即符合本施工项目的需要。施工项目最需要的管理制度是有关工程技术、计划、统计、经营、核算。承包、分配以及各项业务管理制度,它们应是制订管理制度的主要目标。

③管理制度要配套,不留有漏洞,以形成完整的管理制度和业务交圈体系。

④各种管理制度之间不能产生矛盾,以免职工无所适从。

⑤管理制度的制订要有针对性。任何一项条款都必须具体明确,可以检查,文字表达要简洁、明确。

⑥管理制度颁布、修改,废除要有严格程序。项目经理是总决策者,凡不涉及企业的管理制度,可由项目经理签字决定,报公司备案;凡涉及公司的管理制度,应由公司经理批准才能生效。

⑦不得与公司颁布的管理制度重复。只能在此基础上制订实施细则。

施工项目经理部的管理制度的制订应围绕计划、责任、监理、核算、质量等方面。计划制是为了使各方面都能协调一致地为施工项目总目标服务,它必须覆盖项目施工的全过程和所有方面,计划的制订必须有科学的依据,计划的执行和检查必须落实到人,责任制的建立的基本要求是:一个独立的职责,必须由一个人全权负责,应做到人人有责可负。监理制和奖惩制的目的是保证计划制和责任制能贯彻落实,对项目任务完成进行控制和激励,它应具备的条件是有一套公平的绩放评价标准和评价方法,有健全的信息管理制度,有完整的监督和奖惩体系。核算制的目的是为落实上述4项制度提供基础,了解各种制度执行的情况和效果,并进行相应的控制。要求核算必须落实到最小的可控制单位上(如班组);要把按人员职责落实的核算与按生产要素落实的核算,经济效益和经济消耗结合起来,要有完善的核算手续。质量是工程的灵魂,必须通过工艺和管理予以保证,故必须有制度作出严格规定。

子项 3.3　施工组织设计概述

3.3.1　施工组织设计的分类和主要内容

施工组织设计分为投标前的施工组织设计(简称"标前设计")和投标后的施工组织设计(简称"标后设计")。前者满足编制投标书和签订施工合同的需要,后者满足施工准备和施工的需要。标后设计又可根据设计阶段和编制对象的不同,划分为施工组织总设计、单位工程施工组织设计和分部(分工种)工程施工组织设计。

1)标前设计的内容

施工单位为了使投标书具有竞争力以实现中标,必须编制标前设计,对投标书所要求的内容进行筹划和决策,并附入投标文件之中。标前设计的水平既是能否中标的关键因素,又是总包单位进行分包招标和分包单位编制投标书的重要依据。它还是承包单位进行合同谈判、提出要约和进行承诺的根据和理由,是拟订合同文本中相关条款的基础资料。它应由经营管理层进行编制,其内容应包括:

①施工方案。包括施工方法选择,施工机械选用。劳动力、主要材料、半成品的投入量。

②施工进度计划。包括工程开工日期、竣工日期、施工进度控制图及说明。

③主要技术组织措施。包括保证质量,保证安全,保证进度,防治环境污染等方面的技术组织措施。

④施工平面图。包括施工用水量和用电量的计算,临时设施用量、费用计算和现场布置等。

⑤其他有关投标和签约谈判需要的设计。

2）施工组织总设计

施工组织总设计是以整个建设项目或群体项目为对象编制的,是整个建设项目或群体工程施工的全局性、指导性文件。

（1）施工组织总设计的主要作用

施工组织总设计的主要作用是为施工单位进行全场性施工准备工作和组织物资、技术供应提供依据;它还可用来确定设计方案施工的可能性和经济合理性,为建设单位和施工单位编制计划提供依据。

（2）施工组织总设计的内容和深度

施工组织总设计的深度应视工程的性质、规模、结构特征、施工复杂程度、工期要求、建设地区的自然和经济条件而有所不同,原则上应突出"规划性"和"控制性"的特点,其主要内容如下:

①施工部署和施工方案。主要有施工项目经理部的组建,施工任务的组织分工和安排,重要单位工程施工方案,主要工种工程的施工方法,"七通一平"规划。

②施工准备工作计划。主要有测量控制网的确定和设置,土地征用,居民迁移,障碍物拆除,掌握设计进度和设计意图,编制施工组织设计,研究采用有关新技术、新材料、新设备、技术组织措施,进行科研试验,大型临时设施规划,施工用水、电、路及场地平整工作的安排、技术培训、物资和机具的申请和准备等。

③各项需要量计划。包括劳动力需要量计划,主要材料与加工品需用量计划和运输计划,主要机具需用量计划,大型临时设施建设计划等。

④施工总进度计划。应编制施工总进度图表或网络计划,用以控制工期,控制各单位工程的搭接关系和持续时间,为编制施工准备工作计划和各项需要量计划提供依据。

⑤施工总平面图。对施工所需的各项设施、这些设施的现场位置、相互之间的关系,它们和永久性建筑物之间的关系和布置等,进行规划和部署,绘制成布局合理、使用方便、利于节约、保证安全的施工总平面布置图。

⑥技术经济指标分析。用以评价上述设计的技术经济效果,并作为今后考核的依据。

3）单位工程施工组织设计

单位工程施工组织设计是具体指导施工的文件,是施工组织总设计的具体化,也是建筑企业编制月旬作业计划的基础。它是以单位工程或一个交工系统为对象来编制的。

（1）单位工程施工组织设计的作用

单位工程施工组织设计是以单位工程为对象编制的用以指导单位工程施工准备和现场施工的全局性技术经济文件。其主要作用有以下几点:

①贯彻施工组织总设计,具体实施施工组织总设计时该单位工程的规划精神。

②编制该工程的施工方案,选择其施工方法、施工机械,确定施工顺序,提出实现质量、进度、成本和安全目标的具体措施,为施工项目管理提出技术和组织方面的指导性意见。

③编制施工进度计划,落实施工顺序、搭接关系、各分部分项工程的施工时间、实现工期目标,为施工单位编制作业计划提供依据。

④计算各种物资,机械、劳动力的需要量,安排供应计划,从而保证进度计划的实现。

⑤对单位工程的施工现场进行合理设计和布置,统筹地合理利用空间。

⑥具体规划作业条件方面的施工准备工作。

总之,通过单位工程施工组织设计的编制和实施,可以在施工方法、人力、材料、机械、资金、时间、空间等方面进行科学合理的规划,使施工在一定的时间、空间和资源供应条件下,有组织、有计划、有秩序地进行,实现质量好、工期短、消耗少、资金省、成本低的良好效果。

(2)单位工程施工组织设计的内容

与施工组织总设计类似,单位工程施工组织设计应包括以下主要内容:

①工程概况。工程概况包括工程特点、建设地点特征、施工条件3个方面。

②施工方案。施工方案的内容包括确定施工程序和施工流向、划分施工段、主要分部分项工程施工方法的选择和施工机械选择、技术组织措施。

③施工进度计划。包括确定施工顺序、划分施工项目、计算工程量、劳动量和机械台班量、确定各施工过程的持续时间并绘制进度计划图。

④施工准备工作计划。包括技术准备、现场准备、劳动力、机具、材料、构件、加工半成品的准备等。

⑤编制各项需用量计划。包括材料需用量计划、劳动力需用量计划、构件、加工半成品需用量计划、施工机具需用量计划。

⑥施工平面图。表明单位工程施工所需施工机械、加工场地、材料、构件等的放置场地及临时设施在施工现场合理布置的图形。

⑦技术经济指标。以上单位工施工组织设计内容中,以施工方案、施工进度计划和施工平面图3项最为关键,它们分别规划单位工程施工的技术、时间、空间3个要素,在设计中,应下大力量进行研究和筹划。

4)分部(分工种)工程施工组织设计

编制对象是难度较大、技术复杂的分部(分工种)工程或新技术项目,用来具体指导这些工程的施工。主要内容包括施工方案、进度计划、技术组织措施等。

不论是哪一类施工组织设计,其内容都相当广泛,编制任务量很大。为了使施工组织设计编制得及时、适用,必须抓住重点,突出"组织"二字,对施工中的人力、物力和方法、时间与空间、需要与可能、局部与整体、阶段与全过程、前方和后方等给予周密的安排。

3.3.2　编制施工组织设计的基本要求

(1)严格遵守国家和合同规定的工程竣工及交付使用期限

总工期较长的大型建设项目,应根据生产的需要,安排分期分批建设,配套投产或交付使用,从实质上缩短工期,尽早地发挥国家建设投资的经济效益。

在确定分期分批施工的项目时,必须注意使每期交工的一套项目可以独立地发挥效用,使主要的项目同有关的附属辅助项目同时完工,以便完工后可以立即交付使用。

(2)合理安排施工顺序

建设施工有其本身的客观规律,按照反映这种规律的顺序组织施工,能够保证各项施工活动相互促进,紧密衔接,避免不必要的重复工作,加快施工速度,缩短工期。

建筑施工特点之一是建筑产品的固定性,因而使建筑施工活动必须在同一场地上进行,没有前一阶段的工作,后一阶段就不可能进行,即使它们之间交错搭接地进行,也必须严格遵守一定的顺序,顺序反映客观规律要求,交叉则体现争取时间的主观努力。因此在编制施工组织设计时,必须合理地安排施工顺序。

虽然建筑施工顺序会随工程性质、施工条件和使用的要求而有所不同,但还是能够找出可以遵循的共同性的规律,在安排施工顺序时,通常应当考虑以下几点:

①要及时完成有关的施工准备工作,为正式施工创造良好条件,包括砍伐树木、拆除已有建筑物、清理场地、设置围墙、铺设施工需要的临时性道路以及供水、供电管网、建造临时性工房、办公用房、加工企业等;准备工作视施工需要,可以一次性完成或是分期完成。

②正式施工时应该先进行平整场地、铺设管网、修筑道路等全场性工程及可供施工使用的永久性管线、道路为施工服务,从而减少暂设工程,节约投资,并便于现场平面的管理。在安排管线道路施工施工程序时,一般宜先场外、后场内,场外由远而近,先主干、后分支,地下工程要先深后浅,排水要先下游、后上游。

③对于单个房屋和构筑物的施工顺序,既要考虑空间顺序,也要考虑工种之间的顺序。空间顺序是解决施工流向的问题,它必须根据生产需要、缩短工期和保证工程质量的要求来决定。工种顺序是解决时间上搭接的问题,它必须做到保证质量,为工种之间互相创造条件,并充分利用工作面,争取加快工程进度。

(3)用流水作业法和网络计划技术安排进度计划

采用流水方法组织施工,以保证施工连续地、均衡地、有节奏地进行,合理地使用人力、物力和财力,能够好、快、省、安全地完成施工任务,网络计划是理想的计划模型,可以为编制、优化、调整、利用电子计算机提供优越条件。从实际出发,做好人力、物力的综合平衡,组织均衡施工。

(4)恰当地安排冬雨期施工项目

对于那些必须进入冬雨期施工的工程,应落实季节施工措施,以增加全年的施工日数,提高施工的连续性和均衡性。

(5)恰当的施工方案与施工技术

贯彻多层次技术结构的技术政策,因时因地制宜地促进技术进步和建筑工业化的发展,要贯彻工厂预制、现场预制和现场浇筑相结合的方针,选择最恰当的预制装配方案或机械现场浇筑方案。

贯彻先进机械、简易机械和改良机具相结合的方针,恰当选择自行装备、租赁机械或机械分包施工等多方式施工。

积极采用新材料、新工艺、新设备与新技术,努力为新结构的推行创造条件。促进技术进步和发展工业化施工要结合工程特点和现场条件,使技术的先进性、适用性和经济合理性相结合。

(6)绿色文明施工

尽量利用永久性工程、原有或就近已有设施,以减少各种暂设工程;尽量利用当地资源,合理安排运输、装卸与储存,减少物资运输量和二次搬运量;精心进行场地规划布置,节约施工用地,不占或少占农田,防止工程事故,做到绿色文明施工。

子项 3.4　施工项目的施工准备

3.4.1　施工准备工作的要求

1)建立严格的施工准备工作责任制

施工准备工作必须有严格的责任制,按施工准备工作计划将责任落实到有关部门和具体人员,项目经理全权负责整个项目的施工准备工作,对准备工作进行统一布置和安排,协调各方面关系,以便按计划要求及时全面完成准备工作。

2)建立施工准备工作检查制度

施工准备工作不仅要有明确的分工和责任,也要有布置、有交底,在实施过程中还要定期检查。其目的在于督促和控制,通过检查发现问题和薄弱环节,并进行分析,找出原因,及时解决,不断协调和调整,把工作落到实处。

3)严格遵守建设程序,执行开工报告制度

必须遵循基本建设程序,坚持没有做好施工准备不准开工的原则,当施工准备工作的各项内容已完成,满足开工条件,已办理施工许可证,项目经理部应申请开工报告,报上级批准后方能开工。实行监理的工程,还应将开工报告送监理工程师审批,由监理工程师签发开工报告,见表3.2。

表 3.2　单位工程开工报告

申报单位:　　年　月　日　　第××号

工程名称		建筑面积	
结构类型		工程造价	
建设单位		监理单位	
施工单位		技术负责人	
申请开工日期	年　月　日	计划竣工日期	年　月　日
序号	单位工程开工的基本条件		完成情况
1	施工图纸已会审,图纸中存在的问题和错误已得到纠正		
2	施工组织设计或施工方案已经批准并进行了交底		
3	场内场地平整和障碍物的清除已基本完成		
4	场内外交通道路、施工用水、用电、排水已能满足施工要求		
5	材料、半成品和工艺设计等,均能满足连续施工的要求		
6	生产和生活用的临建设施已搭建完毕		
7	施工机械、设备已进场,并经过检验能保证连续施工的要求		
8	施工图预算和施工预算已经编审,并已签订工作合同协议		
9	劳动力已落实,劳动组织机构已建立		

续表

序号	单位工程开工的基本条件	完成情况
10	已办理了施工许可证	

施工单位上级主管部门意见 （签章） 年　月　日	建设单位意见 年　月　日	质监站意见 年　月　日	监理意见 年　月　日

4) 处理好各方面的关系

施工准备工作的顺利实施,必须将多工种、多专业的准备工作统筹安排、协调配合,施工单位要取得建设单位、设计单位、监理单位及有关单位的大力支持与协作,使准备工作深入有效地实施,为此要处理好几个方面的关系:

(1)建设单位准备与施工单位准备相结合

为保证施工准备工作全面完成,不出现漏洞,或职责推卸的情况,应明确划分建设单位和施工单位准备工作的范围、职责及完成时间,并在实施过程中,相互沟通、相互配合,保证施工准备工作的顺利完成。

(2)前期准备与后期准备相结合

施工准备工作有一些是开工前必须做的,有一些是在开工之后交叉进行的,因而既要立足于前期准备工作,又要着眼于后期的准备工作,两者均不能偏废。

(3)室内准备与室外准备相结合

室内准备工作是指工程建设的各种技术经济资料的编制和汇集,室外准备工作是指对施工现场和施工活动所必需的技术、经济、物质条件的建立。室外准备与室内准备应同时并举,互相创造条件;室内准备工作对室外准备工作起指导作用,而室外准备工作则对室内准备工作起促进作用。

(4)现场准备与加工预制准备相结合

在现场准备的同时,对大批预制加工构件就应提出供应进度要求,并委托生产,对一些大型构件应进行技术经济分析,及时确定是现场预制,还是加工厂预制,构件加工还应考虑现场的存放能力及使用要求。

(5)土建工程与安装工程相结合

土建施工单位在拟订出施工准备工作规划后,要及时与其他专业工程以及供应部门相结合,研究总包与分包之间综合施工、协作配合的关系,然后各自进行施工准备工作,相互提供施工条件,有问题及早提出,以便采取有效措施,促进各方面准备工作的进行。

(6)班组准备与工地总体准备相结合

在各班组做施工准备工作时,必须与工地总体准备相结合,要结合图纸交底及施工组织设计的要求,熟悉有关的技术规范、规程,协调各工种之间衔接配合,力争连续、均衡的施工。

班组作业的准备工作包括以下内容:

①进行计划和技术交底,下达工程任务书;

②施工机具进行保养和就位;

③将施工所需的材料、构配件,经质量检查合格后,供应到施工地点;

④具体布置操作场地,创造操作环境;

⑤检查前一工序的质量,搞好标高与轴线的控制。

3.4.2 编制施工准备工作计划

为了有步骤、有安排、有组织、全面地搞好施工准备,在进行施工准备之前,应编制好施工准备工作计划。其形式见表3.3。

表3.3 施工准备工作计划表

序号	项目	施工准备工作内容	要 求	负责单位	负责人	配合单位	起止时间		备注
							月日	月日	
1									
2									

施工准备工作计划是施工组织设计的重要组成部分,应依据施工方案、施工进度计划、资源需要量等进行编制。除了用上述表格和形象计划外,还可采用网络计划进行编制,以明确各项准备工作之间的关系并找出关键工作,并且可在网络计划上进行施工准备期的调整。

3.4.3 调查研究和收集有关施工资料的实施

1)收集给排水、供电等资料

水、电和蒸汽是施工不可缺少的条件。调查的内容见表3.4。资料来源主要是当地城市建设、电业、电信等管理部门和建设单位。主要用作选用施工用水、用电和供热、供蒸汽方式的依据。

表3.4 水、电、蒸汽条件调查表

序号	项目	调查内容	调查目的
1	供水排水	①工地用水与当地现有水源连接的可能性,可供水量、接管地点、管径、材料、埋深、水压、水质及水费;至工地距离,沿途地形地物状况 ②自选临时江河水源的水质、水量、取水方式,至工地距离,沿途地形地物状况;自选临时水井的位置、深度、管径、出水量和水质 ③利用永久性排水设施的可能性,施工排水的去向、距离和坡度;有无洪水影响,防洪设施状况	①确定生活、生产供水方案 ②确定工地排水方案和防洪方案 ③拟订供排水设施的施工进度计划

续表

序号	项目	调查内容	调查目的
2	供电电讯	①当地电源位置,引入的可能性,可供电的容量、电压、导线截面和电费;引入方向,接线地点及其至工地距离,沿途地形地物状况 ②建设单位和施工单位自有的发、变电设备的型号、台数和容量 ③利用邻近电讯设施的可能性,电话、电报局等至工地的距离,可能增设电讯设备、线路的情况	①确定供电方案 ②确定通讯方案 ③拟订供电、通信设施的施工进度计划
3	供热、供蒸汽	①蒸汽来源,可供蒸汽量,接管地点、管径、埋深,至工地距离,沿途地形地物状况;蒸汽价格 ②建设、施工单位自有锅炉的型号、台数和能力,所需燃料及水质标准 ③当地或建设单位可能提供的压缩空气、氧气的能力,至工地距离	①确定生产、生活用蒸汽的方案 ②确定压缩空气、氧气的供应计划

2)收集交通运输资料

建筑施工中,常用铁路、公路和航运 3 种主要交通运输方式。收集的内容见表 3.5。资料来源主要是当地铁路、公路、水运和航运管理部门。主要用作决定选用材料和设备的运输方式,组织运输业务的依据。

表 3.5　交通运输条件调查表

序号	项目	调查内容	调查目的
1	铁路	①邻近铁路专用线、车站至工地的距离及沿途运输条件 ②站场卸货线长度,起重能力和储存能力 ③装卸单个货物的最大尺寸、质量的限制	①选择运输方式 ②拟订运输计划
2	公路	①主要材料产地至工地的公路等级、路面构造、路宽及完好情况,允许最大载重量;途经桥涵等级、允许最大尺寸、最大载重量 ②当地专业运输机构及附近村镇能提供的装卸、运输能力(吨公里)、运输工具的数量及运输效率;运费、装卸费 ③当地有无汽车修配厂、修配能力和距工地距离	
3	航运	①货源、工地至邻近河流、码头渡口的距离,道路情况 ②洪水、平水、枯水期时,通航的最大船只及吨位,取得船只的可能性 ③码头装卸能力、最大起重量,增设码头的可能性 ④渡口的渡船能力;同时可载汽车数,每日次数,能为施工提供能力 ⑤运费、渡口费、装卸费	

3) 收集建筑材料资料

建筑工程要消耗大量的材料,主要有钢材、木材、水泥、地方材料(砖、砂、灰、石)、装饰材料、构件制作、商品混凝土、建筑机械等。其内容见表3.6和表3.7。资料来源主要是当地主管部门和建设单位及各建材生产厂家、供货商。主要作用是选择建筑材料和施工机械的依据。

表3.6　地方资源调查表

序号	材料名称	产地	储藏量	质量	开采量	出厂价	供应能力	运距	单位运价
1									
2									
...									

表3.7　三材特殊材料和主要设备调查表

序号	项目	调查内容	调查目的
1	三种材料	①钢材订货的规格、型号、数量和到货时间 ②木材订货的规格、等级、数量和到货时间 ③水泥订货的品种、标号、数量和到货时间	①确定临时设施和堆放场地 ②确定木材加工计划 ③确定水泥储存方式
2	特殊材料	①需要的品种、规格、数量 ②试制、加工和供应情况	①制订供应计划 ②确定储存方式
3	主要设备	①主要工艺设备名称、规格、数量和供货单位 ②供应时间:分批和全部到货时间	①确定临时设施和堆放场地 ②拟订防雨措施

4) 社会劳动力和生活条件调查

建筑施工是劳动密集型的生产活动。社会劳动力是建筑施工劳动力的主要来源,其内容见表3.8。资料来源是当地劳动、商业、卫生和教育主管部门。主要作用是为劳动力安排计划、布置临时设施和确定施工力量提供依据。

表3.8　社会劳动力和生活设施调查表

序号	项目	调查内容	调查目的
1	社会劳动力	①少数民族地区的风俗习惯 ②当地能支援的劳动力人数、技术水平和来源 ③上述人员的生活安排	①拟订劳动力计划 ②安排临时设施
2	房屋设施	①必须在工地居住的单身人数和户数 ②能作为施工用的现有的房屋栋数、每栋面积、结构特征、总面积、位置、水、暖、电、卫生设备状况 ③上述建筑物的适宜用途;作宿舍、食堂、办公室的可能性	①确定原有房屋为施工服务的可能性 ②安排临时设施

续表

序号	项目	调查内容	调查目的
3	生活服务	①主副食品供应、日用品供应、文化教育、消防治安等机构能为施工提供的支援能力 ②邻近医疗单位至工地的距离,可能就医的情况 ③周围是否存在有害气体污染情况;有无地方病	安排职工生活基地

5)原始资料的调查

原始资料调查的主要内容有建设地点的气象、地形、地貌、工程地质、水文地质、场地周围环境及障碍物,主要内容见表3.9。资料来源主要是气象部门及设计单位。主要作用是确定施工方法和技术措施,编制施工进度计划和施工平面图布置设计的依据。

表3.9 自然条件调查表

序号	项目	调查内容	调查目的
1		气象	
1.1	气温	①年平均、最高、最低、最冷、最热月份的逐月平均温度 ②冬、夏季室外计算温度	①确定防暑降温的措施 ②确定冬季施工措施 ③估计混凝土、砂浆强度
1.2	雨(雪)	①雨季起止时间 ②月平均降雨(雪)量、最大降雨(雪)量、一昼夜最大降雨(雪)量 ③全年雷暴日数	①确定雨季施工措施 ②确定工地排水、防洪方案 ③确定防雷设施
1.3	风	①主导风向及频率(风玫瑰图) ②≥8级风的全年天数、时间	①确定临时设施的布置方案 ②确定高空作业及吊装的技术安全措施
2		工程地形、地质	
2.1	地形	①区域地形图:1/25 000～1/10 000 ②工程位置地形图:1/2 000～1/1 000 ③该地区城市规划图 ④经纬坐标桩、水准基桩的位置	①选择施工用地 ②布置施工总平面图 ③场地平整及土方量计算 ④了解障碍物及其数量
2.2	工程地质	①钻孔布置图 ②地质剖面图:土层类别、厚度 ③物理力学指标:天然含水率、孔隙比、塑性指数、渗透系数、压缩试验及地基土强度 ④地层的稳定性:断层滑块、流砂 ⑤最大冻结深度 ⑥地基土破坏情况:枯井、古墓、防空洞及地下构筑物等	①土方施工方法的选择 ②地基土的处理方法 ③基础施工方法 ④复核地基基础设计 ⑤拟订障碍物拆除计划

续表

序号	项目	调查内容	调查目的
2.3	地震	地震等级、烈度大小	确定对基础影响、注意事项
3		工程水文地质	
3.1	地下水	①最高、最低水位及时间 ②水的流向、流速及流量 ③水质分析：水的化学成分 ④抽水试验	①基础施工方案选择 ②降低地下水的方法 ③拟订防止侵蚀性介质的措施
3.2	地面水	①临近江河湖泊距工地的距离 ②洪水、平水、枯水期的水位、流量及航道深度 ③水质分析 ④最大、最小冻结深度及冻结时间	①确定临时给水方案 ②确定运输方式 ③确定水工施工方案 ④确定防洪方案

3.4.4 技术资料准备的实施

技术准备是施工准备工作的核心，是现场施工准备工作的基础。由于任何技术的差错或隐患都可能引起人身安全和质量事故，造成生命、财产和经济的巨大损失，因此必须认真地做好技术准备工作。其主要内容包括熟悉与会审图纸、编制施工组织设计、编制施工图预算和施工预算。

1) 熟悉与会审图纸

(1) 基础及地下室部分

①核对建筑、结构、设备施工图中关于基础留口、留洞的位置及标高的相互关系是否处理恰当；

②给水及排水的去向，防水体系的做法及要求；

③特殊基础做法，变形缝及人防出口做法。

(2) 主体结构部分

①定位轴线的布置及与承重结构的位置关系；

②各层所用材料是否有变化；

③各种构配件的构造及做法；

④采用的标准图集有无特殊变化和要求。

(3) 装饰部分

①装修与结构施工的关系；

②变形缝的做法及防水处理的特殊要求；

③防火、保温、隔热、防尘、高级装修的类型及技术要求。

2）审查图纸及其他设计技术资料的内容

（1）主要内容

①设计图纸是否符合国家有关规划、技术规范要求；

②核对设计图纸及说明书是否完整、明确，设计图纸与说明等其他各组成部分之间有无矛盾和错误，内容是否一致，有无遗漏；

③总图的建筑物坐标位置与单位工程建筑平面图是否一致；

④核对主要轴线、几何尺寸、坐标、标高、说明等是否一致，有无错误和遗漏；

⑤基础设计与实际地质是否相符，建筑物与地下构造物及管线之间有无矛盾；

⑥主体建筑材料在各部分有无变化，各部分的构造做法；

⑦建筑施工与安装在配合上存在哪些技术问题，能否合理解决；

⑧设计中所选用的各种材料、配件、构件等能否满足设计规定的需要；

⑨工程中采用的新工艺、新结构、新材料的施工技术要求及技术措施；

⑩对设计技术资料有什么合理化建议及其他问题。

（2）图纸审查程序

审查图纸的程序通常分为自审阶段、会审阶段和现场签证 3 个阶段。

自审是施工企业组织技术人员熟悉和自审图纸，自审记录包括对设计图纸的疑问和有关建议。

会审是由建筑单位主持、设计单位和施工单位参加，先由设计单位进行图纸技术交底，各方面提出意见，经充分协商后，统一认识形成图纸会审纪要，由建设单位正式行文，参加单位共同会签、盖章，作为设计图纸的修改文件。

现场签证是在工程施工过程中，发现施工条件与设计图纸的条件不符，或图纸仍有错误，或因材料的规格、质量不能满足设计要求等原因，需要对设计图纸进行及时修改，应遵循设计变更的签证制度，进行图纸的施工现场签证。一般问题，经设计单位同意，即可办理手续进行修改；重大问题，须经建设单位、设计单位和施工单位协商，由设计单位修改，向施工单位签发设计变更单，方有效。

3）熟悉技术规范、规程和有关技术规定

技术规范、规程是国家制定的建设法规，是实践经验的总结，在技术管理上具有法律效用。建筑施工中常用的技术规范、规程主要有以下几个方面：

①建筑安装工程质量检验评定标准；

②施工操作规程；

③建筑工程施工及验收规范；

④设备维护及维修规程；

⑤安全技术规程；

⑥上级技术部门颁发的其他技术规范和规定。

4）其他准备工作

编制施工组织设计，详见《建筑工程施工组织》教材内容；编制施工图预算和施工预算，详见《建筑工程计量与计价》教材内容。

3.4.5 施工现场的准备的实施

1)现场"三通一平"

"三通一平"是在建筑工程的用地范围内,接通施工用水、用电、道路和平整场地的总称。而工程实际的需要往往不只水通、电通、路通,有些工地上还要求有"热通"(供蒸汽)、"气通"(供燃气)、"话通"(通电话)等,但最基本的还是"三通"。

(1)平整施工场地

施工场地的平整工作,首先通过测量,按建筑总平面图中确定的标高,计算出挖土及填土的数量,设计土方调配方案,组织人力或机械进行平整工作;若拟建场内有旧建筑物,则须拆迁房屋,同时要清理地面上的各种障碍物,对地下管道、电缆等要采取可靠的拆除或保护措施。

(2)修通道路

施工现场的道路,是组织大量物资进场的运输动脉,为了保证各种建筑材料、施工机械、生产设备和构件按计划到场,必须按施工总平面图要求修通道路。为了节省工程费用,应尽可能利用已有道路或结合正式工程的永久性道路。为使施工时不损坏路面,可先做路基,施工完毕后再做路面。

(3)通水

施工现场的通水包括给水与排水。施工用水包括生产、生活和消防用水,其布置应按施工总平面图的规划进行安排。施工用水设施尽量利用永久性给水线路,临时管线的铺设,既要满足用水点的需要和使用方便,又要尽量缩短管线。施工现场要做好有组织的排水系统,否则会影响施工的顺利进行。

(4)通电

施工现场的通电包括生产用电和生活用电。根据生产、生活用电的电量,选择配电变压器,与供电部门或建设单位联系,按施工组织要求布设线路和通电设备。当供电系统供电不足时,应考虑在现场建立发电系统,以保证施工的顺利进行。

2)测量放线

测量放线的任务是把图纸上所设计好的建筑物、构筑物及管线等测设到地面或实物上,并用各种标志表现出来,作为施工的依据。在土方开挖前,按设计单位提供的总平面图及给定的永久性经纬坐标控制网和水准控制基桩,进行场区施工测量,设置场区永久性坐标,水准基桩和建立场区工程测量控制网。在进行测量放线前,应做好以下几项准备工作:

①了解设计意图,熟悉并校核施工图纸。

②对测量仪器进行检验和校正。

③校核红线桩与水准点。

④制订测量放线方案。测量放线方案主要包括平面控制、标高控制、±0.000以下施测、±0.000以上施测、沉降观测和竣工测量等项目,其方案制订依据设计图纸要求和施工方案来确定。

建筑物定位放线是确定整个工程平面位置的关键环节,施测中必须保证精度,杜绝错误,否则其后果将难以处理。建筑物的定位、放线,一般通过设计图中平面控制轴线来确定建筑物的轮廓位置,经自检合格后,提交有关部门和甲方(监理人员)验线,以保证定位的准确性。沿红线的建筑物,还要由规划部门验线,以防止建筑物超、压红线。

3)临时设施的搭设

现场所需临时设施,应报请规划、市政、消防、交通、环保等有关部门审查批准,按施工组织设计和审查情况来实施。

对于指定的施工用地周界,应用围墙(栏)围挡起来,围挡的形式和材料应符合市容管理的有关规定和要求,并在主要出入口设置标牌,标明工程名称、施工单位、工地负责人、监理单位等。

各种生产(仓库、混凝土搅拌站、预制构件厂、机修站、生产作业棚等)、生活(办公室、宿舍、食堂等)用的临时设施,严格按批准的施工组织设计规定的数量、标准、面积、位置等来组织实施,不得乱搭乱建,并尽可能做到以下几点:

①利用原有建筑物,减少临时设施的数量,以节省投资。

②适用、经济、就地取材,尽量采用移动式、装配式临时建筑。

③节约用地、少占农田。

3.4.6 生产资料准备的实施

1)建筑材料的准备

建筑材料的准备包括"三材"(钢材、木材、水泥)、地方材料(砖、瓦、石灰、砂、石等)、装饰材料(面砖、地砖等)、特殊材料(防腐、防射线、防爆材料等)的准备。

为保证工程顺利施工,材料准备要求如下:

①编制材料需要量计划,签订供货合同根据预算的工料分析,按施工进度计划的使用要求,材料储备定额和消耗定额,分别按材料名称、规格、使用时间进行汇总,编制材料需用量计划,同时根据不同材料的供应情况,随时注意市场行情,及时组织货源,签订订货合同,保证采购供应计划的准确可靠。

②材料的运输和储备按工程进度分期分批进场。现场储备过多会增加保管费用、占用流动资金,过少则难以保证施工的连续进行,对于使用量少的材料,尽可能一次进场。

③材料的堆放和保管。现场材料的堆放应按施工平面布置图的位置,按材料的性质、种类,选取不同的堆放方式,合理堆放,避免材料的混淆及二次搬运;进场后的材料要依据材料的性质妥善保管,避免材料的变质及损坏,以保持材料的原有数量和原有的使用价值。

2)施工机具和周转材料的准备

施工机具包括施工中所确定选用的各种土方机械、木工机械、钢筋加工机械、混凝土机械、砂浆机械、垂直与水平运输机械、吊装机械等,应根据采用的施工方案和施工进度计划,确定施工机械的数量和进场时间;确定施工机具的供应方法和进场后的存放地点和方式,并提出施工机具需要量计划,以便企业内平衡或外签约租借机械。

周转材料的准备主要指模板和脚手架,此类材料施工现场使用量大、堆放场地面积大、规格多,对堆放场地的要求高,应按施工组织设计的要求分规格、型号整齐码放,以便使用和维修。

3) 预制构件和配件的加工准备

工程施工中需要大量的钢筋混凝土构件、木构件、金属构件、水泥制品、塑料制品、洁具等,应在图纸会审后提出预制加工单,确定加工方案、供应渠道及进场后的储备地点和方式。现场预制的大型构件,应依施工组织设计作好规划并提前加工预制。

此外,对采用商品混凝土的现浇工程,要依施工进度计划要求确定需用量计划,主要内容有商品混凝土的品种、规格、数量、需要时间、送货方式、交货地点,并提前与生产单位签订供货合同,以保证施工顺利进行。

3.4.7　施工人员准备的实施

施工队伍的建立,要考虑工种的合理配合,技工和普工的比例要满足劳动组织的要求,建立混合施工队或专业施工队及其数量,组建施工队组要坚持合理、精干原则,在施工过程中,依工程实际进度需求,动态管理劳动力数量。需要外部力量的,可通过签订承包合同或联合其他队伍来共同完成。

(1)建立精干的基本施工队组

基本施工队组应根据现有的劳动组织情况、结构特点及施工组织设计的劳动力需要量计划确定。一般有以下几种组织形式:

①砖混结构的建筑。该类建筑在主体施工阶段,主要是砌筑工程,应以瓦工为主,配合适量的架子工、钢筋工、混凝土工、木工以及小型机械工等;装饰阶段以抹灰、油漆工为主,配合适量的木工、电工、管工等。因此以混合施工班组为宜。

②框架、框剪及全现浇结构的建筑。该类建筑主体结构施工主要是钢筋混凝土工程,应以模板工、钢筋工、混凝土工为主,配合适量的瓦工;装饰阶段配备抹灰、油漆工等。因此以专业施工班组为宜。

③预制装配式结构的建筑。该类建筑的主要施工工作以构件吊装为主,应以吊装起重工为主,配合适量的电焊工、木工、钢筋工、混凝土工、瓦工等,装饰阶段配备抹灰工、油漆工、木工等。因此以专业施工班组为宜。

(2)确定优良的专业施工队伍

大中型的工业项目或公用工程,内部的机电安装、生产设备安装一般需要专业施工队或生产厂家进行安装和调试,某些分项工程也可能需要机械化施工公司来承担,这些需要外部施工队伍来承担的工作,需在施工准备工作中签订承包合同的形式予以明确,落实施工队伍。

(3)选择优势互补的外包施工队伍

随着建筑市场的开放,施工单位往往依靠自身的力量难以满足施工需要,因而需联合其他建筑队伍(外包施工队)来共同完成施工任务,通过考察外包队伍的市场信誉、已完工程质量、确认资质、施工力量水平等来选择,联合要充分体现优势互补的原则。

3.4.8 冬雨季施工准备工作的实施

1) 冬季施工准备工作

(1) 合理安排冬季施工项目

建筑产品的生产周期长,且多为露天作业,冬季施工条件差、技术要求高,因此在施工组织设计中就应合理安排冬季施工项目,尽可能保证工程连续施工,一般情况下尽量安排费用增加少、易保证质量、对施工条件要求低的项目在冬季施工,如吊装、打桩、室内装修等,而如土方、基础、外装修、屋面防水等则不易在冬季施工。

(2) 落实各种热源的供应工作

提前落实供热渠道,准备热源设备,储备和供应冬季施工用的保温材料,做好司炉培训工作。

(3) 做好保温防冻工作

①临时设施的保温防冻。给水管道的保温,防止管道冻裂;防止道路积水、积雪成冰,保证运输顺利。

②工程已成部分的保温保护。如基础完成后及时回填至基础顶面同一高度,砌完一层墙后及时将楼板安装到位等。

③冬季要施工部分的保温防冻。如凝结硬化尚未达到强度要求的砂浆、混凝土要及时测温,加强保温,防止遭受冻结;将要进行的室内施工项目,先完成供热系统,安装好门窗玻璃等。

(4) 加强安全教育

要有冬季施工的防火、安全措施,加强安全教育,做好职工培训工作,避免火灾、安全事故的发生。

2) 雨季施工准备工作

(1) 合理安排雨季施工项目

在施工组织设计中要充分考虑雨季对施工的影响,一般情况下,雨季到来之前,多安排土方、基础、室外及屋面等不易在雨季施工的项目,多留一些室内工作在雨季进行,以避免雨季窝工。

(2) 做好现场的排水工作

施工现场雨季来临前,做好排水沟,准备好抽水设备,防止场地积水,最大限度地减少泡水造成的损失。

(3) 做好运输道路的维护和物资储备

雨季前检查道路边坡排水,适当提高路面,防止路面凹陷,保证运输道路的畅通,并多储备一些物资,减少雨季运输量,节约施工费用。

(4) 做好机具设备等的保护

对现场各种机具、电器、工棚都要加强检查,特别是脚手架、塔吊、井架等,要采取防倒塌、防雷击、防漏电等一系列技术措施。

(5) 加强施工管理

认真编制雨季施工的安全措施,加强对职工的教育,防止各种事故的发生。

项目小结

本项目主要介绍了施工项目管理的全过程目标管理,施工项目部组织管理机构设置,重点介绍了施工组织设计、施工项目准备等内容。

数字资源及
拓展材料

①施工项目管理的全过程目标管理:主要包括投标、签约阶段,施工准备阶段,施工阶段、验收、交工与结算阶段,用户服务阶段5个方面的施工项目寿命周期目标管理。

②施工项目部组织管理机构设置:主要包括组织机构设置的程序、原则、组织形式选择,组织形式设置等组织机构设置要求,施工项目部组建,施工项目经理的确定,施工项目部人员设置、施工项目部制度制订5个方面内容。

③施工组织设计概述:主要介绍从标前施工组织设计、施工组织总设计、单位工程施工组织设计、单项施工设计等施工组织设计的4个分类和主要内容;从合同工期、施工顺序、进度安排、冬雨季施工、新技术应用等7个方面的施工组织设计编制要求。

④施工项目的施工准备:主要包括3项制度与4个结合的施工准备工作要求,编制施工准备工作计划,调查研究和收集有关施工资料的实施,技术资料准备的实施,施工现场的准备的实施,生产资料准备的实施,施工人员的准备的实施,冬雨季施工准备工作的实施8个方面的工作。

复习思考题

1. 施工项目管理的全过程目标管理包括哪些方面?
2. 施工项目部组建主要考虑哪些要求?
3. 施工项目经理的确定需要考虑哪些方面的要求?
4. 施工组织设计有哪些形式?
5. 施工项目的施工准备工作包括哪些要求?
6. 施工项目的施工准备工作主要包括哪些内容?

项目 4
施工项目目标控制

项目导读

● **主要内容及要求**　本项目主要介绍建筑工程施工项目的进度控制、质量控制、成本控制及风险管理 3 个方面的内容。通过本项目学习,应会编制月(旬)作业计划和施工任务书、施工进度的检查、进度控制的分析与调整,能完成施工项目进度的控制任务;会建立施工项目质量控制系统和质量体系、编制质量手册,在项目实施过程中进行质量控制;能根据标准和规范,进行质量检验和实验,对建筑安装工程进行质量检验与评定;懂得施工项目成本预测的依据和程序,施工项目成本控制的过程和内容及手段,会进行施工项目成本预测与计划的编制及方法选择、施工项目成本管理考核,能完成施工项目成本计划的编制,完成施工项目成本的控制任务。

● **重点**　施工项目进度控制、质量控制。

● **难点**　施工项目成本控制及风险管理。

子项 4.1　施工项目进度的控制

4.1.1　概述

1)建设项目进度控制

在项目管理工作中,管理者必须对每个阶段进行进度控制。建设项目进度控制的关键是施工阶段的进度控制。施工阶段的进度控制也称为施工项目进度控制,是施工项目管理中的重点控制目标之一,是保证施工项目按期完成、合理安排资源供应、节约工程成本的重要措施。施工项目进度控制的质量如何不仅直接影响建设项目能否在合同规定的期限内按期交付使用,而且关系到建设项目投资活动的综合效益能否顺利实现,是建设项目管理的一个重要内容。同时,《建设工程项目管理规范》(GB/T 50326—2017)中对建设项目进度管理进行如下规定:组织应建立项目进度管理制度,明确进度管理程序,规定进度管理职责及工作要求。项目进度计划应遵循下列程序:编制进度计划;进度计划交底,落实管理责任;实施进度计划;进行进度控制和变更管理。

2)施工项目进度控制任务与目标

施工项目进度控制的任务是指在既定的工期内,编制出最优的施工进度计划,在执行该计划的过程中,经常检查施工的实际情况,并将其与进度计划相比较,若出现偏差,便分析产生的原因和对工期的影响程度,制订出必要的调整措施,修改原计划,不断地如此循环,直至工程竣工。

施工项目进度控制的总目标是实现合同约定的交工日期,或者在保证施工质量和不断增加实际成本的前提下,适当缩短施工工期。总目标要根据实际情况进行分解,形成一个能够有效地实施进度控制、相互联系相互制约的目标体系。一般来讲,应分解成各单项工程的交工分目标,各施工阶段的完工分目标,以及按年、季、月施工计划制订的时间分目标等。

4.1.2 主要内容及相关因素分析

1)主要内容

施工项目进度控制主要内容按照发生时间关系可以分为事前进度控制、事中进度控制和事后进度控制。

(1)事前进度控制的内容

事前进度控制是指项目正式施工前进行的进度控制,其具体内容包括以下方面:

● 编制施工阶段进度控制工作细则

①施工阶段进度目标分解图。

②施工阶段进度控制的主要工作内容和深度。

③人员的具体分工。

④与进度控制有关的各项工作的时间安排、总的工作流程。

⑤进度控制所采取的具体措施(包括检查日期、收集数据方式、进度报表形式、统计分析方法等)。

⑥进度控制的方法。

⑦进度目标实现的风险分析。

⑧尚待解决的有关问题。

● 编制或审核施工总进度计划

①项目的划分是否合理,有无重项和漏项。

②进度在总的时间安排上是否符合合同中规定的工期要求或是否与项目总进度计划中施工进度分目标的要求一致。

③施工顺序的安排是否符合逻辑,是否满足分期投产的要求以及是否符合施工程序的

要求。

④全工地性材料物资供应的均衡是否满足要求。

⑤劳动力、材料、机具设备供应计划是否能确保施工总进度计划的实现。

⑥施工组织总设计的合理性、全面性和可行性如何。

⑦进度安排与建设单位提供资金的能力是否一致。

● 审核单位工程施工进度计划

①进度安排是否满足合同规定的开竣工日期。

②施工顺序的安排是否符合逻辑,是否符合施工程序的要求。

③施工单位的劳动力、材料、机具设备供应计划能否保证进度计划的实现。

④进度安排的合理性,以防止施工单位利用进度计划的安排造成建设单位违约,并以此向建设单位提出索赔。

⑤该进度计划是否与其他施工进度计划协调。

⑥进度计划的安排是否满足连续性、均衡性的要求。

● 进行进度计划系统的综合

在对施工计划进行审核后,往往要把若干个相互关联的处于同一层次或不同层次的进度计划综合成一个多阶群体的施工总进度计划,以利于进行总体控制。

(2)事中进度控制的内容

事中进度控制是指项目施工过程中进行的进度控制,这是施工进度计划能否付诸实施实现的关键过程,进度控制人员一旦发现实际进度与目标偏离,就必须及时采取措施以纠正这种偏差。事中进度控制的具体内容包括:

①建立现场办公室,以保证施工进度的顺利实施。

②随时注意施工进度的关键控制点。

③及时检查和审核进度,进行统计分析资料和进度控制报表。

④做好工程施工进度,将计划与实际进行比较,从中发现是否出现进度偏差。

⑤分析进度偏差带来的影响并进行工程进度预测,提出可行的修改措施。

⑥重新调整进度计划并实施。

⑦组织定期和不定期的现场会议,及时分析、协调各生产单位的生产活动。

(3)事后进度控制的内容

事后进度控制是指完成整个施工任务后进行的进度控制工作,具体内容包括以下方面:

①及时组织验收准备,迎接验收。

②准备及迎接工程索赔。

③整理工程进度资料。

④根据实际施工进度,及时修改和调整验收阶段进度计划,保证下一阶段工作顺利实施。

2)相关影响因素

(1)相关单位

施工单位是对施工进度起着决定性影响的单位,其他相关单位也可能会给施工的某些方面造成困难而影响进度。如图纸错、设计变更、资金到位不及时、材料和设备不能按期供应、水电供应不完善等。

（2）施工条件

工程地质条件、水文地质条件与勘察设计不符，气候的异常变化及施工条件（如"三通一平"）准备不完善等都会给施工造成困难而影响进度的顺利完成。

（3）技术失误

施工单位采用技术措施不当，施工中发生技术事故；应用新技术、新材料、新工艺、新结构缺乏经验；工程质量不能满足要求等都要影响施工进度。

（4）施工组织管理

主要是施工组织不合理、施工方案欠佳、计划不周、管理不完善、劳动力和机械设备调配不当、施工平面布置不合理、解决问题不及时等方面造成的对进度的影响。

（5）意外事件的出现

施工中如果出现意外事件，如战争、内乱、工人罢工等政治事件；地震、洪水等严重的自然灾害；重大工程事故的发生；标准变更、试验失败等技术事件；通货膨胀、款项拖延、拒付债务、合同违约等经济事件都会对施工进度造成影响。

4.1.3　程序及准则

1）一般规定

在《建设工程项目管理规范》（GB/T 50326—2017）中，进度控制步骤及其过程应符合如下规定：

（1）进度控制步骤

项目进度控制应遵循下列步骤：

①熟悉进度计划的目标、顺序、步骤、数量、时间和技术要求。

②实施跟踪检查，进行数据记录与统计。

③将实际数据与计划目标对照，分析计划执行情况。

④采取纠偏措施，确保各项计划目标实现。

（2）控制过程

项目管理机构的进度控制过程应符合下列规定：

①将关键线路上的各项活动过程和主要影响因素作为项目进度控制的重点。

②对项目进度有影响的相关方的活动进行跟踪协调。

2）施工项目进度控制的程序

施工项目进度控制的实施者是施工单位以项目经理为首的项目进度控制体系，即项目经理部。项目经理部在实施具体的施工项目进度控制时，主要是按下述程序进行工作。

①根据施工合同确定的开工日期、总工期和竣工日期确定施工进度目标，明确计划开工日期、计划总工期和计划竣工日期，确定项目分期分批的开工、竣工日期。

②编制施工计划，具体安排实现前述目标的工艺关系、组织关系、搭接关系、起止关系、劳动力计划、材料计划、机械计划和其他保证性计划。

③向监理工程师提出开工申请报告，按监理工程师开工令指定的日期开工。

④实施施工进度计划、加强协调和检查,如出现偏差,要及时进行调整。

⑤项目竣工验收前抓紧收尾阶段进度控制。

⑥全部任务完成后进行进度控制总结,并写出进度控制报告。

3）施工项目进度控制系统

要完成施工项目的进度控制,必须认真分析主观与客观因素,加强目标管理,按照"事前计划,事中检查,事后分析"的顺序进行"三结合"的动态控制、系统控制和网络控制。

施工项目进度控制是一个不断进行的动态控制,也是一个循环进行的过程。它是从项目施工开始,实际进度就出现了运动的轨迹,也就是计划进入执行的动态。实际进度按照计划进度进行时,两者相吻合;当实际进度与计划不一致时就产生了超前或滞后的偏差。就要分析偏差产生的原因,采取相应的措施,调整原来的计划,使二者在新的起点上重合,使实际工作按计划进行。但调整后的作业计划又会在新的因素干扰下产生新的偏差,又要进行新的调整。因而施工进度计划内的控制必须在动态控制原理下采用动态控制的方法。

（1）施工项目计划系统

施工项目进度控制是一个系统工程,必须采用系统工程的原理来加以控制。一般来说,施工进度控制系统由如下3个子系统组成。

①施工项目计划系统。为了对施工项目进行进度控制,必须编制施工项目的各种进度计划。其中最重要的是施工项目总进度计划、单位工程进度计划、分部分项工程进度计划、季月旬时间进度计划等,这些计划组成了一个项目进度计划系统。在进行计划编制时,从上到下,从总体计划到局部计划,计划的编制对象由大到小,计划内的内容从粗到细。实施计划时,从下到上,从月旬到计划、分部分项工程进度计划开始逐级按目标控制,从而达到对施工项目整体进度目标控制。

②施工项目进度实施组织系统。施工项目实施的全过程,各专业队伍都是按照计划规定的目标去努力完成一个个任务。施工项目经理和有关劳动调配、材料设备、采购运输等职能部门都按照施工进度规定的要求严格管理、落实和完成各自的任务。施工组织各级负责人,从项目经理、施工队长、班组长及其所属全体成员组成了施工项目实施的完整的组织系统。

③施工项目进度控制组织系统。为了保证施工项目进度的实施,还有一个项目进度的检查控制系统。从总公司、项目经理部一直到作业班级都设有专门职能部门或人员负责检查、统计、整理实际施工进度的资料,与计划进度比较分析,并进行必要的调节。

（2）进度控制的准则

①信息反馈准则。信息反馈是施工项目进度控制的主要环节。工程的实际进度通过信息反馈给基层施工项目进度控制的工作人员,在分工的职责范围内,经过对其加工,再将信息逐级向上反馈,直到主控制室,主控制室整理统计各方面的信息,经比较分析作出决策,调整进度计划,使其符合预定工期目标。若不应用信息反馈原理,则无法进行计划控制,因而施工项目进度控制的过程就是信息反馈的过程。

②弹性准则。施工项目的工期比较长,影响进度的因素也比较多。其中有些因素已被人们所掌握,有些并未被人们所全面掌握。根据对影响因素的把握、利用原有的统计资料和

过去的施工经验,可以估计出各个方面对施工进度的影响程度和施工过程中可能出现的一些问题,并在确定进度目标时进行目标实现的风险分析。因而在编制施工进度计划时就必须要留有余地,即施工进度计划要具有弹性。在进行施工项目进度控制时,便可利用这些弹性,缩短有关工作的时间,或者改变它们之间的搭接关系,使前拖延的工期,通过缩短剩余计划工期的办法得以弥补,达到预期的计划目标。

③封闭循环准则。项目进度计划控制的全过程是计划、实施、检查、比较分析、确定调整措施、再计划。从编制项目施工进度计划开始,经过实施过程中的跟踪检查,收集有关实际进度的信息,比较和分析实际进度与施工计划进度之间的偏差,找出产生偏差的原因和解决的办法,确定调整措施,并修改原进度计划。从整个进度计划控制的全过程来看,形成了一个封闭的动态调整的循环。

④网络计划原则。在施工项目的进度控制中,要利用网络计划技术原理编制进度计划。在计划执行过程中,又要根据收集的实际进度信息,比较和分析进度计划,利用网络计划的优化技术,进行工期优化、成本优化和资源优化,从而合理地制订和调整施工项目的进度计划。

网络计划技术原理是施工项目进度控制的计划管理和分析计算的理论基础。

4.1.4 控制措施与方法的选择

1)一般规定

《建设工程项目管理规范》(GB/T 50326—2017)对施工项目进度控制措施在进度变更管理中规定如下:

①进度变更依据。项目管理机构应根据进度管理报告提供的信息,纠正进度计划执行中的偏差,对进度计划进行变更调整。

②进度变更内容。进度计划变更可包括工程量或工作量、工作的起止时间、工作关系、资源供应。

③进度变革风险。项目管理机构应识别进度计划变更风险,并在进度计划变更前制订下列预防风险的措施:组织措施、技术措施、经济措施与沟通协调措施。

④进度计划变更。当采取措施后仍不能实现原目标时,项目管理机构应变更进度计划,并报原计划审批部门批准。

⑤进度计划变更控制。项目管理机构进度计划的变更控制应符合下列规定:调整相关资源供应计划,与相关方进行沟通;变更计划的实施应与组织管理规定及相关合同要求一致。

2)施工项目进度控制的措施

(1)组织措施

组织措施主要是指落实各层次进度控制人员的具体任务和工作职责。首先要建立进度控制组织体系;其次是建立健全进度计划的制订、审核、执行、检查、协调过程的有关规章制度,以及各相关部门、相关工作人员的工作标准、工作制度和工作职责,做到有章可循、有法可依、制度明确;再次要根据施工项目的结构、进展的阶段和合同约定的条款进行项目分解,确定其进度目标,建立控制目标体系,并对影响进度的因素进行分析和预测。

（2）技术措施

技术措施有两个方面：一是要组织有丰富施工经验的工程师编制施工进度计划，同时监理单位要编制进度控制工作细则，采用流水施工原理，网络计划技术，结合计算机对建设项目进行动态控制。二是计划中要考虑到大量采用加快施工进度的技术方法。

（3）经济措施

经济措施主要是指实施进度计划的资金保障措施。在施工进度的实施过程中，要及时进行工程量核算，签署进度款的支付，工期提前要给予奖励，工期延误要认定原因和责任，并进行必要惩罚，做到奖罚分明。同时要做好工期索赔的认定与管理工作。

（4）合同措施

合同措施是指要严格履行项目的施工合同，并使与分包单位签订的施工合同的合同工期和进度计划与整个项目的进度计划相协调。

（5）信息管理措施

信息管理措施是指不断地收集施工实际进度的有关资料，将收集到的资料进行统计、整理，与计划进度对比分析，并定期向建设单位提供比较报告。

3）控制方法

施工项目进度控制的方法主要有 3 个，即规划、控制、协调。

①施工项目进度规划。规划是指确定施工项目总进度控制目标和分进度控制目标，并编制进度计划。常用的技术手段和方法有横道图、网络计划图等。

②施工项目进度控制。控制是指在施工项目实施的全过程中，进行施工实际进度的比较，若出现偏差，要分析产生的原因，确定采取的措施并对计划进行适当的调整。常用的技术方法和手段有横道图比较法、S 形曲线比较法、"香蕉"形曲线比较法、前锋线比较法、列表比较法等。

③施工项目进度协调。协调是指疏通、优化与施工进度有关的单位、部门和工作队组间的进度关系。

4.1.5 施工项目进度计划的实施

施工项目进度计划的实施是落实施工项目计划、用施工项目进度计划指导施工活动并完成施工项目计划。为此，在实施前必须进行施工项目计划的审核和贯彻。

实施施工进度计划要做好 3 项工作，即编制月（旬）作业计划和施工任务书，做好记录，掌握施工实际情况，即做好调度工作。现分述如下：

（1）编制月（旬）作业计划和施工任务书

施工组织设计中编制的施工进度计划，是按整个项目（或单位工程）编制的，也带有一定的控制性，还不能满足施工作业要求。实际作业时是按月（旬）作业计划和施工任务书执行的，故应进行认真编制。

月（旬）作业计划除依据施工进度计划编制外，还应依据现场情况及月（旬）的具体要求编制。月（旬）计划以贯执施工进度计划，明确当期任务及满足作业要求为前提。

施工任务书是一份计划文件，也是一份核算文件和原始记录，它把作业计划下达到班组进行责任承包，并将计划执行与技术管理、质量管理、成本核算、原始记录、资源管理等融合为一体,是计划与作业连接的纽带。

(2)做好记录,掌握现场施工实际情况

在施工中,如实记载每项工作的开始日期、工作进程和结束日期,可为计划实施的检查、分析、调整、总结提供原始资料。要求跟踪记录、如实记录,并借助图表形成记录文件。

(3)做好调度工作

调度工作主要对进度控制起到协调作用,协调配合关系,排除施工中出现的各种矛盾,克服薄弱环节,实现动态平衡。调度工作的内容包括检查作业计划执行中的问题,找出原因,并采取措施解决:督促供应单位按进度要求供应资源,控制施工现场临时设施的使用,按计划进行作业条件准备;传达决策人员的决策意图;发布调度令等。要求调度工作做到及时、灵活、准确、果断。

(4)施工项目计划的审核

施工项目计划的审核由总监理工程师完成,审核的内容主要包括如下几个方面:

①进度安排是否与施工合同相符。

②进度计划的内容是否全面,分期施工是否满足分期交工要求和配套交工要求。

③施工顺序要求是否符合施工程序的要求。

④资源供应计划的内容是否全面,分期施工是否满足分期交工要求和配套交工要求。

⑤施工图设计进度是否满足施工计划的要求。

⑥总分包间的计划是否协调、统一。

⑦对实施进度计划的风险分析是否清楚并有相应的对策。

⑧各项保证进度计划实现的措施是否周到、可行、有效。

(5)施工项目计划的贯彻

审核确定的施工项目进度计划要进行彻底地贯彻,以便进行有效的实施。检查各层次的计划,形成严密的计划保证系统。进行计划的交底,促进计划的全面、彻底实施。施工项目进度计划在审核通过并认真贯彻后,就要进行彻底的实施。实施中必须做好如下几个方面的工作:

①认真编制好月(旬)生产作业计划。

②以签发任务书的形式落实施工任务和责任。

③做好施工进度记录,填好施工进度统计表。

④做好施工中的组织、管理和调度工作。

4.1.6 施工项目进度计划的检查

在施工项目的实施过程中,进度控制人员必须对实际的工程进度进行经常性地检查,并收集施工项目进度的相关材料,进行统计整理和对比分析,确定实际进度与计划进度间的关系,以便适时调整计划,进行有效的进度控制。

1)一般规定

在施工项目进度控制中,项目管理机构应按规定的统计周期,检查进度计划并保存相关记录。进度计划检查应包括工作完成数量、工作时间的执行情况、工作顺序的执行情况、资源使用及其与进度计划的匹配情况、前次检查提出问题的整改情况。进度检查完成后,项目管理机构应编制进度管理报告并向相关方发布。

2) 检查步骤与方法

（1）跟踪检查施工实际进度

跟踪检查施工实际进度一般要做日检查和定期检查，检查主要包括以下内容：

①检查期内实际完成的和累计完成的工作量。

②实际参加施工的人力、机械数量和生产效率。

③窝工人数、窝工机械台班数及其原因分析。

④进度偏差情况。

⑤进度管理情况。

⑥影响进度的特殊原因及其分析。

（2）整理统计检查数据

收集到施工项目实际进度数据后，需要进行必要的整理，并按计划控制的工作项目进行统计，形成与计划进度具有可比性的数据，即相同的量纲和形象进度。一般可按实物工程量、工作量和劳动消耗量以及累计百分比整理和统计实际检查数据，以便与相应的计划完成量相对比。

（3）对比实际进度与计划进度

将收集到的资料整理和统计成具有与计划进度可比性的数据后，用施工项目实际进度与计划进度的比较方法进行比较，通过比较得出实际进度与计划进度相一致、拖泥带水、超前3种情况。

（4）施工项目进度结果的处理

施工项目进度检查的结果，按照检查报告制度的规定，形成进度控制报告向有关管人员和部门汇报。

①进度控制报告编写。进度控制报告是将检查比较的结果及有关施工进度的现状和发展趋势提供给项目经理及各级业务职能负责人的最简单的书面报告形式。进度控制报告是根据报告的对象不同，确定不同的编制范围和内容而分别编写。进度报告由计划负责人或进度管理人员与其他项目管理人员合作编写。报告时间一般与进度检查时间相协调，也可按月、旬、周等间隔时间进行编写上报。

②进度报告的分类。进度报告一般分为项目概要级进度控制报告、项目管理级进度控制报告和业务管理级进度控制报告。

a. 项目概要级进度控制报告是报给项目经理、企业经理或业务部门以及建设单位或业主的。它是以整个施工项目为对象说明进度执行情况的报告。

b. 项目管理级进度报告是报给项目经理或企业业务部门的。它是以单位工程或项目分区为对象说明进度执行情况的报告。

c. 业务管理级进度报告是就某个重点部位或重点问题为对象编写的报告，供项目管理者及各业务部门为其采取应急措施而使用的。

③进度报告的内容。通过检查应向企业提供月度施工进度报告，其内容主要包括：

a. 项目实施概况、管理概况、进度概况的总说明。

b. 项目施工进度、形象进度及简要说明。

c.施工图纸提供进度。

d.材料、物资、构配件提供进度。

e.劳务记录及预测。

f.日历计划。

g.对建设单位、业主和施工者的工程变更指令、价格调整、索赔及工程款收支情况;

h.进度偏差和导致偏差的原因分析;

i.解决问题的措施和计划调整意见等。

3)施工进度的检查方法

施工进度的检查与进度计划的执行是融合在一起的。计划检查是计划执行信息的主要来源,是施工进度调整和分析的依据,是进度控制的关键步骤。

进度计划的检查方法主要是对比法,即实际进度与计划进度进行对比,从而发现偏差,以便调整或修改计划。因最好是在图上对比,故计划图形的不同可产生多种检查方法。

(1)用横道计划检查

在图4.1中,虚线表示计划进度,在计划图上记录的实线表示实际进度。图中显示,由于工序 K 和 F 提前 0.5 d 完成,使整个计划提前完成了 0.5 d。

工 序	施工进度									
	1	2	3	4	5	6	7	8	9	10
A										
B										
C										
D										
E										
F										
G										
H										
K										

图 4.1 利用横道计划记录施工进度

(2)利用网络计划检查

①记录实际时间。如某项工作计划为 8 d,实际进度为 7 d,如图 4.2 所示,将实际进度记录于括弧中,显示进度提前 1 d。

②记录工作的开始日期和结束日期进行检查。如图 4.3 所示,某项工作计划为 8 d,实际进度为 7 d,如图中标法记录,也表示实际进度提前 1 d。

图 4.2 记录实际作业时间　　　　图 4.3 记录工作实际开始与结束时间

③标注已完工作。可以在网络图上用特殊的符号、颜色记录其已完成的部分,如图4.4所示,阴影部分为已完成部分。

(3)利用时标网络计划检查

当采用时标网络计划时,可利用"实际进度前锋线"记录实际进度,如图 4.5 所示,图中的折线是实际进度的连线,要记录日期右方的点,表示提前完成进度计划,在记录日期左方的点,表示进度拖期。进度前锋点的确定可采用比例法。这种方法形象、直观、便于采取措施。

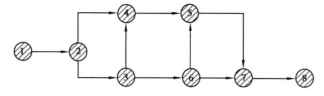

图4.4 已完成工作记录

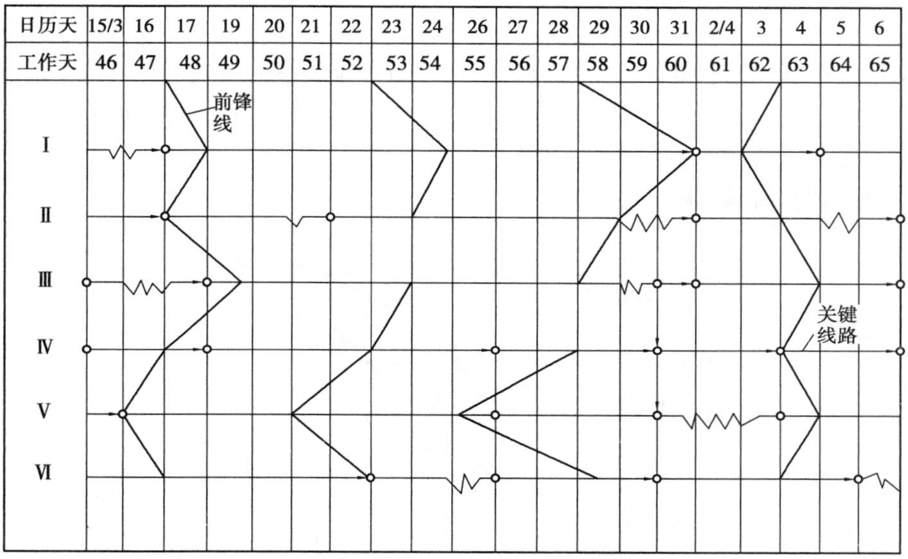

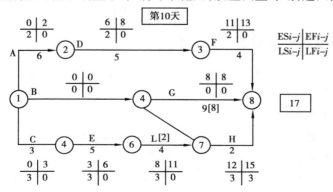

图4.5 用实际进度前锋线记录实际进度

(4)用切割线进行实际进度记录

如图4.6所示,点画线称为"切割线"。在第10 d进度记录中,D用工尚需1 d(方括号内的数)才能完成,G工作尚需8 d才能完成,L工作尚需2 d才能完成。这种检查方法可利用表4.1进行分析。经过计算,判断进度进行情况是D、L工作正常,G拖期1 d。由于G工作是关键工作,因此它的拖期很可能影响整个计划,导致拖延,故应调整计划,追回损失的时间。

注:□内数字是第10 d检查工作尚需时间

图4.6 用切割线记录实际进度

表4.1 网络计划进行到第10天的检查结果

工作编号	工作代号	检查时尚需时间	到计划最迟完成前尚有时间	原有总时差	尚有时差	情况判断
2-3	D	1	13 − 10 = 3	2	3 − 1 = 2	正常
4-8	E	8	17 − 10 = 7	0	7 − 8 = − 1	拖期
6-7	L	2	15 − 10 = 5	3	5 − 2 = 3	正常

（5）利用"香蕉"形曲线进行检查

图4.7是根据计划绘制的累计完成数量与时间对应关系的轨迹。A 线是按最早时间绘制的曲线，B 线是按最迟时间绘制的计划曲线，P 线是实际进度记录线，由于一项工程开始、中间和结束时曲线的斜率不相同，总的呈"S"形，故称"S"形曲线，又由于 A 线与 B 线构成香蕉状，故又称其为"香蕉"形曲线。

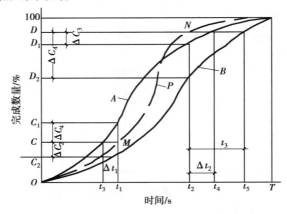

图4.7 "香蕉"形曲线图

检查方法：当计划进行到时间 t_1 时，实际完成数量记录在 M 点。这个进度比最早时间计划曲线 A 的要求少完成 $\Delta C_1 = OC_1 - OC$，比最迟时间计划曲线 B 的要求多完成 $\Delta C_2 = OC - OC_2$，由于它的进度比最迟时间要求提前，故不会影响总工期，只要控制得好，有可能提前 $\Delta t_1 = Ot_1 - Ot$ 完成全部计划，同理可分析 t_2 时间的进度状况。

4.1.7 施工项目进度计划的比较

施工项目进度计划比较分析与计划调整是施工项目进度控制的主要环节。其中计划比较是调整的基础，常用的方法有如下几种：

（1）横道图比较法

横道图比较法是进行施工项目进度控制最常用、最简单的方法。把项目施工中检查实际进度收集到的各种数据信息经整理后直接用横道线并列标于原计划横道线，即可进行计划进度与实际进度的直观比较。比较后根据计划进度与实际之间的偏差情况进行进度的计划调整。

横道图比较法常用的有匀速施工横道图比较法、双比例单侧横道图比较法和双比例双侧横道图比较法等。

（2）S 形曲线比较法

S 形曲线比较法又称为坐标比较法。它与横道图比较法不同，是以横坐标表示进度时间，纵坐标表示累计完成工作量，而绘制出的按计划时间累计完成任务量的一条 S 形的曲线，再将施工中实际进度绘成 S 形曲线与之相比较，因而称 S 形曲线比较法。

（3）"香蕉"形曲线比较法

"香蕉"形曲线比较法是从 S 形曲线法发展过来的。S 形曲线比较法是一条 S 形曲线，而"香蕉"形曲线比较法是两条 S 形曲线，其一是以计划中各项工作的最早开始时间安排进度而绘制的 S 形曲线，称为 ES 曲线；其二是以计划中各项工作最迟开始时间安排进度而绘制的 S 形曲线，称为 LS 曲线。二者构成一个闭合曲线，呈"香蕉"形，而实际完成进度的 S 形曲线落在此闭合曲线之中，可以很方便地进行计划进度与实际进度的比较。

（4）前锋线比较法

施工项目的进度计划用时标网络计划表达时，可以采用实际进度前锋线法进行实际进度与计划进度的比较。

前锋线比较法是从计划检查时间的坐标点出发，用点画线依次连接各项工作的实际进度点，最后到计划检查时间的坐标点为止，形成前锋线。按实际进度前锋线与工作箭线交点的位置判定施工实际进度与计划进度偏差。

4.1.8　施工项目进度计划的调整

1）进度偏差影响的分析

通过前述的进度比较方法，当出现进度偏差时，应分析该偏差对后序工作及总工期的影响。分析的主要内容如下：

（1）分析产生偏差的工作是否为关键工作

若出现偏差的工作为关键工作，则无论偏差大小，都会对后序工作和总工期产生影响，必须采取相应的调整措施；若出现偏差的工作不是关键工作，需要根据偏差值与总时差和自由时差的大小关系，确定对后序工作和总工期的影响程度。

（2）分析进度偏差是否大于总时差

若工作的进度偏差大于或等于该工作的总时差，说明此偏差必将影响后序工作和总工期，必须采取相应的调整措施；若工作的进度偏差小于或等于该工作的总时差，说明此偏差对总工期无影响，但它对后序工作的影响程度，需要根据比较偏差和自由时差的情况来确定。

（3）分析进度偏差是否大于自由时差

若工作的进度偏差大于该工作的自由时差，说明此偏差对后序工作产生了影响，就需要根据后序工作影响的程度，确定应如何进行调整。若工作的进度偏差小于或等于该工作的自由时差，说明此偏差对后序工作无影响，因此原进度计划可以不作调整。

经过如此分析，进度控制人员可以确认应该调整产生进度偏差的工作和调整偏差值的大小，以便确定采取措施，获得新的符合实际进度情况和计划目标的新进度计划。

2) 施工项目进度计划的调整方法

在对实施的原进度计划分析的基础上,应确定调整原计划的方法,一般有如下几种:

(1) 改变某些工作间的逻辑关系

若检查的实际施工进度产生的偏差影响了总工期,在工作间的逻辑关系允许改变的条件下,可改变关键线路和超过计划工期的非关键线路上的有关工作的逻辑关系,以达到缩短工期的目的。用这种方法调整的效益是很显著的,如果可以把集中进行的有关工作改成平行的或互相搭接的,以及分成几个施工段进行流水施工等。都可以达到缩短工期的目的。如将依次作业、平行作业、流水施工依据工期的限制合理采用。

(2) 改变某些工作的持续时间

这种方法不改变工作间的逻辑关系,只是缩短某些工作的持续时间,使施工进度加快,并保证实现计划工期的方法。这些被压缩持续时间的工作是位于由于实际施工进度的拖延而引起总工期增加的关键线路和某些非关键线路上的工作。同时这些工作又是可压缩持续时间的工作,这种方法实际上就是网络计划优化中工期优化方法和工期与成本优化方法。如依靠增减施工资源,增减施工内容与工程量等。

(3) 资源供应的调整

如果资源供应发生异常,应采取资源优化方法对计划进行调整,或采取应急措施使其对工期影响最小。

(4) 增减施工内容

增减施工内容应做到不打乱原计划的逻辑关系,只对局部逻辑关系进行调整。在增减施工内容后,应重新计算时间参数,分析对原网络计划的影响。当对工期有影响时,应采取调整措施,保证计划工期不变。

(5) 增减工程量

增减工程量主要是指改变施工方案、施工方法,从而导致工程量的增多或减少。

(6) 起止时间的改变

起止时间的改变应在相应工作时差范围内进行。每次调整必须重新计算时间参数,观察该项调整对整个施工计划的影响。调整时可在下列方法中进行:

① 将工作在其最早开始时间与其最迟完成时间范围移动;

② 延长工作的持续时间;

③ 缩短工作的待续时间。

3) 利用网络计划调整进度

利用网络计划对进度进行调整,一种较为有效的方法是采用"工期—成本"优化原则。就是当进度延期以后进行赶工时,要逐次缩短那些有压缩可能,且费用最低的关键工作。现以图4.8进行说明。

在图4.8中,箭线上数字为缩短1 d需增加的费用(元/d);箭线下括号外数字为工作正常施工时间;箭线下括号内数字为工作最短施工时间。

原计划工期是210 d,假设在第95 d进行检查,工作④—⑤(垫层)前已全部完成,工作

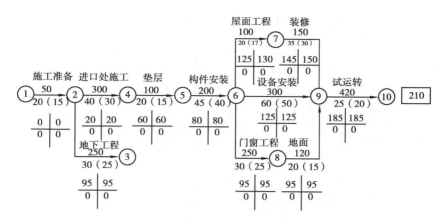

图 4.8 某单项工程网络进度计划

⑤—⑥(构件安装)刚开工,即拖后了 15 d 开工。因为工作⑤—⑥是关键工作,它拖后 15 d,将可能导致总工期延长 15 d,于是便应当进行计划调整,使其按原计划完成。办法就是缩短工作⑤—⑥以后的计划工作时间,根据上述调整原理,按以下步骤进行调整。

第一步:先压缩关键工作中费用增加率最小的工作,压缩量不能超过实际可能压缩值,从图 4.8 中可以看出,3 个关键工作⑤—⑥、⑧—⑨和⑨—⑩中,赶工费最低的是 $a_{5-6}=200$ 元,可压缩量 $=45-40=5(d)$,因此先压缩工作⑤—⑥5 d,需支出压缩费 $5×200=1\,000$(元)。至此,工期缩短了 5 d,但⑤—⑥不能再压缩了。

第二步:删去已压缩的工作,按上述方法,压缩未经调整的各关键工作中费用增加率最小者。比较⑥—⑦和⑨—⑩两个关键工作,$a_{6-9}=300$ 元为最小,所以压缩⑧—⑨。但压缩⑥—⑨工作必须考虑与其平行进行的工作,它们最小时差为 5 d,所以只能先压缩 5 d,增加费用 $5×300=1\,500$(元),至此工期已压缩 10 d,此时⑥—⑦与⑦—⑨也变成关键工作,如⑥—⑨再加压缩还需考虑⑥—⑦或⑦—⑨同步压缩,不然不能缩短工期。

第三步:⑥—⑦与⑥—⑨同步压缩,但压缩量是⑥—⑦小,只有 3 d,故先各压缩 3 d,增加费用 $3×100+3×300=1\,200$(元),至此,工期已压缩了 13 d。

第四步:分析仍能压缩的关键工作,⑧—⑨与⑦—⑨同步压缩,每天费用增加 $a_{7-8}=300+150=450$,而⑨—⑩工作 $a_{9-10}=420$,因此,⑨—⑩工作较节省,压缩⑨—⑩2 d,增加费用 $2×420=840$(元),至此,工期压缩 15 d 已完成。总增加费用为 $1\,000+150+1\,200+840=4\,540$(元)。

压缩调整后的网络计划如图 4.9 所示。调整后工期仍是 210 d,但各工作的开工时间和部分工作作业时间有变动。劳动力、物资、机械计划及平面布置按调整后的进度计划作相应的调整。

仍用图 4.8 的资料,如果按合同规定工期提前完工,每天发包单位奖给承包单位 400 元,迟延一天每天罚款 300 元,在第 25 d 检查时,发现施工准备刚结束,问承包单位的进度计划应作何决策?

分析图 4.8 可知,第一个月工期就拖后了 5 d,如果不作调整,承包单位将被罚 1 500 元,如按表 4.2 的步骤调整,如果将工期确定为 187 d,承包单位可多得 2 000 元,是最高收益值。

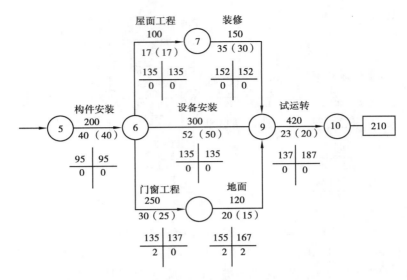

图 4.9　压缩调整后的网络计划

表 4.2　调整计划计算表

计划方案	工期/d	压缩天数/d	增加的压缩费/元	增加的累计压缩费/元	奖罚值/元	承包单位损益/元
压缩 4—5	210	5	− 500	− 500	± 0	− 500
压缩 5—6	205	5	− 1 000	− 1 500	+ 2 000	+ 500
压缩 2—4	195	10	− 3 000	− 4 500	+ 6 000	+ 1 500
压缩 6—9	190	5	− 1 500	− 6 000	+ 8 000	+ 2 000
压缩 6—9 6—7	187	3	− 1 200	− 7 200	+ 9 200	+ 2 000
压缩 9—10	182	5	− 2 100	− 9 300	+ 11 200	+ 1 900
压缩 6—9 7—9	180	2	− 900	− 10 200	+ 12 000	+ 1 800

4.1.9　进度控制的分析

进度控制的分析比其他阶段更为重要,因为它对实现管理循环和信息反馈起了重要作用。进度控制分析是对进度控制进行评价的前提,是提高控制水平的阶梯。

1)进度控制分析的内容

进度控制分析阶段的主要工作内容是:各项目标的完成情况分析,进度控制中的问题及原因分析;进度控制中经验的分析,提高进度控制工作水平的措施。

2）目标完成情况分析

（1）时间目标完成情况分析指标

$$合同工期节约值 = 合同工期 - 实际工期$$

$$指令工期节约值 = 指令工期 - 实际工期$$

$$定额工期节约值 = 定额工期 - 实际工期$$

$$计划工期提前率 = \frac{计划工期 - 实际工期}{计划工期} \times 100\%$$

$$缩短工期的经济效益 = 缩短一天产生的经济效益 \times 缩短工期天数$$

还要分析缩短工期的原因，大致有以下几种：计划积极可靠、执行认真、控制得力、协调及时有效、劳动效率高。

（2）资源情况分析指标

$$单方用工 = 总用工效/建筑面积$$

$$劳动力不均衡系数 = 最高日用工数/平均日用工数$$

$$节约工日数 = 计划用工工日 - 实际用工工日$$

$$主要材料节约量 = 计划材料用量 - 实际材料用量$$

$$主要机械台班节约量 = 计划主要机械台班数 - 实际主要机械台班数$$

$$主要大型机械节约率 = \frac{各种大型机械计划费之和 - 实际费之和}{各种大型机械计划费之和} \times 100\%$$

资源节约的原因大致有以下几种：资源优化效果好、按计划保证供应、认真制订并实施了节约措施、协调及时得力、劳动力及机械的效率高。

（3）成本目标分析

成本目标分析的主要指标如下：

$$降低成本额 = 计划成本 - 实际成本$$

$$降低成本率 = \frac{降低成本额}{计划成本额} \times 100\%$$

节约成本的原因主要是：计划积极可靠、成本优化效果好、认真制订并执行了节约成本措施、工期缩短、成本核算及成本分析工作效果好。

3）进度控制中的问题分析

这里所指的问题是：某些进度控制目标没有实现，或在计划执行中存在缺陷。在总结分析时可以定量计算（指标与前项分析相同），也可以定性地分析，对产生问题的原因也要从编制和执行计划中去找，问题要找够，原因要摆透，不能文过饰非，遗留的问题应反馈到下一循环解决。

进度控制中大致有以下一些问题：工期拖后、资源浪费、成本浪费、计划变化太大等，控制中出现上述问题的原因大致是：计划本身的原因、资源供应和使用中的原因、协调方面的原因、环境方面的原因等。

4）进度控制中经验的分析

总结出来的经验是指对成绩及其取得的原因进行分析以后，归纳出来的可以为以后进度控制用的本质性的、规律性的东西。分析进度控制的经验可以从以下几方面进行：

①怎样编制计划，编制什么样的计划才能取得更大效益，包括准备、绘图、计算等；

②怎样优化计划才更有实际意义，包括优化目标的确定、优化方法的选择、优化计算、优化结果的评审、电子计算机应用等。

③怎样实施、调整与控制计划，包括组织保证、宣传、培训、建立责任制、信息反馈、调度、统计、记录、检查、调整、修改、成本控制方法、资源节约措施等。

④进度控制工作的创新。总结出来的经验应有应用价值，通过企业和有关领导部门的审查与批准，形成规程、标准及制度，作为指导以后工作的参照执行文件。

子项 4.2 施工项目质量的控制

4.2.1 概述

1）一般规定

《建设工程项目管理规范》（GB/T 50326—2017）规定：组织应根据需求制订项目质量管理和质量管理绩效考核制度，配备质量管理资源。项目质量管理应按下列程序实施：确定质量计划；实施质量控制；开展质量检查与处置；落实质量改进。

项目质量控制应确保下列内容满足规定要求：实施过程的各种输入；实施过程控制点的设置；实施过程的输出；各个实施过程之间的接口。

项目管理机构应在质量控制过程中，跟踪、收集、整理实际数据，与质量要求进行比较，分析偏差，采取措施予以纠正和处置，并对处置效果复查。分包的质量控制应纳入项目质量控制范围，分包人应按分包合同的约定对其分包的工程质量向项目管理机构负责。

设计质量控制应包括如下流程：按照设计合同要求进行设计策划；根据设计需求确定设计输入；实施设计活动并进行设计评审；验证和确认设计输出。

施工项目质量控制应包括下列流程：施工项目质量目标分解；施工技术交底与工序控制；施工项目质量偏差控制；产品或服务的验证、评价和防护。

项目质量创优控制宜符合下列规定：明确质量创优目标和创优计划；精心策划和系统管理；制订高于国家标准的控制准则；确保工程创优资料和相关证据的管理水平。

2）施工项目质量控制的依据

施工项目质量控制是项目质量管理的主要内容之一，其主要依据包括技术标准和管理标准。技术标准包括《建筑工程施工质量验收统一标准》（GB 50300—2013）、《建筑工程施工质量评价标准》（GB/T 50375—2016）等，以及本地区及企业自身的技术标准和规程、施工合同中规定采用的有关技术标准。管理标准有：GB/T 19000—ISO 9000 族系列标准（根据需要的模式选用）、企业主管部门有关质量工作的规定、本企业的质量管理制度及有关质量工作的规定。另外，项目经理部与企业签订的质量责任状，企业与业主签订的工程承包合同、施工组织设计、施工图纸及说明书等，也是施工项目质量控制的依据。

3) 工程质量的特性

（1）适用性

适用性是指建筑工程能够满足使用目的各种性能,如理化性能、结构性能、使用性能和外观性能等。

（2）耐久性

耐久性是指工程在规定的条件下,满足规定功能要求使用的年限,也就是合理使用的寿命。

（3）安全性

安全性是指工程在使用过程中保证结构安全、人身安全和环境免受危害的能力,如一般工程的结构安全、抗震及防火能力,人防工程的抗辐射、抗核污染、抗爆炸冲动波的能力,民用工程的整体及各种组件和设备保证使用者安全的能力等。

（4）可靠性

可靠性是指工程在规定的时间和规定的条件下完成规定的功能的能力。

（5）经济性

经济性是指工程的设计成本、施工成本和使用成本三者之和与工程本身的使用价值之间的比例关系。

（6）环境的协调性

环境的协调性是指工程与其所在的位置周围的生态环境相协调,与其所在的地区的经济环境相协调以及与其周围的已建工程相协调,以适应可持续发展的要求。

4) 工程质量分析

（1）工程质量的特点分析

建设工程质量的特点是由建设工程本身和建设生产的特点决定的。建设工程及其生产有两个最为明显的特点:一是产品的固定性和生产的流动性;二是产品的多样性和生产的单件性。正是建设工程及其生产的特点决定了工程质量的特点。

①工程质量的影响因素多。建设工程的质量受到诸多因素的影响,既有社会的、经济的,也有技术的、环境的,这些因素都直接或间接地影响着建设工程的质量。

②工程质量波动大。生产的流动性和单件性决定了建设工程产品不像一般工业产品那样具有规范性的生产工艺、完善的检测技术、固定的生产流水线和稳定的生产环境,生产中偶然因素和系统因素比较多,产品具有较大质量波动性。

③质量隐蔽性。在建设工程施工过程中,分项工程交接多、中间产品多、隐蔽工程多,如不是在施工中及时检验,事后很难从表面上检查发现质量问题,具有产品质量的隐蔽性。在事后的检查中,有时还会发生误判(弃真)和误收(取伪)的错误。

④终检的局限性。建设工程产品不能像一般工业产品那样,依靠终检来判断产品的质量,也不能进行破坏性的抽样拆卸检验,在大部分情况下,只能借助一些科学的手段进行表面化的检验,因而其终检具有一定的局限性。为此,要求工程质量控制应以预防为主,重事

先、事中控制,防患于未然。

⑤评价方法的特殊性。建设工程产品质量的检查、评价方法不同于一般的工业产品,强调的是"验评分离、强化验收、完善手段、过程控制"。质量的检查、评定和验收是按检验批、分项工程、分部工程、单位工程进行的,检验批的质量是分项工程乃至整个工程质量的基础。而检验批的合格与否也只能取决于主控项目和一般项目经抽样检验的结果。

(2)工程项目质量的影响因素分析

从质量管理的角度和建设工程的生产实践来看,建设工程产品也和一般工业品一样,影响其质量的因素归纳起来不外乎5个方面,即人、机械、材料、方法和环境,俗称4M1E因素。在这里,人的因素主要是指人员素质和工作质量对建设工程产品质量的影响。机械的因素包含两个方面,一是指施工中使用的机械设备其性能的稳定性和技术的先进性对工程产品质量的影响;二是指组成建设工程实体及配套的工艺设备和各类机具本身的质量对工程产品质量的影响。材料的因素是指工程中所使用的各类建筑材料、构配件和有关成品等的本身质量对建设工程产品质量的影响。方法因素指的是施工方案、施工组织、施工方法、施工工艺、作业方法等对建设工程质量的影响。环境的因素是指对工程质量特性起着重要作用的环境条件,如工程技术环境、工程作业环境、工程管理环境和周边环境对建设工程质量的影响。

(3)工程项目质量的形成过程分析

建设工程项目质量的形成过程就是建设项目的建设过程,建设过程中的每一个阶段都对项目的质量起着不可替代的作用,其中最关键的是下述几个阶段。

①项目可行性研究阶段。项目可行性的研究是在项目建议书和项目策划的基础上,运用经济学的原理和技术经济分析的方法对项目技术上的可行性、经济上的合理性和建设上的可能性进行分析,对多个可能或可行的建设方案进行对比,并最终选择一个最佳的项目建设方案的过程。在此过程中,必须根据项目建设的总体方案,确定项目的质量目标和要求,因而可行性研究过程的质量将直接影响项目的决策质量的设计质量。

②项目决策阶段。项目的决策是在项目可行性研究报告和项目评估的基础上进行的,其目的在于最终确定项目建设的方案。确定的项目要符合时代和社会的需要,更要充分反映业主的意愿。要考虑投资、质量、进度三者的统一,要确定合理的质量目标和水平。

③项目施工阶段。施工过程是建设工程质量实体的主要形成过程。规划得再好,决策得再好,设计得再好,如果施工不好,终不能形成高质量的工程项目。工程施工决定着决策方案和设计成果能否实现,是工程适用性、耐久性、安全性、可行性和使用性能的保证,因而工程施工的质量决定着建设工程的实体质量,是工程质量的决定性环节。

④项目竣工验收阶段。工程的竣工验收就是对项目施工阶段的质量通过进行检查评定和试车运转,考核项目是否达到了质量目标和工程设计的要求。达不到时,要进行返工和改进,直至达到要求为止。因而竣工验收是确保工程项目最终质量的强有力的手段。

根据有关资料的统计,实际工程项目质量问题的原因及其所占比例如下:

设计的问题   40.1%

施工的责任	29.3%
材料的问题	14.5%
使用的责任	9.0%
其他	7.1%

4.2.2 建立施工项目质量控制控制系统

1)工程项目质量的控制过程

从工程项目的质量形成过程可以看出,工程项目的质量控制必须是全过程的质量控制,也是全生产要素和全生产人员的质量控制。

工程项目的质量控制过程如图4.10所示。

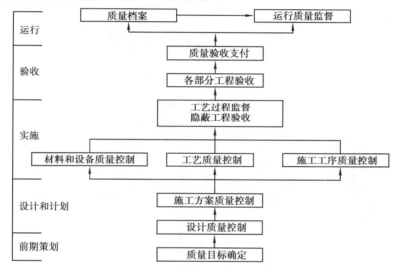

图4.10 工程项目质量控制过程

施工是形成建筑工程产品质量的过程,因而施工阶段的质量控制是建筑工程质量控制的关键。

2)施工项目质量控制控制系统建立

从投标开始的施工项目管理全过程,均是质量控制的过程,这个过程可细化为如图4.11所示的几个过程。

施工项目质量控制是一个系统过程,图4.12、图4.13都可以表示施工项目质量控制系统过程。

4.2.3 确定施工项目质量控制的对策

1)质量体系的建立

(1)质量体系的建立重点

施工项目管理的质量体系应围绕如图4.14所示的两大重点建立。

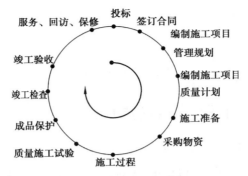

图 4.11　施工项目质量控制的全过程

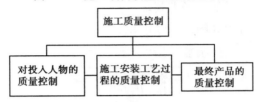

图 4.12　过程质量控制系统

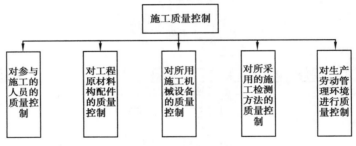

图 4.13　质量因素控制系统

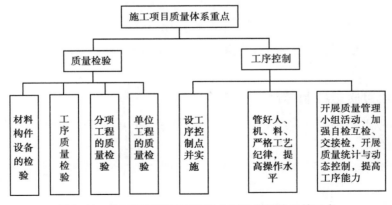

图 4.14　施工项目管理班子建立质量保证体系的重点

（2）建立质量体系的要求

①强调系统优化。质量体系既然是一个"体系"，便应以系统工程为其主要方法，系统工程的核心是整体优化，故建立质量体系必须强调系统优化。

②强调预防为主。要将质量管理的重点从管理结果向管理因素转移，使产品质量的技术、管理和人的因素处于受控状态，达到预防产生质量事故的目的。

③强调满足顾客对产品的需求。满足顾客及其他受益者对产品的需求是建立质量体系的核心,质量体系是否有效应体现在生产的产品质量上,产品质量必须满足顾客的需要。

④强调过程概念。所有工作都是通过过程来完成的,评价质量体系时,必须对每一被评价的过程提出 3 个问题:一是过程是否被确定,过程程序是否被恰当地形成文件;二是过程是否被充分展开,并按文件要求贯彻实施;三是在提供预期的结果方面,过程是否有效。

(3)质量体系的建立

质量体系的建立经过策划与设计、质量体系文件编制、试运行、审核和评审 4 个阶段,每个阶段又可分为若干具体步骤。

①质量体系的策划与设计:

a. 培训教育、统一认识。培训教育应分层次进行。第一层次为决策层,包括党、政、技术领导,主要使他们认识建立和完善质量体系的迫切性和重要性,提高对贯彻标准和建立质量体系的认识,明确决策层在质量体系建设中的关键地位和主导作用。第二层次是管理层,重点是管理、技术和生产部门的负责人,以及与建立质量体系有关的工作人员,要使他们全面接受 ISO 9000 族标准有关内容的培训。第三层次是执行层,即与产品质量形成全过程有关的作业人员。主要培训与本岗位质量活动有关的内容,包括在质量活动中应承担的任务,完成任务应赋予的权限,以及造成质量过失应承担的责任。

b. 组织落实、拟订计划。应成立一个精干的工作班子,这个班子也分为 3 个层次:第一层次是以最高管理者(厂长、总经理等)为组长,质量主管领导为副组长的质量体系建设领导小组(或委员会),负责编制体系建设的总体规划,制订质量方针和目标、按职能部门进行质量职能的分解。第二层次是由各职能部门领导(或代表)参加的工作班子,一般由质量部门和计划部门领导共同牵头,主要任务是按照体系建设的总体规划具体组织实施。第二个层次成立要素工作小组,根据各职能部门的分工,明确各质量体系要素的责任单位,以上组织责任落实,再按不同层次分别制定工作计划,明确目标,控制进程,突出重点。

c. 确定质量方针,制订质量目标。质量方针体现了一个组织对质量的追求、对顾客的承诺,是职工质量行为的准则和质量工作的方向。制订质量方针要求与企业的总方针协调,应包含质量目标,结合组织的特点,确保各级人员都能理解和坚持执行。

d. 现状调查和分析。现状调查的目的是合理确定质量体系要素,内容包括体系情况分析、产品特点分析、组织结构分析、生产设备及检测设备能否适应质量体系的有关要求,技术、管理和操作人员的组成、结构及水平状况的分析、管理基础工作情况分析,对以上内容可采取与标准中规定的质量体系要素要求进行对比性分析。

e. 调整组织结构,配备资源。在完成落实质量体系要素并展开相对应的质量活动以后,必须将活动相对应的工作职责和权限分配到各职能部门。一个质量职能部门可以负责或参与多个质量活动,但不要让一项质量活动由多个职能部门来负责。

②质量体系文件的编制。质量体系文件(也称为"体系文件"),是一个组织执行 ISO 9000 族标准,保持质量体系要素有效运行的重要基础工作,也是一个组织为达到所要求的(产品)质量、评价质量体系、进行质量改进、保持对质量的改进所必不可少的依据。

a. 质量体系文件的层次和内容如图 4.15 所示。

一般认为,除图 4.15 中包含的典型质量体系文件外,还涉及质量计划的质量记录。故

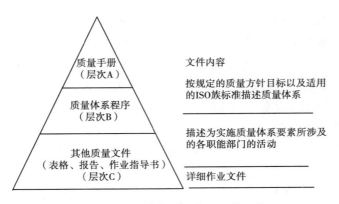

图 4.15　典型的质量体系文件层次

质量体系文件包含(涉及)以下文件:质量手册、质量体系程序、详细作业文件、质量计划和质量记录。

b.编制质量体系文件的要求。质量体系文件要有系统性和法规性;编制质量体系文件要体现出动态的高增值的转换活动;质量体系要有见证性;以作为客观证据向顾客、第三方证实本组织质量体系的运行情况;质量体系文件还应有适宜性,即根据产品特点、组织规模、质量活动的具体性质等采取不同形式。

c.质量手册。质量手册是证实或描述文件化质量体系的主要文件的一般形式,它"阐明一个组织的质量方针,并描述其质量体系"。质量手册可以涉及一个组织的全部活动或部分活动。它至少应包括或涉及质量方针,影响参加质量的管理、执行、验证或评审工作人员的职责、权限和互相关系、质量体系程序和说明,关于手册的评审、修改和控制的规定。

d.文件化程序。文件程序是"为进行某项活动所规定的途径"。它通常包括:活动的目的和范围、做什么和谁来做、何时、何地及如何做,应采取什么材料、设备和文件,如何对活动进行控制和记录。应将组织的质量体系中采用的全部要素、要求和规定,以政策和程序的形式有系统、有条理地形成文件,并能为人们所理解。

e.质量计划。质量计划是"针对特定的产品、项目或合同规定专门的质量措施、资源和活动顺序的文件"。它的作用是:"作为一种工具,当用于组织内部时,应确保特定产品项目或合同要求被恰当地纳入质量计划;在合同情况下,向顾客证实具体合同的特定要求已被充分阐述"。质量计划以特定产品为主线,将质量保证模式标准、质量手册和质量体系程序等文件的通用要求联系起来的专用文件。一个针对性强的、内容全面的质量计划,可以在特定产品、项目或合同上代替或减少其他质量体系文件的运用,从而简化现场管理。编制并执行质量计划,有利于实现规定的质量目标和全面、经济地完成合同要求。

根据《质量管理 组织的质量 实现持续成功指南》(GB/T 19004—2020)的要求,质量计划的内容包括:需达到质量目标(如特性或规范、一致性、有效性、美学、周期时间、成本、自然资料、综合利用,产量和可信性);组织实际运作的各过程的步骤;在项目的不同阶段,职责、权限和资源的具体的文化程序和指导书,适宜阶段(如设计、施工)适用的试验、检验、检查和审核大纲;随项目的进展进行更改和完善质量计划的文件程序;达到质量目标的度量方法;为达到质量目标必须采取的其他措施。

f.质量记录。质量记录是"为完成的活动或达到的结果提供客观证据的文件"。质量记录为满足质量要求的程度或为质量体系要素运行的有效性提供客观证据。质量记录的某些目的是证实可追溯性、预防措施和纠正措施。记录可以是书面的,也可以储存在任何媒体上。质量记录包括两个方面的文件:一是与质量体系运行有关的记录,如设计更改记录等;二是与产品有关的记录,如产品鉴定报告等。

g.作业指导书。作业指导书是实施程序活动中需要深化控制的内容,它比程序文件更细化,阐述某一项工作(作业)所包含的内容及要做到什么程度、由谁做、用什么方法做、在什么地方做、如何控制其结果等。通常包括了质量要求、操作标准和控制标准。并非所有工作(作业)都要编制作业指导书,而是重点的、复杂的、易出问题的作业才需要编制。在施工项目中,作业指导书类似于工艺卡。

③质量体系试运行。质量体系文件编制后,进入试运行阶段,其目的是,通过试运行,考验质量体系文件的有效性和协调性,并对暴露出来的问题,采取改进措施和纠正措施,以达到进一步完善质量体系文件的目的。

④质量体系的审核与评审。质量体系审核的重点主要是验证和确认质量体系文件的适用性和有效性,内容包括:规定的质量方针和质量目标是否可行;质量体系文件是否覆盖了所有质量活动,各文件之间的接口是否清晰;组织结构能否满足质量体系运行的需要;各部门,各岗位的质量职责是否明确;质量体系要素的选择是否合理;规定的质量记录能否起到见证作用;所有职工是否养成按体系文件操作或工作的习惯,执行情况如何。

2)施工项目质量控制的主要对策

施工项目质量控制,就是为了确保工程符合合同、规范所规定的质量标准,所采取的一系列检测、监控措施、手段和方法。为此必须建立施工项目质量控制的主要对策(见图4.16)。

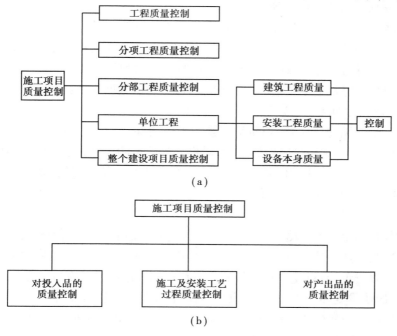

图 4.16 施工项目质量控制过程

（1）用全员的工作质量保证工程质量

工程质量是人所创造的。人的政治思想素质、责任感、事业心、质量观、业务能力、技术水平等均直接影响工程质量。据统计资料证明，88%的质量安全事故都是人的失误所造成。为此，对工程质量的控制始终就"以人为本"，狠抓人的工作质量，避免人的失误；充分调动人的积极性，发挥人的主导作用，增强人的质量观和责任感，使每个人牢牢树立"百年大计，质量第一"的思想，认真做好本职工作，以优秀的工作质量来创造优质的工程质量。

（2）严格控制投入品的质量

任何一项工程施工，均需投入大量的各种原材料、成品、半成品、构配件和机械设备，要采用不同的施工工艺和施工方法，这是构成工程质量的基础。投入品质量不符合要求，工程质量也就不可能符合标准，所以，严格控制投入品的质量，是确保工程质量的前提。为此，对投入品的订货、采购、检查、验收、取样、试验均就进行全面控制，从组织货源，优选供货厂家，直到使用认证，做到层层把关；对施工过程中所采用的施工方案要进行充分论证，要做到工艺先进、技术合理、环境协调，这样才有利于安全文明施工，有利于提高工程质量。

（3）全面控制施工过程，重点控制工序质量

任何一个工程项目都是由若干分项、分部工程所组成的，要确保整个工程项目的质量达到整体优化的目的，就必须全面控制施工过程，使每一个分项、分部工程都符合质量标准。而每一个分项、分部工程，又是通过一道道工序来完成的，由此可见，工程质量是在工序中所创造的，为此，要确保工程质量就必须重点控制工序质量。对每一道工序质量都必须进行严格检查，当上一道工序质量不符合要求时，决不允许进入下一道工序施工。这样，只要每一道工序质量都符合要求，整个工程项目的质量就能得到保证。

（4）严把分项工程质量检验评定关

分项工程质量等级是分部工程、单位工程质量等级评定的基础；分项工程质量等级不符合标准，分部工程、单位工程的质量也不可能评为合格；而分项工程质量等级评定正确与否，又直接影响分部工程和单位工程质量等级评定的真实性和可靠性。为此，在进行分项工程质量检验评定时，一定要坚持质量标准，严格检查，一切用数据说话，避免出现判断错误。

（5）贯彻"以预防为主"的方针

"以预防为主"，防患于未然，把质量问题消灭于萌芽之中，这是现代化管理的观念。预防为主就是要加强对影响质量因素的控制，对投入品质量的控制；就是要从对质量的事后检查把关，转向对质量的事前控制、事中控制；从对产品质量的检查，转向对工作质量的检查、对工序质量的检查、对中间产品的质量检查。这些是确保施工项目质量的有效措施。

（6）严防系统性因素的质量变异

系统性因素，如使用不合格的材料、违反操作规程、混凝土达不到设计强度等级、机械设备发生故障等，均必然会造成不合格产品或工程质量事故。系统性因素的特点是易于识别、易于消除，是可以避免的；只要增强质量观念，提高工作质量，精心施工，完全可以预防由系统性因素引起的质量变异。为此，工程质量的控制，就是要把质量变异控制在偶然性因素引起的范围内，要严防或杜绝由系统性因素引起的质量变异，以免造成工程质量事故。

3）施工项目质量因素的控制

如前所述，影响施工项目质量的因素主要有 5 大方面，即人、材料、机械、方法和环境，简

称4M1E因素。事前对这5方面的因素严加控制,是保证施工质量的关键。

(1)人的控制

人是指直接参与施工的组织者、指挥者和操作者。人,作为控制的对象,是要避免产生失误;作为控制的动力,是要充分调动人的积极性,发挥人的主导作用。为此,除了加强政治思想教育、劳动纪律教育、职业道德教育、专业技术培训,健全岗位责任制,改善劳动条件,公平合理地激励劳动热情以外,还需根据工程特点,从确保质量出发,在人的技术水平、人的生理缺陷、人的心理行为、人的错误行为等方面来控制人的使用。如对技术复杂、难度大、精度高的工序或操作,应由技术熟练、经验丰富的工人来完成;反应迟钝、应变能力差的人,不能操作快速运行、动作复杂的机械设备;对某些要求万无一失的工序和操作,一定要分析人的心理行为,控制人的思想活动,稳定人的情绪;对具有危险源的现场作业,应控制人的错误行为,严禁吸烟、打赌、嬉戏、误判断、误动作等。

此外,应严格禁止无技术资质的人员上岗操作;对不懂装懂、图省事、碰运气、有意违章的行为,必须及时制止。总之,在使用人的问题上,应从政治素质、业务素质和身体素质等方面综合考虑,全面控制。

(2)材料的控制

材料控制包括分析材料、成品、半成品、构配件等的控制,主要是严格检查验收,正确合理使用,建立管理台账,进行收、发、储、运等各环节的技术管理,避免将混料和不合格的原材料用到工程上。

(3)机械控制

机械控制包括施工机械设备、工具等控制,要根据不同工艺特点和技术要求,选用合适的机械设备;正确使用、管理和保养好机械设备。为此要健全"人机固定"制度、"操作证"制度、岗位责任制度、交接班制度、"技术保养"制度、"安全使用"制度、机械设备检查制度等,确保机械设备处于最佳使用状态。

(4)方法控制

这里所指的方法控制,包含施工方案、施工工艺、施工组织设计、施工技术措施等的控制。控制主要应切合工程实际、能解决施工难题、技术可行、经济合理,有利于保证质量、加快进度、降低成本。

(5)环境控制

影响施工项目质量的环境因素较多,有工程技术环境,如工程地质、水文、气象等;工程管理环境,如质量保证体系、质量管理制度等;劳动环境,如劳动组合、作业场所、工作面等。环境因素对质量的影响,具有复杂而多变的特点,如气象条件就变化万千,温度、湿度、大风、暴雨、酷暑、严寒都直接影响工程质量;又如前一工序往往就是后一工序的环境,前一分项、分部工程也就是后一分项、分部工程的环境。因此,应根据工程特点和具体条件,对影响质量的环境因素,采取有效的措施严格控制。尤其是施工现场,应建立文明施工和文明生产的环境,保持材料工件堆放有序,道路畅通,工作场所清洁整齐,施工程序井然有序,为确保质量、安全创造良好条件。

4.2.4　施工项目质量的阶段控制及其控制方法

1)质量控制的三个阶段

为了加强对施工项目的质量控制,明确各施工阶段质量控制的重点,可把施工项目质量分为事前质量控制、事中质量控制和事后质量控制3个阶段。

(1)事前质量控制

事前质量控制指在正式施工前进行的质量控制,其控制重点是做好施工准备工作,且施工准备工作要贯穿施工全过程中。

①施工准备的范围:

a.全场性施工准备,是以整个项目施工现场为对象而进行的各项施工准备。

b.单位工程施工准备,是以一个建筑物或构筑物为对象而进行的施工准备。

c.分项(部)工程施工准备,是以单位工程中的一个分项(部)工程或冬、雨期施工为对象而进行的施工准备。

d.项目开工前的施工准备,是在拟建项目正式开工前所进行的一切施工准备。

e.项目开工后的施工准备,是在拟建项目正式开工后,每个施工阶段正式开工前所进行的施工准备。

例如混合结构住宅施工,通常分为基础工程,主体工程和装饰工程等施工阶段,每个阶段的施工内容不同,其所需的物质技术条件、组织要求和现场布置也不同,因此,必须做好相应的施工准备。

②施工准备的内容:

a.技术准备,包括:项目扩大初步设计方案的审查,熟悉和审查项目的施工图纸;项目建设地点的自然条件、技术经济条件调查分析;编制项目施工预算和施工预算;编制项目施工组织设计等。

b.物质准备,包括建筑材料准备、构配件和制品加工准备、施工机具准备、生产工艺设备的准备等。

c.组织准备,包括:建立项目组织机构;集结施工队伍;对施工队伍进行入场教育等。

d.施工现场准备,包括:控制网、水准点、标桩的测量;"五通一平";生产、生活临时设施等的准备;组织机具、材料进场;拟订有关试验、试制和技术进步项目计划;编制季节性施工准备;制订施工现场管理制度等。

(2)事中质量控制

事中质量控制指在施工过程中进行的质量控制。事中质量控制的策略是:全面控制施工过程,重点控制工序质量。其具体措施是:工序交接有检查;质量预控有对策;施工项目有方案;技术措施有交底,图纸会审有记录;配制材料有试验;隐蔽工程有验收;计量器具校正有复核;设计变更有手续;钢筋代换有制度;质量处理有复查;成品保护有措施;行使质控有否决(如发现质量异常、隐蔽未经验收、质量问题未处理、擅自变更设计图纸、擅自代换或使用不合格材料、无证上岗未经资质审查的操作人员等,均应对质量予以否决);质量文件有档案(凡是与质量有关的技术文件,如水准、坐标位置,测量、放线记录,沉降、变形观测记录,图纸会审记录,材料合格证明、试验报告,施工记录,隐蔽工程记录,设计变更记录,调试、试压运行记录,试车动转记录,竣工图等都要编目建档)。

(3)事后质量控制

事后质量控制指在完成施工过程形成产品的质量控制,其具体工作内容有以下方面:

①组织联动试车;

②准备竣工验收资料,组织自检和初步验收;

③按规定的质量评定标准和办法,对完成的分项、分部工程,单位工程进行质量评定;

④组织竣工验收;

⑤质量文件编目建档;

⑥办理工程交接手续。

2)施工项目质量控制方法

施工项目质量控制的方法,主要是审核有关技术文件、报告和直接进行现场质量检验或必要的试验等。

(1)审核有关技术文件、报告或报表

对技术文件、报告、报表的审核,是项目经理对工程质量进行全面控制的重要手段,其具体内容有:

①审核有关技术资质证明文件;

②审核开工报告,并经现场核实;

③审核施工方案、施工组织设计和技术措施;

④审核有关材料、半成品的质量检验报告;

⑤审核反映工序质量动态的统计资料或控制图表;

⑥审核设计变更、修改图纸和技术核定书;

⑦审核有关质量问题的修理报告;

⑧审核有关应用新工艺、新材料、新技术、新结构的技术鉴定书;

⑨审核有关工序交接检查,分项、分部工程质量检查报告;

⑩审核并签署现场有关技术签证、文件等。

(2)现场质量检验

①现场质量检验的内容:

a.开工前检查。目的是检查是否具备开工条件,开工后能否连续正常施工,能否保证工程质量。

b.工序交接检查。对于重要的工序或对工程质量有重大影响的工序,在自检、互检的基础上,还要组织专职人员进行工序交接检查。

c.隐蔽工程检查。凡是隐蔽工程均应检查认证后方能掩盖。

d.停工后复工前的检查。因处理质量问题或某种原因停工后需复工时,须经检查认可后方能复工。

e.分项、分部工程完工后,应经检查认可,签署验收记录后,才可进行下一工程项目施工。

f.成品保护检查。检查成品的保护措施,或保护措施是否可靠。

此外,还应经常深入现场,对施工操作质量进行巡视检查。必要时,还应进行跟班或追踪检查。

②现场质量检查的方法：

a. 目测法。目测法的手段可归纳为看、摸、敲、照 4 个字。

●看，就是根据质量标准进行外观目测。如墙纸裱糊质量应是：纸面无斑痕、空鼓、气泡、褶皱；每一墙面纸的颜色、花纹一致；斜视无胶痕，纹理无压平、起光现象；对缝无离缝、搭缝、张嘴；对缝处图案、花纹完整，裁纸的一边不能对缝，只能搭接；墙纸只能在阴角采用包角等。又如，清水墙面是否洁净，喷涂是否密实和颜色是否均匀，内墙抹灰大面及口角是否平直，地面是否光洁平整，油漆浆活表面观感，施工顺序是否合理，工人操作是否正确等，均是通过目测检查、评价。

●摸，就是手感检查，主要用于装饰工程的某些检查项目，如水刷石、干粘石结牢固程度，油漆的光滑度，浆活是否掉粉，地面有无起砂等，均可通过手摸加以鉴别。

●敲，是运用工具进行声感检查。对地面工程、装饰工程中的水磨石、面砖、锦砖和大理石贴面等，均应进行敲击检查，通过声音的虚实确定有无空鼓，还可根据声音的清脆和沉闷，判定属于面层空鼓或底层空鼓。此外，用手敲玻璃，如发出颤动声响，一般是底灰不满或压条不实。

●照，对于难以看到或光线较暗的部位，则可采用镜子反射或灯光照射的方法进行检查。

b. 实测法。实测法是通过实测数据与施工规范及质量标准所规定的允许偏差对照，来判别质量是否合格。实测检查法的手段，也可归纳为靠、吊、量、套 4 个字。

●靠，是用直尺、塞尺检查墙面、地面、屋面的平整度。

●吊，是用托线板以线坠吊线检查垂直度。

●量，是用测量工具和计量仪表等检查断面尺寸、轴线、标高、湿度、温度等的偏差。

●套，是以方尺套方，辅以塞尺检查。如对阴阳角的方正、踢脚线的垂直度、预制构件的方正等项目的检查。对门窗口及构配件的对角线（窜角）检查，也是套方的特殊手段。

c. 试验检查。这是指必须通过试验的手段，才能对质量进行判断的检查方法。如对桩或地基的静载试验，确定其承载力；对钢结构进行稳定性试验，确定是否产生失稳现象；对钢筋焊接头进行拉力实验，检验焊接的质量等。

（3）质量的检验与试验

①材料与构件的质量试验。按照国家规定，建筑材料、设备供应单位应对供应的产品质量负责。供应的产品必须达到国家有关法规、技术标准和购销合同规定的质量要求，有产品检验合格证和说明书以及有关技术资料，实行生产许可证制度的产品，要有许可证主管部门颁发的许可证编号、批准日期和有效期限；产品包装必须符合国家有关规定和标准；使用商标和分级分等的产品，应在产品或包装上注明商标和分级分等标记；建筑设备（包括相应仪表）除符合上述要求外，还应有产品的详细说明书，电气产品应附有线路图。除明确规定由产品生产厂家负责售后服务的产品之外，供应单位售出的产品发生质量问题时，由供应单位负责保修、保换、保退，并承担赔偿经济损失的责任。

国家规定，构配件产品出厂时，必须达到国家规定的合格标准，并具有产品标号等文字说明，在构件上有明显的出厂合格标志，注明厂名、产品型号、出厂日期、检查编号等。因此，原材料和成品、半成品进场后，应检查是否按国家规范和标准及有关规定进行的试（检）验记录。施工部门对进场的材料和产品，要严格按国家规范的要求进行验收，不得使用无出厂证明或质量不合格的材料、构配件和设备。许多材料只有制造单位的有关资料还不能确定是否适用,还必须进行试验。

需要按规定进行试验与检验的原材料、成品、半成品、水泥,钢筋、钢结构的钢材及产品,焊条、焊剂、焊药、砖、砂、石、外加剂、防水材料、预制混凝土构件等。

②施工试验。施工试验包括回填土、灰土、回填砂和砂石、砂浆试块强度、混凝土试块强度,钢筋焊接、钢结构焊接、现场预应力混凝土,防水、试水、风道、烟道、垃圾道等的试验。

4.2.5 建筑工程质量的检验与评定

1)一般规定

(1)基本概念

质量检验就是借助于某种手段和方法,测定产品的质量特性,然后把测得的结果同规定的产品质量标准进行比较,从而对产品作出合格或不合格的判断,凡是合乎标准的称为合格品,检查以后予以通过;凡是不合标准的,检查后予以返修、加固或补强;合乎优良标准的,评为优良品。

检验包括以下4项具体工作:度量,即借助于计量手段进行对比与测试;比较,即把度量结果同质量标准进行对比;判断,即根据比较的结果,判断产品是否符合规定的质量标准;处理,即决定被检查的对象是否可以验收,下一步工作是否可以进行,是否要采取补救措施。

(2)检验与评定依据

施工项目质量目标控制的依据包括技术标准和管理标准。

①技术标准。技术标准包括《建筑工程施工质量验收统一标准》(GB 50300—2013)、《建筑工程施工质量评价标准》(GB/T 50375—2016)、本地区及企业自身的技术标准和规程、施工合同中规定采用的有关技术标准。

②管理标准。管理标准的主要内容分成两部分,一部分是检验标准,一部分是评定标准。本书以《建筑工程施工质量验收统一标准》(GB 50300—2013)为典型阐述质量检验标准,以《建筑工程施工质量评价标准》(GB/T 50375—2016)为典型阐述评定标准,着重阐述基本原理,而不对具体规定一一进行介绍。但通过对本书的学习,可以具备参照标准的规定及根据自身的专业水平进行质量检验与评定的能力。

(3)质量检查与处置

《建设工程项目管理规范》(GB/T 50326—2017)对质量检查与处置规定如下:

①检验与检测。项目管理机构应根据项目管理策划要求实施检验与检测,并按照规定配备检验和检测设备;对项目质量计划设置的质量控制点,项目管理机构应按规定进行检验和检测。

②质量控制点。质量控制点可包括下列内容:对施工项目质量有重要影响的关键质量特性、关键部位或重要影响因素;工艺上有严格要求,对下道工序的活动有重要影响的关键质量特性、部位;严重影响项目质量的材料质量和性能;影响下道工序质量的技术间歇时间;与施工项目质量密切相关的技术参数;容易出现质量通病的部位;紧缺工程材料、构配件和工程设备或可能对生产安排有严重影响的关键项目;隐蔽工程验收。

③不合格品控制。项目管理机构对不合格品控制应符合下列规定:对检验和检测中发现的不合格品,按规定进行标识、记录、评价、隔离,防止非预期的使用或交付;采用返修、加固、返工、让步接受和报废措施,对不合格品进行处置。

2）质量检验标准

（1）分项工程的检验标准

分项工程是建筑安装工程的最基本组成部分，在质量检验中，它一般是以主要工程为标志进行划分。如土方工程，必须按楼层（段）划分分项工程；单层房屋工程中的主体分部工程，应按变形缝划分分项工程；其他分部工程的分项工程可按楼层（段）划分。每个分项工程的检查标准一般都按3种项目作出了决定，这3种项目分别是保证项目、基本项目和容许偏差项目。现对这3种项目的意义分述如下：

①保证项目。保证项目是分项工程施工必须达到要求，是保证工程安全或使用功能的重要检验项目。检验标准条文中采用"必须""严禁"等词表示，以突出其重要性。这些项目是确定分工程性质的。如果提高要求，就等于提高性能等级，导致工程造价增加；如果降低要求，会严重地影响工程的安全或使用功能，所以无论是合格工程还是优良工程均应同样遵守。保证项目的内容都涉及结构工程安全或重要使用性能，因此都应满足标准规定要求。如砌砖工程，砖的品种和标号、砂浆的品种和强度、砌体砂浆的饱满密实程度、外墙转角的留槎、临时间断处的留槎做法，都涉及砌体的强度和结构使用性能，都必须满足要求。

②基本项目。基本项目是保证工程安全或使用性能的基本要求，标准条文中采用"应""不应"的用词表示。其指标分为"合格"及"优良"两级，并尽可能给出了量的规定。基本项目与前述的保证项目相比，虽不像保证项目那样重要，但对使用安全、使用功能及美观都有较大影响，只是基本项目的要求有一定"弹性"，即允许有"优良""合格"之分。基本项目的内容是工程质量或使用性能的基本要求，是划分分项工程合格、优良的条件之一。如砌砖工程中，砌砖体的错缝、砖砌体接槎、预埋拉结筋、留置构造柱、清水墙面，都作为基本项目做出了检验规定。

③容许偏差项目。容许偏差项目是分项工程检验项目中规定有容许偏差的项目，标准条文中也采用"应""不应"等词表示。在检验时，容许有少量检查点的测量结果略超过容许偏差值范围，并以其所占比例作为区分分项工程合格和优良等级的条件之一。对检查时所有抽查点均要满足规定要求值的项目不属此项目范围，它们已被列入了保证项目或基本项目。容许偏差项目的内容反映了工程使用功能、观感质量、是由其测点合格率划分"合格""优良"等级的。如砌砖工程中的砖砌体的尺寸，位置都按工程的部位分别作出了容许偏差的规定。

（2）分部工程的检验标准

①分部工程由若干个相关分项工程组成，是按建筑的主要部位划分的。

②建筑工程按部位分为地基与基础工程、主体工程、地面与楼面工程、门窗工程、装饰工程、屋面工程。建筑设备安装工程、通风与空调工程、电梯安装工程。

③分部工程的检查是以其中所包含的分项工程的检查为基础的，按照规定，基础工程完成后，必须进行检查验收，方可进行主体工程施工；主体工程完成后，也必须经过检查验收，方可进行装修；一般工程在主体完成后，作一次性结构检查验收。有人防地下室的工程，可分两次进行结构检查验收（地下室一次，主体一次）。如需提前装修的工程，可分层进行检查验收。

（3）单位工程的检验标准

按"标准"规定，建筑工程和建筑设备安装工程共同组成一个单位工程；新（扩）建的居住小区和厂区室外给水、排水、采暖、通风、煤气等组成一个单位工程；室外的架空线路、电缆线路、路灯等建筑电气安装工程组成一个单位工程;道路,围墙等工程组成一个单位工程。

在对单位工程的各部分工程进行完工检查后,还要对单位工程的各部分工程进行观感质量检验(室外的单位工程不进行观感质量检验),对质量保证资料进行检查。

3)质量检验的数量

"标准"中对检验数量也进行了规定,检验工程质量时必须严格以规定的数量为检验数量的最少限量。检验数量有下述几种:

(1)全数检验

全数检验就是对一批待验产品的所有产品都要逐一进行检验。全数检验一般说来比较可靠,能提供更完整的检验数据,以便获得更充分可靠的质量信息。如果希望得到产品都是百分之百的合格产品,唯一的办法就是全检。但全检有工作量大、周期长、检验成本高等特点,更不适用于破坏性的检验项目。"标准"中规定进行全数检验的项目如室外和屋面的单位工程质量观感检查。

(2)抽样检验

抽样检验就是根据数理统计原理所预先制订的抽样方案,从交验的分项工程中,抽出部分项目样品进行检验,根据这部分样品的检验结果,照抽样方案的判断规则,判定整批产品(分项工程)的质量水平,从而得出该批产品(分项工程)是否合格或优良的结论。如"标准"中砌砖工程,容许偏差项目规定的检查数量是:外墙,按楼层(或 4 m 高以内),每 20 m 抽查1 处,每处 3 m,但不少于 3 处;内墙,按有代表性的自然间抽查 10%,但不少于 3 间,每间不少于 2 处;柱不少于 5 根。这个"规定"是在数理统计原理试验、分析的基础上作出的。

抽样检验的主要优点是大大节约检验工作量和检验费用,缩短时间,尤其适用于破坏性试验。但这种检验有一定风险,即有错判率,不可能 100% 可靠。对于建筑安装工程来说,由于其体积庞大,构成复杂,分项工程多,检验项目数量大,也只有抽样检验才使检验工作有可能进行下去,并保证它的及时性。

4)质量等级的评定

(1)质量评定的程序

质量评定的程序,即建筑工程的质量评定按照"标准"要求,要先评定分项工程,再评定分部工程,最后评定单位工程。

(2)质量评定的等级

建筑工程的分项工程、分部工程和单位工程的质量等级标准,均分为"不合格""合格"与"优良"3 个等级。对不合格分项工程应采取返工重做或经设计认定让步接收的措施,但最终应为合格,或采取报废措施。

(3)评定标准

GB 50300—2013 及其配套专业验收规范为认定建筑工程施工项目质量合格评价标准,而 GB/T 50375—2016 为在 GB 50300—2013 及其配套专业验收规范基础上认定建筑工程施工项目质量优良评价标准。本书仅着重介绍基本原理,不对具体问题进行一一介绍。

①分项工程的等级评定标准:

a. 合格。保证项目必须符合相应质量检验评定标准的规定;基本项目抽检的处(件)应符合相应质量检验评定标准的合格规定;容许偏差项目抽检的点数中,建筑工程有 70% 及其以上、建筑设备安装工程有 80% 及以上的实测值应在相应质量检验评定标准的容许偏差范围内。

b.优良。保证项目必须符合相应质量检验评定标准的规定;基本项目抽检处(件)应符合相关质量检验评定标准的合格规定;其中50%及其以上的处(件)符合优良规定,该项即为优良;优良项目应占检验项数50%及其以上。

c.容许偏差项目抽检的点数中,有90%及其以上的实测值应在质量检验评定标准的容许偏差范围内。

②分部工程的等级评定标准:

a.合格。所含分项工程的质量应全部合格。

b.优良。所含分项工程的质量全部合格,其中有50%及其以上为优良(建筑设备安装工程中,必须含指定的主要分项工程)。

③单位工程的质量等级评定标准:

a.合格。所含分部工程的质量应全部合格;质量保证资料应基本齐全;观感质量的评定得分率应达到70%及其以上。

b.优良。所含分部工程的质量应全部合格,其中50%以及其以上优良,建筑工程必须含主体和装饰分部工程;以建筑设备安装工程为主的单位工程,其指定的分部工程必须优良(如锅炉房的建筑采暖卫生与煤气分部工程;变、配电室的建筑电气安装分部工程;空调机房和净化车间的通风与空调分部工程等);质量保证资料基本齐全;观感质量的评定得分率应达到85%及其以上。

④对不合格分项工程的处理标准。返工重做的可重新评定质量等级;经加固补强或以法定检测单位鉴定能够达到设计要求的,其质量仅应评为合格;经法定检测单位鉴定达不到原设计要求,但经设计单位认可能够满足结构安全和使用功能要求可不加固补强的,或经加固补强改变外形尺寸或造成永久性缺陷的,其质量可定为合格,但所在分项工程不应评为优良。

4.2.6 质量控制的数理统计

(1)排列图法

排列图又称主次因素排列图。它是根据意大利经济学家帕累托(Pareto)提出"关键的少数和次要的多数"的原理,由美国质量管理专家朱兰(J. M. Juran)运用于质量管理中而发明的一种质量管理图形。其作用是寻找主要质量问题或影响质量的主要原因,以便于工作抓住提高质量的关键,取得好的效果。图4.17是根据表4.3绘制的排列图。

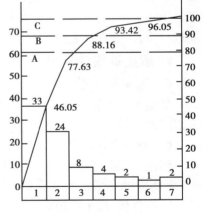

图4.17 排列图

表4.3 柱子不合格点频数频率统计表

序号	项目	容许偏差/mm	不合格点数	频率/%	累计频率
1	轴线位移	5	35	46.05	46.05
2	柱高	±5	24	31.58	77.63
3	截面尺寸	±5	8	10.53	88.16
4	垂直度	5	4	5.26	93.42

续表

序号	项目	容许偏差/mm	不合格点数	频率/%	累计频率
5	表面平整度	8	2	2.63	96.05
6	预埋钢板中心偏移	10	1	1.32	97.37
7	其他	—	2	2.63	100
	合计		76	100	

（2）因果分析图

因果分析图,按其形状又可称为鱼刺图或树枝图,也叫特性要因图。所谓特性,就是施工中出现的质量问题。所谓要因,也就是对质量问题有影响的因素或原因。

因果分析图是一种用来逐步深入研究和讨论质量问题,寻找其影响因素,以便从重要的因素着手进行解决的一种工具,其形状如图4.18所示。因果分析图也像座谈会的小结提纲,可以供人们集体地、一步一步地,像顺藤摸瓜一样地寻找影响质量特性的大原因和小原因。找出原因后便可以针对性地制订相应的对策并加以改进。对策见表4.4。

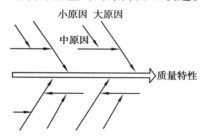

图4.18　因果分析图

表4.4　对策表

序号	项目	现状	目标	措施	地点	负责人	完成期	备注

（3）频数分布直方图

所谓频数,是在重复试验中,随机事件重复出现的次数,或一批数据中某个数据(或某组数据)重复出现的次数。

产品在生产过程中,质量状况总存在波动。其波动的原因,正如因果分析图中所提到的,一般有人的因素、材料的因素、工艺的因素、设备的因素和环境的因素。

为了了解上述各种因素对产品质量的影响情况,在现场随机实测一批产品的有关数据,将实测得来的这批数据进行分组整理,统计每组数据出现的频数。然后,在直角坐标的横坐标轴上自小到大标注出各分组点,在纵坐标轴上标注出对应的频数。画出其高度值为其频数值的一系列直方形,即成为频数分布直方图,图4.19是根据表4.5绘制的频数分布直方图。

频数分布直方图的作用是通过对数据的加工、整理、绘图,掌握数据的分布状况,从而判断加工能力、加工质量,以及估计产品的不合格率。频数分布直方图又是控制图产生的直接理论基础。

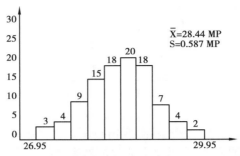

图 4.19 频数分布直方图

表 4.5   数据表

数据										最大值	最小值
29.4	27.3	28.2	27.1	28.3	28.5	28.9	28.3	29.9	28.0	29.9	27.1
28.9	27.9	28.1	28.3	28.9	28.3	27.8	27.5	28.4	27.9	28.9	27.5
28.8	27.1	27.1	27.9	28.0	28.5	28.6	28.3	28.9	28.8	28.9	27.1
28.5	29.1	28.1	29.0	28.6	28.9	27.9	27.8	28.6	28.4	29.1	27.8
28.7	29.2	29.0	29.1	28.0	28.5	28.9	27.7	27.9	27.7	29.2	27.7
29.1	29.0	28.7	27.6	28.3	28.3	28.6	28.0	28.3	28.5	29.1	27.6
28.5	28.7	28.3	28.3	28.7	28.3	29.1	28.5	27.7	29.3	29.3	27.7
28.8	28.3	27.8	28.1	28.4	28.9	28.1	27.3	27.5	28.4	28.9	27.3
28.4	29.0	28.9	28.3	28.6	27.7	28.7	27.7	29.0	29.4	29.4	27.7
29.3	28.1	29.7	28.5	28.9	29.0	28.8	28.1	29.4	27.9	29.7	27.9

(4)控制图

控制图又称为管理图,是能够表达施工过程中质量波动状态的一种图形,使用控制图,能够及时地提供施工中质量状态偏离控制目标的信息,提醒人们不失时机地采取措施,使质量始终处于控制状态。使用控制图,使工序质量的控制由事后检查转变为以预防为主,使质量控制产生了一个飞跃。1924 年美国人休哈特发明了这种图形,此后在质量控制中得到了广泛的应用。

控制图与前述各统计方法的根本区别在于,前述各种方法所提供的数据是静态的,而控制图则可提供动态的质量数据,使人们有可能控制异常状态的产生和蔓延。

如前所述,质量的特性总是有波动的,波动的原因主要有人、材料、设备、工艺、环境 5 个方面。控制图就是通过分析不同状态下统计数据的变化,来判断 5 个系统因素是否存在异常而影响着质量,也就是要及时发现异常因素加以控制,保证工序处于正常状态。它通过子样数据来判断总体状态,以预防不良产品的产生。图 4.20 是根据表 4.6 绘制的控制图。

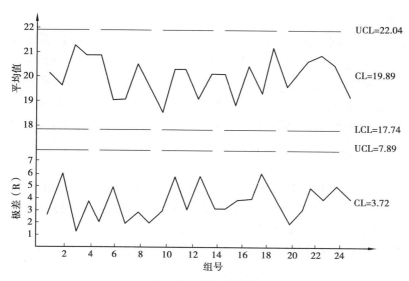

图4.20 X-R控制图

表4.6 混凝土构件强度数据表 单位:MPa

组号	测定日期	X1	X2	X3	X4	X5	X	R
1	10-10	21.0	19.0	19.0	22.0	20.0	20.2	3.0
2	10-11	23.0	17.0	18.0	19.0	21.0	19.6	6.0
3	10-12	21.0	21.0	22.0	21.0	22.0	21.4	1.0
4	10-13	20.0	19.0	19.0	23.0	20.0	20.8	4.0
5	10-14	21.0	22.0	20.0	20.0	21.0	20.8	2.0
6	10-15	21.0	17.0	18.0	17.0	22.0	19.0	5.0
7	10-16	18.0	18.0	20.0	19.0	20.0	19.0	2.0
8	10-17	22.0	22.0	19.0	20.0	19.0	20.4	3.0
9	10-18	20.0	18.0	20.0	19.0	20.0	19.4	6.0
10	10-19	18.0	17.0	20.0	20.0	17.0	18.4	3.0
11	10-20	18.0	19.0	19.0	24.0	21.0	20.2	6.0
12	10-21	19.0	22.0	20.0	20.0	20.0	20.2	3.0
13	10-22	22.0	19.0	16.0	19.0	18.0	18.8	6.0
14	10-23	20.0	22.0	21.0	21.0	18.8	20.0	3.0
15	10-24	19.0	18.0	21.0	21.0	20.0	19.8	36.0
16	10-25	16.0	18.0	19.0	20.0	20.0	18.6	4.0
17	10-26	21.0	22.0	21.0	20.0	18.0	20.4	4.0
18	10-27	18.0	18.0	16.0	21.0	22.0	19.0	6.0
19	10-28	21.0	21.0	21.0	21.0	20.0	21.4	4.0
20	10-29	21.0	19.0	19.0	19.0	19.0	19.4	2.0
21	10-30	20.0	19.0	19.0	20.0	22.0	20.0	3.0
22	10-31	20.0	20.0	23.0	22.0	18.0	20.6	5.0
23	11-1	22.0	22.0	20.0	18.0	22.0	20.4	4.0
24	11-2	19.0	19.0	20.0	24.0	22.0	20.4	5.0
25	11-3	17.0	21.0	21.0	18.0	19.0	19.2	4.0

(5)相关图

相关图又称为散布图。它不同前述各种方法之处是,不是对一种数据进行处理和分析,而是对两种测定数据之间的相关关系进行处理、分析和判断。它是一种动态的分析方法。在工程施工中,工程质量的相关关系有3种类型:第一种是质量特性和影响因素之间关系,如混凝土强度与温度的关系;第二种是质量特性与质量特性之间的关系,如混凝土强度与水泥标号之间的关系,钢筋强度与钢筋混凝土强度之间的关系等;第三种是影响因素与影响因素之间的关系,如混凝土容重与抗渗能力之间的关系,沥青的黏结力与沥青的延伸率之间的关系等。

通过对相关关系的分析、判断,可以给人们提供对质量目标进行控制的信息。

分析质量结果与产生原因之间的相关关系,有时从数据上比较容易看清,但有时从数据上很难看清。这就有必要借助于相关图为进行相关分析提供方便。

使用相关图,就是通过控制一种数据达到控制另一种数据的目的。正如掌握了在弹性极限内钢材的应力和应变的正相关关系(直线关系)可以通过控制拉伸长度(应变)而在达到提高钢材强度的目的一样(冷拉的原理)。图4.21是根据表4.7绘制的相关图。

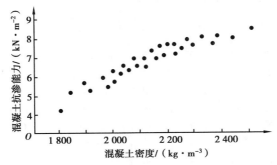

图4.21 混凝土密度与抗渗相关图

表4.7 混凝土密度与抗渗的关系

抗渗	密度	抗渗	密度	抗渗	密度	抗渗	密度	抗渗	密度
780	2 290	650	2 080	480	1 850	580	2 040	550	1 940
500	1 919	700	2 150	730	2 200	590	2 050	680	2 140
550	1 960	840	2 520	750	2 240	640	2 060	620	2 110
810	2 400	520	1 900	810	2 440	780	2 350	630	2 120
800	2 350	750	2 250	690	2 170	350	2 300	700	2 200

注:单位为抗渗能力 kN/m^2,混凝土密度为 kg/m^3。

4.2.7 施工项目质量控制 ISO 9000 族标准简介

ISO 9000 族标准是 ISO/TC 176 技术委员会制定的所有国际标准。在 1987 年 3 月问世,1992 年修改,1994 年再次修改并沿用至今。我国于 1992 年起采用这一国际标准,编号为 GB/T 19000 族。ISO 9000 族的构成如图 4.22 所示。

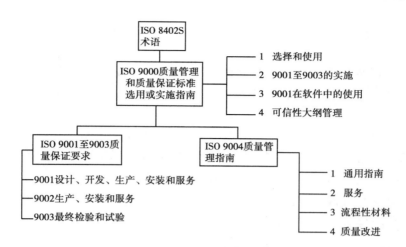

图 4.22 ISO 9000 族标准构成

1)术语标准

ISO 8402 质量管理和质量保证——术语,该标准是阐明质量领域所用的质量术语的含意。共 67 个词条,按照内容的逻辑关系分为 4 类:基本术语,13 个词条;与质量有关的术语,19 个词条;与质量体系有关的术语,16 个词条;与工具和技术有关的术语,19 个词条。

2)两类标准的使用或实施指南

这类标准的总编号为 ISO 9000,总标题是《质量管理和质量保证》,每个部分的标准再加上该标准的部分号和具体名称,即分为 4 个分标准,目的是为质量管理和质量保证两类标准的选择和使用或如何实施提供指南。

(1)ISO 9000-1(质量管理和质量保证标准——第 1 部分)

选择和使用指南。本标准阐明了与质量有关的基本概念,并为 ISO 9000 族的质量管理和质量保证标准的选择和使用提供指南。

(2)ISO 9000-2(质量管理和质量保证标准——第 2 部分)

ISO 9001、ISO 9002 和 ISO 9003 的实施通用指南。本标准是对 3 个质量保证标准的实施所作的解释,以便对标准中的要求有一致、准确和清楚的理解。

(3)ISO 9000-3(质量管理和质量保证标准——第 3 部分)

ISO 9001 在软件开发、供应和维护中的使用指南。本标准中的软件仅指计算机软件,由于计算机软件的开发和维护过程不同于其他大多数工业产品,因而有必要对涉及软件产品的质量体系提供补充性指南。本标准的目的是为承担软件开发、供应和维护的组织、通过建议适当的控制和方法、采用 ISO 9001 提供使用指南。

(4)ISO 9000-4(质量管理和质量保证标准——第 4 部分)

可信性大纲管理指南。可信性包括可靠性、维护性和可用性。可信性大纲是用于管理可信性的组织结构、职责、程序、过程和资源。本标准适用于在使用和维修阶段可信性特别重要的那些硬件和软件产品,如用于运输、电力、通信和信息服务的产品,主要目的是从策划到使用的整个产品寿命周期内,控制对可信性的影响,以便生产出可靠的和可维修的产品。

3)质量保证标准

质量保证标准有 3 个,分别将一定数量的质量体系要素组成 3 种不同的模式,代表了第

2 方或第 3 方在具体情况下对供方质量体系的要求,供方对这些要求必须满足并应予以证实。

(1)ISO 9001(质量体系——设计、开发、生产、安装和服务的质量保证模式)

当需要证实供方设计和生产合格产品的过程控制能力时应选择和使用此种模式的标准。

(2)ISO 9002(质量体系——生产、安装和服务的质量保证模式)

当需要证实供方生产合格产品的过程控制能力时,应选择和使用此种模式的标准。

(3)ISO 9003(质量体系——最终检验和试验的质量保证模式)

当仅要求供方保证最终检验和试验符合规定要求时,应选择此种模式的标准。

4)质量管理标准

这一类标准的总编号为 ISO 9004,总标题是质量管理和质量体系要素,每个部分的标准再加上该分标准的部分号和具体名称。所有这些标准的目的都是用于指导组织进行质量管理和建立质量体系的,这一类的分标准有以下 4 个:

(1)ISO 9004-1(质量管理和质量体系要素——第 1 部分:指南)

本标准全面阐述了与产品寿命周期内所有阶段和活动有关的质量体系要素,以帮助组织选择和使用适合其需要的要素。本标准适用于生产或提供 4 种通用类别产品(硬件、软件、流程性材料和服务)的组织。

(2)ISO 9004-2(质量管理和质量体系要素——第 2 部分:服务指南)

本标准是对 ISO 9004-1 在服务类产品方面的补充指南,提供服务或提供具有服务成分的产品的组织参照使用。

(3)ISO 9004-3(质量管理和质量体系要素——第 3 部分:流程性材料指南)

本标准是对 ISO 9004-1 在流程材料类产品方面的补充指南。供生产流程性材料类产品的组织参照使用。所谓流程性材料,是指通过将原材料转化成某一预定状态所形成的有形产品。

(4)ISO 9004-4(质量管理和质量体系要素——第 4 部分:质量改进指南)

本标准阐述了质量改进的基本概念和原理、管理指南和方法(工具和技术)。凡是希望改进其有效性的组织,不管其是否已经实施了正规的质量体系,均应参照本标准。

子项 4.3 施工项目的成本控制及风险管理

4.3.1 施工项目成本管理

1)基本概念

施工项目成本是施工企业为完成施工项目的建筑安装工程任务所耗费的各项生产费用的总和,它包括施工过程中所消耗的生产资料、转移价值及以工资补偿费形式分配给劳动者消费的那部分活劳动消耗所创造的价值,即某建设项目在施工中所发生的全部生产费用的总和,包括所消耗的主、辅材料,构配件,周转材料的摊销费或租赁费,施工机械的台班费或租赁费,支付给生产工人的工资、奖金以及项目经理部(或分公司、工程处)级为组织和管理施工所发生的全部费用支出。建设项目成本不包括劳动者为社会所创造的价值(如税金和计划利润),也不应包括不构成建设项目价值的一切非生产性支出。

建设项目成本是建设单位的主要产品成本,也称工程成本,一般以项目的单位工程作为核算对象,通过各单位工程成本核算的综合来反映建设项目成本。在建设项目管理中,最终目的是要使项目达到质量高、工期短、消耗低、安全好等目标,而成本是这4项目标经济效果的综合反映。因此,建设项目成本是建设项目管理的核心。

施工成本控制就是要在保证工期和质量满足要求的前提下,采取相应管理的措施,包括组织措施、经济措施、技术措施、合同措施等,将成本控制在计划范围内,并进一步寻求最大限度的成本节约。施工项目成本控制既不是造价控制,也不是业主所进行的投资控制。要达到控制成本的目的,必须对人工费、材料费、机械使用费、其他直接费和现场管理费分别进行有效控制。施工项目成本控制的任务包括施工项目成本预测与决策、成本计划的编制和实施、成本核算和成本分析等主要环节,其中成本计划的实施为关键环节。因此,进行施工项目成本控制,必须具体研究每个环节的有效工作方式和关键控制措施,从而取得施工项目整体的成本控制效果。

2)施工项目成本分类

(1)按造价构成分类

施工项目成本按造价构成分为直接成本和间接成本。

①直接成本。直接成本是指直接耗用于并能直接计入工程对象的费用,包括人工费、材料费、机械使用费、其他直接费。

②间接成本。间接成本是指非直接用于也无法计入工程对象,但为进行工程施工所必须发生的费用,通常是按照直接成本的比例来计算。间接成本包括工作人员薪金,劳动保护费,职工福利费,办公费,差旅、交通费,固定资产使用费,工具用具使用费,保险费,工程保修费,工程排污费,其他费用,工会经费,教育经费,业务活动经费,税金,劳保统筹费,利息支出,其他财务费用。

(2)按成本性质分类

施工项目成本按成本性质划分为固定成本和变动成本。

①固定成本。固定成本是指在一定期间和一定的工程范围内,其发生的成本额不受工程量增减变动的影响而相对固定的成本,如折旧费、大修理费、管理人员工资、办公费、照明负荷费等。这一成本是为了企业一定的生产经营条件而发生的。一般来说,企业的固定成本每年基本相同,但是当工程量超过一定范围则需要增添机械设备和管理人员时,固定成本将会发生变动。此外,所谓固定是针对其总额而言,关于分配到每个项目单位工程的固定费用则是变动的。

②变动成本。变动成本是指发生总额随着工程量的增减变动而成正比例变动的费用,如直接用于工程上的材料费、实行计划工资的人工费等。所谓变动,也是就其总额而言,单位分项工程上的变动费用往往是不变的。

将施工过程中发生的全部费用划分为固定成本和变动成本,对于成本管理和成本决策具有重要作用。它是成本控制的前提条件。由于成本是维持生产能力所必需的费用,只有从提高劳动率、增加企业总工程量数额并降低固定成本的绝对值入手降低费用。另外,降低变动成本也只能从降低单位分项工程的消耗定额入手。

(3)按计算范围分类

施工项目成本按计算范围的大小可分为全部工程成本、单项工程成本、单位工程成本与分部工程成本。

①全部工程成本。全部工程成本,也称总成本,指建设项目进行各种建筑安装工程施工所发生的全部施工费用。

②单项工程成本。单项工程,也称工程项目。它是建设项目的组成部分。单项工程成本,是指具有独立的设计文件,在建成后可以独立发挥生产能力或效益的各项工程所发生的施工费用,如纺纱车间工程成本、织布车间工程成本,一栋职工宿舍工程成本等。

③单位工程成本。单位工程,是单项工程的组成部分,是指单项工程内具有独立的施工图和独立施工条件的工程。如某车间是一个单项工程,而车间的厂房建筑工程,设备安装工程都是单位工程;民用建筑一般以一栋房屋作为一个单位工程。单位工程成本,是指单位工程进行施工所发生的施工费用。

④分部工程成本。分部工程,是单位工程的组成部分,如一般房屋土建工程,按其结构可分为基础、墙体、楼楹、门窗、屋面等分部工程。分部工程成本,是指分部工程进行施工所发生的施工费用,如织布车间的基础工程成本、屋面工程成本等。

以上各项工程成本的关系是:单位工程成本,由各有关分部工程成本组成;单项工程成本,由各有关单位工程成本组成;全部工程成本,由各单项工程成本组成。

建设项目成本分类还有许多方法,可根据用途与需要的不同来进行划分。

3)工程项目成本的特点与任务分析

(1)工程项目成本特点

①事前计划性。从工程项目投标报价开始到工程项目竣工结算前,对于工程项目的承包商而言,各阶段的成本数据都是事前的计划成本,包括投标书的预算成本、合同预算成本、设计预算成本、组织对项目经理的责任目标成本、项目经理部的施工预算及计划成本等,都是事前成本。

②投入复杂性。工程项目最终作为建筑产品的完全成本和承包商在实施工程项目期间投入的完全成本,其内涵是不一样的。作为工程项目管理责任范围的项目成本,显然要根据项目管理的具体要求来界定。

③核算困难大。由于成本的发生或费用的支出与已完的工程任务量,在时间和范围上不一定一致,这就对实际成本的统计归集造成了很大的困难,影响核算结果的数据可比性和真实性,以致失去对成本管理的指导作用。

④信息不对称。建设工程项目的实施通常采用总分包的模式,由于商业机密,总包方对于分包方的实际成本往往很难把握,这给总包方的事前成本计划带来了一定的困难。

(2)工程成本控制的任务分析

工程项目成本控制,着重围绕着成本预测、成本计划、成本控制、成本核算、成本分析与考核等环节来进行。这些环节的内容相辅相成,构成了一个完整的成本控制体系。各个环节之间是互为条件、互为制约的。成本预测与成本计划为成本控制与成本核算提出要求和目标,成本控制与成本核算为成本分析与考核提供依据;成本分析与考核的结果,反馈给成本预测与计划环节,作为下一阶段预测和计划的参考。建设项目的整个成本管理工作就是这样一环扣一环不断进行的。

4) 一般规定与要求

《建设工程项目管理规范》(GB/T 50326—2017)对成本管理进行如下规定与要求:

(1) 全面成本管理制度

组织应建立项目全面成本管理制度,明确职责分工和业务关系,将管理目标分解到各项技术和管理过程。

项目成本管理应符合下列规定:组织管理层,应负责项目成本管理的决策,确定项目的成本控制重点、难点,确定项目成本目标,并对项目管理机构进行过程和结果的考核;项目管理机构,应负责项目成本管理,遵守组织管理层的决策,实现项目管理的成本目标。

项目成本管理应遵循下列程序:掌握生产要素的价格信息;确定项目合同价;编制成本计划,确定成本实施目标;进行成本控制;进行项目过程成本分析;进行项目过程成本考核;编制项目成本报告;项目成本管理资料归档。

(2) 成本计划

项目管理机构应负责编制项目成本计划,安排项目成本管理目标。

项目成本计划编制依据应包括合同文件、项目管理实施规划、相关设计文件、价格信息、相关定额、类似项目的成本资料。项目管理机构应通过系统的成本策划,按成本组成、项目结构和工程实施阶段分别编制项目成本计划。

编制成本计划应符合下列规定:由项目管理机构负责组织编制;项目成本计划对项目成本控制具有指导性;成本项目指标和降低成本指标明确。

项目成本计划编制应符合下列程序:预测项目成本;确定项目总体成本目标;编制项目总体成本计划;项目管理机构与组织的职能部门根据其责任成本范围,分别确定自己的成本目标,并编制相应的成本计划;针对成本计划制订相应的控制措施;由项目管理机构与组织的职能部门负责人分别审批相应的成本计划。

(3) 成本控制

成本控制是项目成本管理的重要内容。项目管理机构成本控制应依据合同文件、成本计划、进度报告、工程变更与索赔资料、各种资源的市场信息。

项目成本控制应遵循下列程序:确定项目成本管理分层次目标;采集成本数据,监测成本形成过程;找出偏差,分析原因;制订对策,纠正偏差;调整改进成本管理方法。

(4) 成本核算

项目管理机构应根据项目成本管理制度明确项目成本核算的原则、范围、程序、方法、内容、责任及要求,健全项目核算台账。项目管理机构应按规定的会计周期进行项目成本核算。项目成本核算应坚持形象进度、产值统计、成本归集同步的原则。项目管理机构应编制项目成本报告。

(5) 成本分析

项目成本分析依据应包括项目成本计划,项目成本核算资料,项目的会计核算、统计核算和业务核算的资料。

成本分析应包括时间节点成本分析、工作任务分解单元成本分析、组织单元成本分析、单项指标成本分析、综合项目成本分析。

成本分析应遵循下列步骤:选择成本分析方法、收集成本信息、进行成本数据处理、分析成本形成原因、确定成本结果。

(6)成本考核

组织应根据项目成本管理制度,确定项目成本考核目的、时间、范围、对象、方式、依据、指标、组织领导、评价与奖惩原则。组织应以项目成本降低额、项目成本降低率作为对项目管理机构成本考核主要指标。组织应对项目管理机构的成本和效益进行全面评价、考核与奖惩。项目管理机构应根据项目管理成本考核结果对相关人员进行奖惩。

4.3.2 做好施工项目成本控制的基础工作

要加强建设项目成本管理,必须把基础工作做好,这是做好建设项目成本管理的前提。

1)必须加强工程项目成本观念

要做好工程项目成本控制,必须首先对企业的项目经理部人员加强成本管理教育并采取措施,只有在工程项目中培养强烈的成本意识,让参与项目管理与实施的每个人员都意识到加强项目成本控制对建设项目的经济效益及个人收入所产生的重大影响,各项成本管理工作才能在建设项目管理中得到贯彻和实施。

2)加强定额和预算管理

进行工程项目成本管理,必须具有完善的定额资料,搞好施工预算和施工图预算。除了国家统一的建筑、安装工程基础定额以及市场的劳务、材料价格信息外,企业还应有施工定额,施工定额既是一编制单位工程预算及成本计划的依据,又是衡量人工、材料、机械消耗的标准。要对建设项目成本进行控制,分析成本节约或超支的原因,不能离开施工定额。按照国家统一的定额和取费标准编制的施工图预算也是成本计划和控制的基础资料,可以通过"两算对比"确定成本降低水平。实践证明,加强定额和预算管理,不断完善企业内部定额资料,对节约材料消耗、提高劳动生产率、降低建设项目成本,都有着十分重要的意义。

3)建立和健全原始记录与统计工作

原始记录是生产经营活动的第一次直接记载,是反映生产经营活动的原始资料,是编制成本计划、制订各项定额的主要依据,也是统计的成本管理的基础。施工企业在施工中对人工、材料、机械台班消耗、费用开支等,都必须做好及时的、完整的、准确的原始记录。原始记录应符合成本管理要求,记录格式内容和计算方法要统一,填写、签署、报送、传送、保管和存档等制度要健全并有专人负责管理要求,对项目经理部有关人员要进行培训,以掌握原始记录的填制、统计、分析和计算方法,做到及时准确地反映施工活动情况。原始记录还应有利于开展班组织经济核算,力求简便易行、讲求实效,并根据实际使用情况,随时补充和修改,以充分发挥原始凭证的作用。

4)建立和健全各项责任制度

对工程项目成本进行全过程的成本管理,不仅需要有周密的成本计划和目标,更重要的是为实现这种计划和目标的控制方法和项目施工中有关的各项责任制度。有关建设项目成本管理的各项责任制度包括:计量验收制度、考勤、考核制度,原始记录和统计制度,成本核算部分以及完善的成本目标责任制体系。

4.3.3 熟悉工程项目成本控制的程序和过程

建筑项目成本管理的一般程序,如图4.23所示。

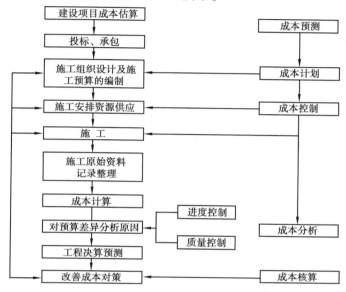

图4.23 建筑项目成本管理的一般程序

1)工程项目成本控制的程序

工程项目成本控制的程序是从成本估算开始,经编制成本计划,采取降低成本的措施,进行成本控制,直到成本核算与分析为止的一系列管理工作步骤,一般程序如图4.23所示。

2)工程项目成本控制的过程

施工项目成本控制的过程包括施工项目成本预测与决策、成本计划的编制和实施、成本核算和成本分析等主要环节,其中成本计划的实施为关键环节。因此,进行施工项目成本控制,必须具体研究每个环节的有效工作方式和关键控制措施,从而取得施工项目整体的成本控制效果。

(1)成本预测

施工项目成本预测是其成本控制的首要环节之一,也是成本控制的关键。成本预测的目的是预见成本的发展趋势,为成本管理决策和编制成本计划提供依据。

(2)施工项目成本的决策

施工项目成本决策是根据成本预测情况,经过认真分析作出决定,确定成本管理目标。成本决策是先提出几个成本目标方案,然后再从中选择理想的成本目标作出决定。

(3)施工项目成本计划的编制

成本计划是实现成本目标的具体安排,是成本管理工作的行动纲领,是根据成本预测、决策结果,并考虑企业经营需要和经营水平编制的,它也是事先成本控制的环节之一。成本控制必须以成本计划作为标准。

（4）成本计划的实施

成本计划的实施是根据成本计划所作的具体安排，对施工项目的各项费用实施有效管理，不断收集实施信息，并与计划比较，发现偏差，分析原因，采取措施纠正偏差，从而实现成本目标。

（5）成本的核算

施工项目成本核算是对施工中各项费用支出和成本形成进行核算，项目经理部应作为企业的成本中心，大力加强施工项目成本核算，为成本控制各项环节提供必要的资料。成本核算应贯穿成本控制的全过程。

（6）施工项目的成本检查

成本检查是根据核算资料及成本计划实施情况，检查成本计划完成情况，以评价成本控制水平，并为企业调整与修正成本计划提供依据。

（7）成本分析与考核

施工项目成本分析分为中间成本分析和竣工成本分析，是为了对成本计划的执行情况和成本状况进行的分析，也是总结经验教训的重要方法和信息积累的关键步骤。成本考核的目的在于通过考察责任成本的完成情况，调动责任者成本控制的积极性。

以上7个环节构成了成本控制的PDCA循环，每个施工项目在施工成本控制中，不断地进行着大大小小（工程组成部分）的成本控制循环，从而促使成本管理水平不断提高。

3）施工项目成本控制的手段

（1）计划控制

计划控制是用计划的手段对施工项目成本进行控制。施工项目的成本上升预测和决策为成本计划的编制提供依据，编制成本计划首先要设计降低成本技术组织措施，然后编制降低成本计划，将承包成本额降低而形成成本计划。

（2）预算控制

预算控制成本可分为两种类型：

①包干预算，即一次包死预算总额，不论中间有何变化，成本总额不予调整。

②弹性预算，即先确定包干总额，但可根据工程的变化进行洽商，作相应的变动。我国目前大部分是弹性预算控制。

（3）会计控制

会计控制，是以会计方法为手段，以记录实际发生的经济业务发生的合法凭证为依据，对成本支出进行核算与监督，从而发挥成本控制作用，会计控制方法系统性强、严格、具体、计算准确、政策性强，是理想的和必需的成本控制方法。

（4）制度控制

制度是对例行性活动应遵循的方法、程序、要求及标准所作的规定。成本的制度控制就是通过制度成本管理制度，对成本控制作出具体规定，作为行动准则，约束管理人员和工人，达到控制成本的目的，如成本管理责任制度、技术组织措施制度、成本管理制度、劳动工资管理制度、固定资产管理制度等，都与成本控制关系非常密切。

在施工项目管理中，上述手段是同时综合使用，不应该孤立地使用某一种成本控制手段。

4.3.4 进行施工项目成本的预测

施工项目的预测是施工项目成本的事前控制,是施工项目成本形成之前的控制,它的任务是通过成本预测估计出施工项目的成本目标,并通过成本计划的编制作出成本控制的安排。因此施工项目成本的事前控制的目的是提出一个可行的成本控制实施纲领和作业设计。

1)施工项目成本控制目标的依据

(1)利润目标对工程成本的要求

施工项目成本目标预测的首要依据是施工企业的利润目标对企业降低工程成本的要求。企业要依据经营决策提出利润目标后,提出企业降低成本的总目标。每个施工项目的降低成本率水平应等于或高于企业的总降低成本率水平,以保证降低成本总目标的实现,在此基础上才能确定施工项目的降低成本目标和成本目标。

(2)施工项目的合同价格

施工项目的合同价格是其销售价格,是所能取得的收入总额。施工项目的成本目标就是合同价格与利润目标是企业分配到该项目的降低成本要求。根据目标成本降低额,求出目标成本降低率,再与企业的目标成本降低率进行比较,如果前者等于或大于后者,则目标成本降低额可行;否则,应予调整。

(3)施工项目成本估算

施工项目成本估算(概算或预算)是根据市场价格或定额价格(计划价格)对成本发生的社会水平作估计,它既是合同价格的基础,又是成本决策的依据,是量入为出的标准。这是最主要的依据。

(4)施工企业同类施工项目的降低水平

这个水平代表了企业的成本控制水平,是该施工项目可能达到的成本水平,可与成本控制目标进行比较,从而作出成本目标决策。

2)施工项目成本预测的程序

①进行施工项目成本估算,确定可以得到补偿的社会平均水平的成本。目前,主要根据概算定额或预算定额进行计算,市场经济则要求企业根据实物估计法进行科学的计算。

②根据合同承包价格计算施工项目和承包成本,并与估算成本进行比较。一般承包成本应低于估算成本;如高于估算成本,应对工程索赔和降低成本作出可行性分析。

③根据企业利润目标提出的施工项目降低成本要求,企业同类工程的降低成本水平以及合同承包成本,作出降低成本决策,计算出降低成本率,对降低成本率水平进行评估,在评估的基础上作出决策。

④根据企业降低成本率决策计算出降低成本额和决策施工项目成本额,在此基础上确定项目经理部责任成本额。

3)成本预测方法

成本预测方法可分为定性预测方法和定量预测方法两大类。

（1）定性预测

定性预测是指成本管理人员根据专业知识实践经验，通过调查研究，利用已有材料，对成本的发展趋势及可能达到的水平所作的分析和推断。

由于定性预测主要依靠管理人员的素质和判断力，因而这种方法必须建立在对项目成本耗费的历史资料、现状及影响因素深刻了解的基础之上。这种方法简便易行，在资料不多、难以进行定量预测时最为适用。

定性预测方法有许多种，最常用的是调查研究判断法，即依靠专家预测未来成本的方法，所以也称为专家预测法。其具体方式有座谈会法和函询调查法。

①座谈会法。座谈会法指以会诊形式集中各方面专家面对面地进行讨论，各自提出自己的看法和意见，最后综合分析，得出预测结论。这种方法的优点是能经过充分讨论，所测数值比较准确；缺点是有时可能出现会议准备不周、走过场，或者屈从于领导意见的情况。

②函询调查法。函询调查法也称为德尔菲法，是采用函询调查的方式，向有关专家提出所要预测的问题，请他们在互不商量的情况下，背对背地各自作出书面答复，然后将收集的意见进行综合、整理和归类，并匿名反馈给各个专家，再次征求意见，如此经过多次反复之后，就能对所需预测的问题取得较为一致的意见，从而得出预测结果。为了能体现各种预测结果的权威程度，可以针对不同专家预测的结果，分别给予重要性权数，再将他们对各种情况的评估作加权平均计算，从而得到期望平均值，作出较为可靠的判断。这种方法的优点是能最大限度地利用各个专家的能力，相互不受影响，意见易于集中，且真实；缺点是受专家的业务水平、工作经验和成本信息的限制，有一定的局限性。这是一种广泛应用的专家预测方法。

（2）成本的定量预测

定量预测是利用历史成本统计资料以及成本与影响因素之间的数量关系，通过数学模型来推测、计算未来成本的可能结果。在成本预测中，常用的定量预测方法有高低点法、加权平均法、回归分析法、量本利分析法。本书仅就回归分析法进行介绍。回归分析法是根据变量之间的相互依存关系来预测成本的变化趋势。这种方法计算的数值准确，但计算过程相对烦琐。

回归分析有一元线性回归、多元线性回归和非线性回归等。现简单介绍一元线性回归在成本预测中的应用。

根据成本和产量之间的依存关系，以产量为自变量，用 x 表示；以成本为因变量，用 y 表示，则有：

$$y = a + bx$$

式中　a——固定成本；

　　　b——单位变动成本。

在此公式的应用中，a、b 的计算是关键，通常是应用最小二乘法原理进行计算，a、b 的计算公式如下：

$$b = \frac{n\sum xy - \sum x \cdot \sum y}{n\sum x^2 - (\sum x)^2} = \frac{\sum xy - n\bar{x}\bar{y}}{\sum x^2 - n\bar{x}^2}$$

$$a = \frac{\sum y - b \sum x}{n} = \bar{y} - b\bar{x}$$

利用一元线性回归这一数学模型,可以对建设项目进行成本预测。预测,常常利用预算成本和实际成本的相互依存关系,建立的线性模型 $y = a + bx$(x 代表实际预算成本,y 代表实际成本)中,根据此公式进行预测计算。

4.3.5 编制施工项目成本计划

成本计划是在多种成本预测的基础上,经过分析、比较、论证、判断之后,以货币形式预先规定计划期内生产的耗费和成本所要达到的水平,并且确定各个项目比上期预计要达到的降低额和降低率,提出保证成本费用计划事实所需要的主要措施方案。它是进行成本控制的主要依据。

施工项目成本计划应当由项目经理部进行编制,从而规划出实现项目经理成本承包目标的实施方案。施工项目成本计划的关键内容是降低成本措施的合理设计。

1)施工项目成本计划的编制步骤

第一步,项目经理部按项目经理的成本承包目标确定施工项目的成本控制目标和降低成本控制目标,后两者之和应低于前者。

第二步,按分部分项工程对施工项目的成本控制目标和降低成本目标进行分解,确定各分部分项工程的成本目标。

第三步,按分部分项工程的目标成本实行施工项目内部成本承包,确定各承包队的成本承包责任。

第四步,由项目经理部组织各承包队确定降低成本技术组织措施并计算其降低的效果,编制降低成本计划,与项目经理降低成本目标进行对比,经过反复对降低成本措施进行修改而最终确定降低计划。

第五步,编制降低成本技术组织措施计划表,降低计划表和施工项目成本计划表。

2)施工项目成本计划的编制方法

项目成本计划的编制,是建立在成本预测和一定资料的基础上的,具体编制需采用相应的方法。

(1)在成本计划降低指标试算平衡的基础上编制

成本计划的试算平衡,是编制成本计划的一项重要步骤。试算平衡是指在正式编制成本之前,根据已有的资料,测算影响成本的各项因素。寻求切实可行的节约措施,提出符合成本降低目标的成本计划指标,以保证降低成本。

(2)弹性预算

这里所说的预算,就是通过有关数据集中而系统地反映出来的企业经营预测、决策所确定的具体目标。预算的种类很多,按静动区分,可分为固定预算和可变预算。固定预算又称静态预算,是根据预算期间内计划预定的一种活动水平(如施工产量水平)确定相应数据的预算水平。

如果按照预算期内可预见的多种生产经营活动水平,分别确定相应的数据,以使编制的预算随着生产经营活动水平的变动而变动,这种预算就是可变预算,即弹性预算。因此,弹性预算是为一定活动范围而不是为了某单一水平编制的。它比固定预算更便于落实任务、区分责任,并使预算执行情况的评价和考核建立在更加客观可比的基础上。

弹性预算主要适用于成本预算及一些间接费用、期间费用等的预算。

(3)零基预算

编制预算的传统方法,是以原有的费用水平为基础进行有关业务量分析。其基本程序是:以本期费用预算的执行情况为基础,按预算期内有关业务量预期的增减变化,对现有费用水平作适当调整,以确定预算期的预算数。在指导思想上,是以承认现实的基本合理性作为出发点。而零基预算则不同,是一种全新的预算控制法。它的全称为"以零为基础的编制计划和预算方法"。零基预算的基本原理是:对于任何一个预算期,任何一种费用项目的开支数,不是从原有的基础出发,即根本不考虑基期的费用开支水平,而是像企业新创立时那样,一切以"零"为起点,从根本上考虑各个费用项目的必要性及其规模。

零基预算的优点是:不受具体条款限制,不受现行财务预算情况的约束,能够充分发挥各级管理人员的积极性和创造性,促进各级财务划部门精打细算,量力而行,合理使用资金,提高经济效益,但编制预算的工作量较大。

(4)滚动预算

通常的财务预算,都是以固定的一个时期(如一年)为预算期的。由于实际经济情况是不断变化的,预算人员难以准确地对未来较远时期进行推测,所以这种预算往往不能适应实际中的各种变化。另外,在预算执行了一个阶段以后,往往会使管理人员只考虑剩下的一段时间,从而缺乏长远打算。为了弥补这些缺陷,一些国家推广使用了滚动预算法编制预算。

滚动预算,也称连续预算或永续预算。它是根据每一段预算执行情况相应调整下一阶段预算值,并同时将预算期向后移动一个时间阶段。这样可使预算不断向前滚动、延伸,于是经常保持一定的预算期。

这种方法的优点是:在预算中可使管理者能够对未来一定时期生产经营活动经常保持一个稳定的视野,便于对不同时期的预算作出分析和比较,也使工作主动,不至于在原预算将全部执行结束时,再组织编制新的预算,避免"临渴掘井"。

3)降低施工项目成本的技术组织措施设计

(1)全面设计

降低成本的措施要从技术方面和组织方面进行全面设计,技术措施要从施工作业所涉及的生产要素方面进行设计,以降低生产消耗为宗旨。组织措施要从经营管理方面,尤其是从施工管理方面进行筹划,以降低固定成本、消灭非生产性损失、提高生产效率和组织管理效果为宗旨。

(2)降低材料费用

从费用构成的要素方面考虑,首先应降低材料费用,材料费用占工程成本的大部分,降低材料费用对降低成本的潜力最大,而降低材料费用首先应抓住关键性的材料,因为它们的品种少,而所占费用的比重大,故不但容易抓住重点,而且易见成效。降低材料费用最有效的措施是改善设计或采用代用材料,它比改进施工工艺更有效,潜力更大。而在降低材料成本措施的设计中,ABC 分类法和价值分析法是有效和科学的手段。

（3）降低机械使用费

降低机械使用费的主要途径是设计提高机械利用率和机械效率,以充分发挥机械生产能力的措施。因此,必须重视科学的机械使用计划和完好的机械状态。随着施工机械化程度的不断提高,降低机械使用费的潜力越来越大,因此必须做好施工机械使用的技术经济分析。

（4）降低人工费用

降低人工费用的根本途径是提高劳动生产率。提高劳动生产率必须通过提高生产工人的劳动积极性实现。提高生产工人劳动积极性则与适当的分配制度、激励办法、责任制及思想工作有关,故管理者要正确应用行为科学和理论,进行有效的"激励"。

（5）降低成本计划编制基础

降低成本计划的编制必须以施工组织设计为基础。在施工组织设计的施工方案中,必须有降低成本的措施。施工进度计划所设计的工期,必须与成本优化相结合。施工总平面图无论对施工准备费用支出和施工的经济性都有重大影响。因此,施工项目管理规划既要作出技术和组织设计,又要作出成本设计。只有在施工项目管理规划基础上编制的成本计划,才是有可靠基础的、可操作的成本计划,也是考虑缜密的成本计划。

4.3.6   施工项目成本计划的实施

1）注意主要环节

①加强施工任务单和限额领料单的管理,落实执行降低成本的各项措施,做好施工任务单的验收和限额领料单的结算。

②将施工任务单和限额料单的结算资料进行对比,计算分部分项工程的成本差异,分析差异原因,并采取有效的纠偏措施。

③做好月度成本原始资料的收集和整理,正确计算月度成本,分析月度计划成本和实际差异,充分注意不利差异,认真分析有利差异的原因,特别应重视盈亏比例异常现象的原因分析,并采取措施尽快消除异常现象。

④在月度成本核算的基础上实行责任成本核算。即利用原始的会计核算的资料,重新按责任部门或责任者归集成本费用,每月结算一次,并与责任成本进行对比,由责任者自行分析成本差异和产生的原因,自行采取纠正措施,为全面实现责任成本创造条件。

⑤经常检查承包合同履行情况,防止发生经济损失。

⑥加强施工项目成本计划执行情况的检查与协调。

⑦在竣工验收阶段做好扫尾工作,缩短扫尾时间。认真清理费用,为结算创造条件,做好结算。在保修期间做好费用控制和核算。

2）质量成本控制

质量成本是指为达到和保证规定的质量水平所消耗费用的那些费用。其中包括预防和鉴定成本（或投资）、损失成本（或故障成本）。

预防成本是致力于预防故障的费用;鉴定成本是为了确定保持规定质量所进行的试验、检验和验证所支出的费用;损失成本可分为内部故障成本与外部故障成本。内部故障成本是由于交货前因产品或服务没有满足质量要求而造成的费用;外部故障成本是交货后因产品或服务没有满足质量要求而造成的费用。

质量成本控制应抓成本核算,并计算各科目的实际发生额,然后进行分析(见表4.8),根据分析找出的关键因素,采取有效措施加以控制。

表4.8　质量成本分析表

质量成本项目		金额/元	质量成本率/%		对比分析
			占本项	占总额	
预防成本	质量管理工作费	1 380	10.43	0.95	预算成本 4 417 500 元
	质量情报费	854	6.41	0.58	实际成本 3 896 765 元
	质量培训费	1 875	14.08	1.28	降低成本 520.735 元
	质量技术宣传费	—	—	—	成本降低率 6.50%
	质量管理活动费	9 198	69.08	6.28	$\dfrac{质量成本}{实际成本}=\dfrac{146\ 482}{3\ 896\ 765}=3.76\%$
	小计	13 316	100.00	9.08	
鉴定成本	材料检验费	1 154	12.81	0.79	$\dfrac{质量成本}{预算成本}=\dfrac{146\ 482}{414\ 7500}=3.53\%$
	工序质量检查费	7 851	87.19	5.36	
	小计	9 005	100.00	6.15	$\dfrac{预防成本}{预算成本}=\dfrac{13\ 315}{4\ 147\ 500}=0.32\%$
内部故障成本	返工损失	53 823	49.80	36.74	
	返修损失	27 999	25.91	19.1	$\dfrac{鉴别成本}{预算成本}=\dfrac{9\ 005}{4\ 147\ 500}=0.22\%$
	事故分析处理费	1 956	1.81	1.34	
	停工损失	2 488	2.30	1.70	$\dfrac{内部故障成本}{预算成本}=\dfrac{108\ 079}{4\ 147\ 500}=2.61\%$
	质量过剩支出	21 813	20.18	14.89	
	技术超前支出费	—	—	—	$\dfrac{外部故障成本}{预算成本}=\dfrac{16\ 082}{4\ 147\ 500}=0.39\%$
	小计	108 079	10.00	73.76	
外部故障成本	回访修理费	4 431	27.57	3.03	
	劣质材料额外支出	11 648	72.43	7.95	
	小计	16 082	100.00	10.98	
质量成本支出额		146 482	100.00	100.00	

3)施工项目成本计划执行情况检查与协调

项目经理部应定期检查成本计划的执行情况,并在检查后及时分析,采取措施,控制成本支出,保证成本计划实现。

①项目经理部应根据承包成本和计划成本,绘制月度成本折线图。在成本计划实施过程中,按月在同一图上打点,形成实际成本折线,如图4.24所示,该图不但可以看出成本发展动态,还可以分析成本偏差。成本偏差有3种:

实际偏差 = 实际成本 - 承包成本

$$计划偏差 = 承包成本 - 计划成本$$
$$目标偏差 = 实际成本 - 计划成本$$

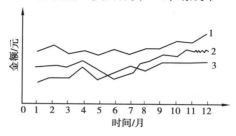

图 4.24 成本控制折线图

注:1—承包成本;2—计划成本;3—实际成本

应尽量减少目标偏差,目标偏差越小,说明控制效果越好,目标偏差为计划偏差与实际偏差之和。

②根据成本偏差,用因果分析图分析产生的原因,然后设计纠偏措施,制订对策,协调成本计划,对策要列成对策表,落实执行责任,最后应对责任的执行情况进行考核。

4.3.7 工程项目成本控制

成本控制,是指在生产经营过程中,按照规定的成本费用标准,对影响产品寿命周期成本费用的各种因素进行严格的监督调节,及时揭示偏差,并采取措施加以纠正,使实际成本费用控制在计划范围内,保证实现成本目标。

1)明确成本控制程序

(1)制订成本控制标准

成本控制标准是对各费用开支和各种资源消耗所规定的数量界限。成本控制标准有多种形式,主要有目标成本、成本计划指标、费用预算、消耗定额等。

(2)实施成本控制

实施成本控制是依据成本控制标准对成本的形成过程进行具体监督,并通过成本的信息反馈系统及时揭示成本差异,实行成本过程控制。

(3)确定差异

确定差异是通过对实际成本和成本标准比较,计算成本差异数额,分析成本脱离标准的程度和性质,确定造成成本差异的原因和责任归属。

(4)消除差异

组织群众挖掘潜力,提出降低成本的新措施或修订成本建议,并对成本差异的责任部门进行相应的考核和奖惩,采取措施改进工作,以达到降低成本的目的。

2)标准成本控制

标准成本控制是指预先确定标准成本,在实际成本发生后,将实际成本与标准成本相比,用以揭示成本差异,并对成本差异进行因素分析,据以加强成本控制的方法。其中标准成本是经过仔细调查、分析和技术测定而制订的在正常生产经营条件下用以衡量和控制实际成本的一种预计成本。通常按零件、部件、生产阶段,分别对直接材料、直接人工、制造费用等进行测定。

（1）标准成本的制订

制订标准成本的基本形式均是以"价格"标准乘以"数量"标准。

$$标准成本 = 价格标准 × 数量标准$$

①直接材料的标准成本。价格标准是指事先确定的购买材料应支付的标准价格，数量标准是指在现有生产技术条件下生产单位产品需用的材料数量，即：

$$直接材料标准成本 = 直接材料标准价格 × 单位产品用量标准$$

②直接人工的标准成本。价格标准是工资率标准，在计件工资下，是单位产品支付直接人工工资；在计时工资制下，是单位工作时间标准应分配的工资。其计算公式为：

$$计时工资标准 = \frac{预计支付直接人工工资总额}{标准总工时}$$

数量标准是指在现有生产技术条件下生产单位产品需用的工作时间。

$$直接人工标准 = 成本工资率标准 × 单位产品工时标准$$

③制造费用的标准成本。价格标准是指制造费用分配标准，制造费用分配率是根据制造费用预算确定的固定费用和变动费用分别除以生产量标准的结果。其计算公式为：

$$每工时标准变动费用分配率 = \frac{变动费用预算合计}{标准总工时}$$

$$每工时标准固定费用分配率 = \frac{固定费用预算合计}{标准总工时}$$

数量标准是指生产单位产品需用直接人工小时（或机器小时）。

$$变动费用标准 = 成本变动费用分配率 × 工时定额$$

$$固定费用标准 = 成本固定费用分配率 × 工时定额$$

根据上述计算的各个标准成本项目加以汇总，构成产品的标准成本。

（2）成本差异的计算分析

成本差异就是实际成本与标准成本的差额。实际成本大于标准成本为逆差；实际成本小于标准成本为顺差。通过对成本差异的计算分析，可以揭示每种差异对生产成本影响程度的具体原因及其责任归属。

①直接材料成本差异的计算分析，其计算公式为：

$$直接材料成本差异 = 实际价格 × 实际数量 - 标准价格 × 标准数量$$

其中，

$$标准数量 = 实际产量 × 单位产品的用量标准$$

直接材料成本差异包括直接材料价格差异和直接材料数量差异两部分。计算公式为：

$$材料价格差异 = （实际价格 - 标准价格）× 实际耗用数量$$

$$材料数量差异 = 标准价格 × （实际耗用数量 - 标准耗用数量）$$

在计算材料成本差异的基础上，进行成本差异的分析。以材料成本顺差或逆差为线索，按照产生的价差和量差，找出其具体原因，明确其责任归属。一般情况下，材料价格差异应由采购部门负责，有时则应由其他部门负责，比如由于生产上的临时需要进行紧急采购时，运输方式改变引起的价格差异，就应由生产部门负责。另外，材料数量差异一般应由生产部门负责，但也有例外。如由于采购部门购入劣质材料引起超量用料，就应由采购部门承担责任。

②直接人工成本差异的计算分析,其计算公式如下:

直接人工成本差异 = 实际工资价格 × 实际工时 − 标准工资价格 × 标准工时

其中,

标准工时 = 实际产量 × 单位产品工时耗用标准

直接人工成本差异包括直接人工工资价格差异和直接人工效率差异两部分。计算公式为:

人工工资价格差异 = (实际工资价格 − 标准工资价格) × 实际工时

工时人工效率差异 = 标准工资价格 × (实际工时 − 标准工时)

对直接人工成本差异进行分析,工资价格差异是由于生产人员安排是否合理而形成的,故其责任应由劳动人事部门或生产部门负责。人工效率差异,或者是由于生产部门人员安排恰当与否引起的,应由生产部门承担责任,或者是由于生产工艺流程的变化情况引起的,应由技术部门承担责任。

③变动制造费用差异的计算分析。其计算公式如下:

变动制造费用差异 = 实际分配率 × 实际工时 − 标准分配率 × 标准工时

标准工时计算同前。

变动制造费用差异包括变动制造费用开支差异和效率差异两部分。计算公式为:

变动制造费用开支差异 = (实际分配率 − 标准分配率) × 实际工时

变动制造费用效率差异 = 标准分配率 × (实际工时 − 标准工时)

④固定制造费用差异的计算分析。其计算公式如下:

固定制造费用差异 = 实际分配率 × 实际工时 − 标准分配率 × 标准工时

= 实际固定制造费用 − 标准固定制造费用

标准工时的计算同前。

固定制造费用差异包括固定制造费用开支差异和能量差异两部分。计算公式为:

固定制造费用开支差异 = 实际分配率 × 实际工时 − 标准分配率 × 预算工时

= 实际固定制造费用 − 标准固定制造费用

固定制造费用能量差异 = 标准分配率 × (预算工时 − 标准工时)

= 预算固定费用 − 标准固定费用

预算工时 = 计划产量 × 单位产品标准工时

3) 成本归口分级管理

为了有效地进行成本控制,项目要建立成本控制体系,以实行成本归口分级管理。

成本归口管理是指各职能部门对成本的管理,按照各职能部门在成本管理方面的职责,把成本指标和降低成本目标分解下达给有关职能部门进行控制并负责完成,实行责、权、利相结合的一种管理形式。在公司总部统一领导、统一计划下,由财务部门负责把成本指标和降低成本目标按主管的职能部门进行分解下达。如原材料成本指标(或物资实物量指标)由物资供应部门归口控制;工资成本指标由劳动部门归口控制;改进产品设计和生产工艺的降低成本任务由技术部门负责实现;管理费用指标由行政部门归口控制等。

成本分级管理,是按照各施工生产单位成本管理的职责,把成本指标和降低成本目标分解下达给工程队、班组进行控制并负责完成,实行责、权、利相结合的一种管理形式。在我国,一般实行公司总部、工程处(工区)、施工队、班组四级成本管理。它一般采用逐级分解成本和降低成本目标的办法。公司总部的成本管理在公司总经理或总会计师领导下,由会计部门负责进行,并下达各工程处(工区)成本指标,计算实际成本,检查和分析指标情况。工程处(工区)根据总部下达的成本指标,分解下达给各施工队,各施工队再下达给班组,组织班组进行成本管理。班组是成本管理的最基层单位,直接费用的发生大多数是在班组中发生的,所以这一级成本的节约和浪费,直接影响成本高低,所以要加强班组成本控制。

4.3.8 进行项目成本核算

工程项目成本核算是指项目建设过程中所发生的各种费用和形成建设项目成本的核算。它包括两个基本环节:一是按照规定的成本开支范围对建设费用进行归集,计算出建设费用的实际发生额;二是根据成本核算对象,采取适当的方法,计算出该建设项目的总成本和单位成本。建设项目成本核算所提供的各种信息,是成本预算、成本计划、成本控制、成本分析和成本考核等各个环节的依据。因此,加强建设项目成本核算工作,对降低建设项目成本,提高企业的经济效益有积极的作用。

成本核算,是审核、汇总、核算一定时期内生产费用发生额和计算产品成本工作的总称。正确进行成本核算,是加强成本管理的前提,核算得不准确、不及时,就无法实现成本的合理补偿,无从及时分析成本升降的原因,不利于及时采取措施,降低成本,提高经济效益。

1)成本核算对象的划分

成本核算对象必须根据具体情况和施工管理的要求,具体进行划分。具体的划分方法为:

①工业和民用建筑一般应以单位工程作为成本核算对象。

②一个单位工程,如果有两个或两个以上施工单位共同施工时,各个施工单位都以同一单位工程为成本核算对象,各自核算自行完成的部分。

③对于工程规模、工期长,或者采用新材料、新工艺的工程,可以根据需要,按工程部位划分成本核算对象。

④在同一个工程项目中,如果若干个单位工程结构类型、施工地点相同,开竣工时间接近,可以合并成一个成本核算对象;建筑群中如有创全优的工程,则应以全优工程为成本核算对象,并严格划清工料费用。

⑤改建或扩建的零星工程,可以将开竣工时间接近的一批单位工程合并为一个成本核算对象。

2)施工项目的"成本项目"

根据住房和城乡建设部制订的《建筑安装费用项目组成》(建标〔2013〕44号)和新财务制度的规定,可将施工项目的"成本项目"列成表4.9。

表 4.9　施工项目费用构成

工程费用组成	施工企业财务制度	异同
侧重造价构成 一、直接工程费 1. 直接费 ①人工费 ②材料费 ③机械使用费 2. 其他直接费 3. 现场经费 ①临时设施费 ②现场管理费	侧重成本、费用支出和营业收入 一、直接成本 1. 人工费 2. 材料费 3. 机械使用费 4. 其他直接费(含临时设施) 二、间接成本 施工间接费	①工程项目成本包括直接成本和间接成本,有关管理费用、财务费用子目 ②临时设施"制度"划入其他直接费,"组成"划入现场经费,共同构成项目成本 ③有些费用名称叫法不一,如企业管理费和管理费用 ④间接费和间接成本系两个不同的概念
二、间接费 1. 企业管理费 2. 财务费用 3. 其他费用(代收代付) ①定额编制管理费 ②定额测定费 ③上级管理费 三、计划利润(差别利润率) 四、税金(营业税、城市维护建设税、教育费附加)按税法规定	项目成本(即制造成本) 三、期间费用 1. 管理费用 2. 财务费用 四、计划利润(属营业收入组成部分) 五、税金及附加 六、投资收益 七、营业收入 八、营业外支出	
计费基数		
1. 土建工程费用计算基数 ①其他直接费、现场经费以直接费为基数计算; ②间接费以直接工程费为基数计算	其中单独承包装饰工程其他直接费、现场经费、间接费均以人工费为基数计算	安装工程:其他直接费、现场经费、间接费均以人工费为基数计算
2. 计划利润计算基数 以直接工程费与间接费之和为基数计算	以人工费为基数	以人工费为基数

3)施工项目成本核算要求

①执行国家有关成本开支范围和费用开支标准,控制费用开支,节约使用人力、物力和财力。

②正确及时记录施工项目的各项开支和实际成本。

③划清成本、费用支出和非成本、费用的界限。

④正确划分各种成本、费用的界限。

⑤加强成本核算的基础工作,包括建立各种财产、物资的收发、领退、转移、报废、清点、盘点、索赔制度,健全原始记录和工程量统计制度,建立各种内部消耗定额及内部指导和工程量统计制度,建立各种内部消耗定额及内部指导价格,完善计量、检测、检验设施等。

⑥有账有据。资料要真实、可靠、准确、完整、及时、审核无误、手续齐全、建立台账。

⑦要求具备成本核算内部条件(两层分开、内部市场等)和外部条件(定价方式、承包方式、价格状况、经济法规等)。

4.3.9　进行工程项目成本分析与考核

1)工程项目成本分析的内容

工程项目成本分析,是对工程项目成本的形成过程和影响成本升降的因素进行分析,以寻求进一步降低成本的途径。通过成本分析可增强项目成本的透明度和可控性,为加强成本控制实现项目成本目标创造条件。工程项目成本进行分析的内容包括以下3个方面:

①随着项目施工的进展而进行的成本分析。主要内容包括部分项目工程的成本分析、月(季)度成本分析、年度成本分析、竣工成本分析。

②按成本项目进行的成本分析。主要内容包括人工费分析、材料费分析、机械费分析、其他直接费用分析、间接成本分析。

③针对特定问题和与成本有关事项的分析。主要内容包括成本赢利异常分析、工期成本分析、资金成本分析、技术组织措施节约效果分析、其他有利因素和不利因素对成本影响的分析。

建设项目成本分析,应随项目施工的进展,动态地、多形式开展,而且要与生产诸要素的经营管理相结合。这是因为成本分析必须为生产经营服务,即通过成本分析,及时发现矛盾,及时解决矛盾,从而改善生产经营,同时又可降低成本。

2)选择项目成本分析方法

成本分析的方法很多,随着科学技术经济的发展,在工程成本分析中,将出现越来越多的新的分析方法。由于建设项目成本涉及的范围很广,需要分析的内容也很多,因此应该在不同的情况下采取不同的分析方法。为了便于联系实际参考应用,按成本分析的基本方法、综合成本的分析方法、成本项目的分析方法、与成本有关事项的基本分析方法,叙述如下:

(1)比较分析法

比较分析法又称"指标对比分析法",简称"比较法"。此方法是通过特殊经济指标的对比,检查计划的完成情况,分析产生差异的原因,进而挖掘内部潜力的方法,这种方法具有通俗易懂、简单易行,便于掌握的特点,因而得到了广泛的应用。在实际工作中,比较分析法通常有下列形式。

①实际成本与计划成本比较。将实际成本与计划成本比较,以检查计划的完成情况,分析完成计划的积极因素和影响计划完成的原因,以便及时采取措施,保证成本目标的实现。比较时,计算出实际成本与计划成本的差异。如果是正数差异,说明成本计划完成;如果是负数差异,则说明成本超支,成本比例没有完成。

②本期实际成本与上期实际成本的比较。通过这种对比,可以看出各项技术经济指标

的动态情况,从而反映建设项目管理工作水平的提高程度。在一般情况下,一个技术经济指标只能代表建设项目管理的一个侧面,只有成本指标才能是管理水平的综合反映。因此,成本指标的对比分析尤为重要,不仅要真实可靠,而且要有深度。

③与本行业平均水平,先进水平对比。通过这种对比,可以反映本项目的技术管理和经济管理与其他项目的平均水平和先进水平的差距,进而采取措施赶超先进水平。

(2)因素分析法

因素分析法又称连环替代法,它是用来确定影响成本计划完成情况的因素及其影响程度的分析方法。影响成本计划完成的因素是各种各样的,成本计划的完成与否,往往受多种因素综合影响。为了分析各个因素对成本的影响程度,就需要应用因素分析法来测定每一个因素的影响数值,测定时,要把其中一个因素当作可变因素,其他因素暂时不变,并按照各个因素的一定程度不同测定。必须注意的是,各个因素应根据其相互内在联系和所起的作用的主次关系,确定其排列顺序。各因素的排列顺序一旦确定,不能任意改变,否则将会得出不同的计算结果,影响分析、评价的质量。

①计算程序。因素分析法的计算程序如下:

a.确定分析对象,即将分析的各项成本指标,计算出实际数与计划数的差异,作为分析对象。

b.确定该成本指标,是由哪几个因素组成的,并按照各个因素之间的相互联系,排列顺序。

c.实际数替换计划数,即以计划(预算)数为基础,将全部因素的计划(预算)数相乘,作为替代的基础。将各因素的实际数逐个替换其计划(预算)数,替换后的实际数应保留下来;每次替换后,都要计算出新的结果。

d.结果比较,即将每次替换所得的结果,与前一次计算的结果比较,二者差额,就是某一因素对计划完成情况的影响程度。

②示例说明。现以材料成本分析的方法为例来说明。影响材料成本的升降因素,主要有以下内容:

a.工程量的变动,即工程量比计划增加,材料消耗总值也会相应地增加;反之,工程量比计划减少,材料消耗总值也会随之减少。

b.单位材料消耗定额的变动,即单位产品的实际用料低于定额用料,材料成本可以降低;反之,实际用料高于定额用料,材料成本就会发生超支。

c.材料单价的变动。即材料实际单价小于计划单价,材料成本可以降低;反之实际单价大于计划单价,材料成本就会发生超支。

d.现将上述3个因素按工程量、单位材料消耗量、材料单价的排列顺序,列式如下:

(a)计划数: 计划工程量×单位材料消耗定额×计划单价

(b)第一次替代: 实际工程量×单位材料消耗定额×计划单价

(c)第二次替代: 实际工程量×单位实际用料量×计划单价

(d)第三次替代: 实际工程量×单位实际用料量×实际单价

(b)式与(a)式计算结果的差额,是由于工程量变动的结果。

(c)式与(b)式计算结果的差额,是由于材料消耗定额变动的结果。

(d)式与(c)式计算结果的差额,是由于材料单价变动的结果。

如某工程材料成本资料如表 4.10 所示。用因素分析法分析各种因素的影响,可见表 4.11。分析的顺序是:先绝对量指标,后相对量指标;先实物量指标,后货币量指标。

表 4.10　材料成本情况表

项目	单位	计划	实际	差异	差异率/%
工程量	m³	100	110	+10	+10.0
单位砖料耗量	kg	320	310	-10	-3.1
材料单价	元/kg	40	42	+2.0	+5.0
材料成本	元	1 280 000	1 432 200	+152 200	+12.0

表 4.11　材料成本影响因素分析法

计算顺序	替换因素	影响成本的变动因素			成本/元	与前一次之差/元	差异原因
		工程量/m³	单位材料耗量/m³	单价/元			
①替换基数		100	320	40.0	1 280 000		
②一次替换	工程量	110	320	40.0	1 408 000	128 000	工程量增加
③二次替换	单耗量	110	310	40.0	1 364 000	-44 000	单位耗量节约
④三次替换	半价	110	310	40.0	1 432 200	68 200	单价提高
合计						152 200	

（3）差额分析法

差额分析法是因素分析法的简化形式。运用差额分析法的原则与运用因素分析法的原则基本相同,但其计算方式有所不同。差额分析法是利用指标的各个因素的实际数与计划数的差额,按照一定的顺序。直接计算出各个因素变动时对计划指标完成的影响程度的一种方法。

这是因素分析法的一种简化形式,仍按上例计算:

由于工程量增加使成本增加:

$$(110 - 100) \times 320 \times 40 = 128\ 000(元)$$

由于单位耗量节约使成本降低

$$(310 - 320) \times 110 \times 40 = -44\ 000(元)$$

由于单价提高使成本增加:

$$(42 - 40) \times 110 \times 310 = 68\ 200(元)$$

（4）比率分析法

比率分析法,是指用两个以上的指标的比例进行分析的方法。其基本特点是:先把对比分析的数值变成相对数,再观察其相互之间的关系,常用的比率分析法有以下几种:

①相关比率法

由于项目经济活动的各个方面是互相联系,互相依存,又互相影响的,因而将两个性质不同而又相同的指标加以对比,求出比率,并以此来考察经营成果的好坏。如产值和工资是两个不同的概念,但它们的关系又是投入与生产的关系。在一般情况下,都希望以最少的人工费支出完成最大的产值。因此,用产值工资率指标考核人工费的支出水平,就很能说明问题。

②构成比率法

构成比率又称比重分析法或结构对比分析法。通过构成比率,可以考察成本总量的构成情况以及各成本项目占成本总量的比重,同时可以看出量、本、利的比例关系(即预算成本、实际成本和降低成本的比例关系),从而为寻求低成本的途径指明方向。

③动态比率法

动态比率法,就是将同类指标不同时期的数值进行比较,求出比率,以分析该项目指标的发展方向和发展速度。动态比率的计算,通常采用基期指数(或稳定比指数)和环比指数两种方法。

3)综合成本的分析方法

所谓综合成本,是指涉及多种生产要素,并受多种因素影响的成本费用,如分部分项工程成本、月(季)成本、年度成本等。由于这些成本都是随着项目施工的进展逐步形成的,与生产经营有着密切的关系。因此,做好上述成本的分析工作,无疑将促进项目的生产经营管理,提高项目的经营效益。

(1)分部分项工程成本分析

分部分项工程成本分析是建设项目成本分析的基础。分部分项工程成本分析的对象为已完成分部分项工程。分析的方法是:进行预算成本、计划成本和实际成本的“三算”对比,分别计算实际偏差,分析偏差产生的原因,并为今后的分部分项工程成本寻求节约的途径。

分部分项工程成本分析的资料来源是:预算成本来自施工图预算,计划成本来自施工预算,实际成本来自在施工任务单的实际工作量、实耗人工和限额领料单的实耗材料。

由于施工项目包括很多分部分项工程,不可能也没有必要对每一个分部分项工程都进行成本分析。特别是一些工程量小、成本费用微不足道的零星工程。但是,对于那些主要分部分项工程则必须进行成本分析,而且要做到从开工到竣工进行系统的成本分析。这是一项很有意义的工作,因为通过主要分部分项工程成本的系统分析,可以基本上了解项目成本形成的全过程,为竣工成本分析和今后项目成本管理提供一份宝贵的参考资料。

(2)月(季)度成本分析

月(季)度的成本分析,是建设项目定期的、经常性的中间成本分析。对于有一次性特点的建设项目来说,有着特别重要的意义。因为,通过月(季)度成本分析,可以及时发现问题,以便按照成本目标指示的方向进行监督和控制,保证项目成本目标的实现。

月(季)度的成本分析的依据是当月(季)的成本报表。分析方法,通常有以下几个方面:

①通过实际成本与预算成本的对比,分析当月(季)的成本降低水平;通过累计实际成本与累计预算成本的对比,分析累计的成本降低水平;预测实现项目成本目标的前景。

②通过实际成本与计划成本的对比,分析计划成本的落实情况,以及目标管理中的问题和不足,进而采取措施,加强成本管理,保证成本计划的落实。

③通过对各成本项目的成本分析,可以了解成本总量的构成比例和成本管理的薄弱环节。如在成本分析中,发现人工费、机械费和间接费等大幅度超支,就应该对这些费用的收支配比关系进行认真研究,并采取对应的增收节支措施,防止今后再超支。如果是属于预算定额规定的"政策性"亏损,则应从控制支出着手,把超支额压缩到最低限度。

④通过主要技术经济指标的实际与计划的对比,分析产量、工期、质量、"三材"节约率、机械利用率等对成本的影响。

⑤通过对技术组织措施执行效果的分析,寻求更加有效的节约途径。

⑥分析其他有利条件和不利条件对成本的影响。

(3)年度成本分析

企业成本要求一年结算一次,不得将本年成本转入下一年度。而项目成本则以项目的寿命周期为结算期,要求从开工到竣工再到保修期结束连续计算,最后结算出成本总量及其盈亏。由于项目的施工周期一般都比较长,除了要进行月(季)度成本的核算和分析外,还要进行年度成本的核算和分析。这不仅是为了满足企业成本管理的成绩和不足,为今后的成本管理提供经验和教训,从而可对项目成本分析进行更有效的管理。

年度成本分析的依据是年度成本报表,年度成本分析的内容,除了月(季)度成本分析的6个方面以外。重点是针对下一年度的施工进展情况规划切实可行的成本管理措施,以保证施工项目成本目标的实现。

(4)竣工成本的综合分析

凡是有几个单位工程而且是单独进行成本核算(即成本核算对象)的项目,其竣工成本分析应以各单位工程竣工成本分析资料为基础,再加上项目管理部的经营效益进行综合分析。如果施工项目只有一个成本核算对象(单位工程),就以该成本核算对象的竣工成本资料作为成本分析的依据。

单位工程竣工成本分析,应包括以下3个方面的内容:竣工成本分析;主要资源节约对经济分析;主要技术节约措施及经济效果分析。

通过以上分析,可以全面了解单位工程的成本构成和降低成本的来源,对今后同类工程的成本管理具有一定的参考价值。

(5)特定问题和与成本有关事项的分析

针对特定问题和与成本有关事项的分析,包括成本盈亏异常分析、工期成本分析、资金成本分析等内容。

①成本盈亏异常分析。成本如果出现盈亏异常情况,对项目建设者来说,必须引起高度重视,彻底查明原因并立即加以纠正。检查成本盈亏异常的原因,应从经济核算的"三同步"入手。因为,项目经济核算的基本规律是:在完成多少产值、消耗多少资源、发生多少成本之间有着必然的同步关系。如果违背这个规律,就会发生成本的盈亏异常。

"三同步"检查是提高项目经济核算的有效手段,不仅适用于成本盈亏异常的检查,也可用于月度成本的检查。"三同步"检查可以通过以下5个方面的对比分析来实现。主要有:产值与施工任务单的实际工程量和形象进度是否同步?资源消耗与施工任务单的实耗人工、限额领料单的实耗材料、当期租用的周转材料和施工机械是否同步?其他费用(如材料价差、超高费、井点抽水的打拔费和台班费等)的产值统计与实际支付是否同步?预算成本与产值统计是否同步？实际成本与资源消耗是否同步？

实践证明，把以上 5 个方面的同步情况查明以后，成本盈亏的原因自然一目了然。

②工期成本分析。工期的长短与成本的高低有着密切的关系。在一般情况下，工期越长费用支出就越多，工期越短费用支出就越少。特别是固定成本的支出，基本上是与实际工期成本同比增减的，是进行工期成本的分析的重点。

工期成本分析，就是计划工期成本与实际工期成本的比较分析。所谓计划工期成本，是指在假定完成预期利润的前提下计划工期内所耗用的计划成本；而实际成本，则是在实际工期中耗用的实际成本。

工期成本分析的方法一般采用比较法，即将计划工期成本与实际工期成本进行比较，然后用"因素分析法"分析各种因素的变动对工期成本差异的影响程度。

进行工期成本分析的前提条件是，根据施工图预算和施工组织设计进行量本利分析，计算施工项目的产量、成本和利润的比例关系，然后用固定成本除以合同工期，求出每月支出的固定成本。

③资金成本分析。资金与成本的关系，就是工程收入与成本支出的关系。根据工程成本核算的特点，工程收入与成本支出有很强的配比性。在一般情况下，都希望工程收入越多越好，成本支出越少越好。

施工项目的资金来源，主要是工程款低成本；而施工耗用的人、财、物的货币表现，则是工程成本支出。因此，减少人、财、物的消耗，既能降低成本，又能节约资金。

进行资金成本分析，通常应用"成本支出率"指标，即成本支出占工程款收入的比例。计算公式如下：

$$成本支出率 = \frac{计算期实际成本支出}{计算期实际工程款收入} \times 100\%$$

通过对"成本支出率"的分析，可以看出资金收入中用于成本支出的比重有多大；也可以通过加强资金管理来控制成本支出；还可联系储备金和结存资金的比重，分析资金使用的合理性。

④技术组织措施执行效果分析。技术组织措施是施工项目降低工程成本、提高经济效益的有效途径。因此，在开工以前都要根据工程特点编制技术组织措施计划，并列入施工组织设计。在施工过程中，为了落实施工组织设计所列的技术组织措施计划，可以结合月度施工作业计划的内容编制月度组织措施计划；同时，还要对月度技术组织措施计划的执行情况进行检查和考核。

在实际工作中，往往有些措施已按计划实施，有些措施却并未实施，还有一些措施则是计划以外的。因此在检查考核措施计划成本执行情况的时候，必须分析脱计划和超计划的具体原因，作出正确评价，以免影响有关人员的积极性。

对执行效果的分析也要实事求是，既要按理论计算，也要联系实际，对节约的实物进行验收，然后根据实际节约效果论功行赏，以激励有关人员执行技术组织措施的积极性。

技术组织措施必须与施工项目的工程特点相结合。也就是，不同特点的施工项目，需要采取不同的技术组织措施，有很强的针对性和适应性（当然也有各施工项目通用的技术组织措施）。在这种情况下，计算节约效果的方法也会有所不同。但总的来说，措施节约效果表达如下：

$$措施节约效果 = 措施前的成本 - 措施后的成本$$

对节约效果的分析,需要联系措施的内容和措施的执行经过来进行。有些措施难度比较大,但节约效果并不高;而有些措施难度并不大,但节约效果却很高。因此,在进行技术组织措施执行效果进行考核的时候,也要根据不同情况区别对待。

对于在项目施工管理中影响比较大、节约效果比较好的技术组织措施,应该以专题分析的形式进行深入详细的分析,以便推广应用。

⑤其他有利因素和不利因素对成本影响的分析。在项目施工过程中,必然会有很多有利因素,同时也会碰到不少不利因素。不管是有利因素还是不利因素,都将对项目成本造成影响。

对待这些有利因素和不利因素,首先要有预见,有抵御风险的能力;同时还要把握机遇充分利用有利因素,积极争取转换不利因素。这样,就会更有利于项目施工,也更有利于成本上升速度的降低。

这些有利因素和不利因素,包括工程结构的复杂性和施工技术上的难度,施工现场的自然地理环境(如水文、地质、气候等),以及物资供应渠道和技术装备水平等。它们对项目成本的影响,需要具体问题具体分析。这里只能作为一项成本分析的内容提出来,有待今后根据施工中接触到的实际进行分析。

4)施工项目成本管理考核

施工项目的成本考核分为两个层次:一是对施工项目经理成本管理的考核,二是对施工项目经理所属职能部门和班组的成本管理考核。

对施工项目经理成本管理考核的内容有:项目成本目标和阶段成本目标的完成情况;建立以项目经理为核心的成本管理责任制的情况;成本计划的编制和落实情况;对各部门、各作业队和班组责任成本的检查和考核情况;在成本管理贯彻责、权、利相结合原则的执行情况。

对施工项目经理所属职能部门和班组的成本考核的内容包括:本部门、本岗位责任成本的完成情况;本部门、本岗位成本管理责任的执行情况。

对作业队(承包队)成本管理考核的内容包括:对劳务合同的承包范围和承包内容的执行情况;劳务合同以外的补充收费情况;对班组施工任务单的管理情况;对班组完成施工任务后的考核情况。

对班组的成本管理考核是考核其责任成本(分部分项工程成本)的完成情况。

4.3.10 风险管理

工程项目风险管理是指通过风险识别、风险分析和风险评价,去认识工程项目的风险,并以此为基础合理地使用各种风险应对措施、管理方法、技术和手段对项目的风险实行有效控制,妥善处理风险事件造成的不利后果,以最小的成本保证项目总体目标实现的管理工作。因此,本书将风险管理纳入成本控制的内容之一。《建设工程项目管理规范》(GB/T 50326—2017)对建设项目的风险管理作了如下规定:

（1）一般规定

组织应建立风险管理制度，明确各层次管理人员的风险管理责任，管理各种不确定因素对项目的影响。项目风险管理应包括风险识别、风险评估、风险应对、风险监控等程序。

（2）风险管理计划

项目管理机构应在项目管理策划时确定项目风险管理计划。项目风险管理计划编制依据应包括项目范围说明、招投标文件与工程合同、项目工作分解结构、项目管理策划的结果、组织的风险管理制度、其他相关信息和历史资料。

风险管理计划应包括风险管理目标，风险管理范围，可使用的风险管理方法、措施、工具和数据，风险跟踪的要求，风险管理的责任和权限，必需的资源和费用预算。项目风险管理计划应根据风险变化进行调整，并经过授权人批准后实施。

（3）风险识别

项目管理机构应在项目实施前识别实施过程中的各种风险。项目管理机构应进行下列风险识别：工程本身条件及约定条件；自然条件与社会条件；市场情况；项目相关方的影响；项目管理团队的能力。识别项目风险应遵循下列程序：收集与风险有关的信息；确定风险因素；编制项目风险识别报告。项目风险识别报告应由编制人签字确认，并经批准后发布。项目风险识别报告应包括风险源的类型、数量，风险发生的可能性，风险可能发生的部位及风险的相关特征。

（4）风险评估

项目管理机构应按下列内容进行风险评估：风险因素发生的概率；风险损失量或效益水平的估计；风险等级评估。

风险评估宜采取下列方法：根据已有信息和类似项目信息采用主观推断法、专家估计法或会议评审法进行风险发生概率的认定；根据工期损失、费用损失和对工程质量、功能、使用效果的负面影响进行风险损失量的估计；根据工期缩短、利润提升和对工程质量、安全、环境的正面影响进行风险效益水平的估计。项目管理机构应根据风险因素发生的概率、损失量或效益水平，确定风险量并进行分级。风险评估后应出具风险评估报告。风险评估报告应由评估人签字确认，并经批准后发布。风险评估报告应包括各类风险发生的概率，可能造成的损失量或效益水平、风险等级确定，风险相关的条件因素。

（5）风险应对

项目管理机构应依据风险评估报告确定针对项目风险的应对策略。项目管理机构应采取下列措施应对负面风险：风险规避、风险减轻、风险转移、风险自留。

项目管理机构应采取下列策略应对正面风险：为确保机会的实现，消除该机会实现的不确定性；将正面风险的责任分配给最能为组织获取利益机会的一方；针对正面风险或机会的驱动因素，采取措施提高机遇发生的概率。项目管理机构应形成相应的项目风险应对措施并将其纳入风险管理计划。

（6）风险监控

组织应收集和分析与项目风险相关的各种信息，获取风险信号，预测未来的风险并提出预警，预警应纳入项目进展报告，并采用下列方法：通过工期检查、成本跟踪分析、合同履行情况监督、质量监控措施、现场情况报告、定期例会，全面了解工程风险；对新的环境条件、实施状况和变更,预测风险,修订风险应对措施,持续评价项目风险管理的有效性。组织应对可能出现的潜在风险因素进行监控,跟踪风险因素的变动趋势。组织应采取措施控制风险的影响,降低损失,提高效益,防止负面风险的蔓延,确保工程的顺利实施。

项目小结

本项目重点介绍了施工项目的进度控制、施工项目质量控制;施工项目成本控制及风险管理等 3 个方面的内容。

数字资源及
拓展材料

①施工进度计划控制。施工项目进度计划控制是施工项目目标控制的基础,主要包括对影响施工项目进度的主要因素进行分析,确定了施工阶段进度控制的内容分析,介绍了施工项目进度控制的程序及准则、施工项目进度控制措施与方法的选择,重点对施工项目进度计划的实施、施工项目进度计划的检查、施工项目进度计划的比较、施工项目进度计划的调整的过程进行介绍。

②施工项目质量控制。重点是对工程质量的特性与建筑工程质量进行分析、建立施工项目质量控制控制系统、确定施工项目质量控制的对策、选择施工项目质量控制方法,对施工项目质量因素及施工项目质量进行控制。介绍了质量控制的数理统计与施工项目质量控制 ISO 9000 族标准。

③施工项目成本控制及风险管理。施工项目成本控制及风险管理主要包括施工项目成本的构成分析,做好施工项目成本控制的基础工作,熟悉工程项目成本控制的程序和过程,进行施工项目成本的预测,编制施工项目成本计划,施工项目成本计划的实施,工程项目成本控制,进行项目成本核算,进行工程项目成本分析与考核。

复习思考题

1. 什么是网络计划? 其基本原理是什么?

2. 将网络图与横道图进行比较,各自有什么特点?

3. 双代号网络图的绘制规则有哪些?

4. 施工进度计划如何编制?

5. 某分部工程有 A、B、C 共 3 个施工过程,若分为 3 个施工段施工,每段节拍持续时间分别为 3 d、1 d、2 d。请绘出双代号非时标网络图,用标号法找出关键线路并确定计算工期。

6. 某建筑工程经设计确定的施工过程为 A、B、C、D,施工段数为 4,每段节拍持续时间分别为 4 d、1 d、2 d 和 1 d,试分别绘出流水施工和搭接施工进度计划表。

7. 什么是质量? 质量概念的含义是什么?

8. 施工项目的事前、事中、事后质量控制包括哪些内容?

9. 简述全面质量管理的思想。

10. 简述因果分析图的绘制步骤。

11. 控制图的控制原理是什么? 其控制界限是如何确定的?

12. 什么是建筑工程施工质量验收的主控项目和一般项目?

13. 质量验收是如何进行划分的？验收合格的标准是什么？

14. 简述项目成本的概念与构成。

15. 项目成本管理的措施有哪些？

16. 简述项目成本计划的类型及特点。

17. 简述项目成本计划的内容及作用。

18. 简述项目成本控制的概念与基本要求。

19. 简述项目成本分析的概念与方法。

20. 简述项目成本考核的要求与依据。

21. 分析项目成本运行的控制阶段及内容。

22. 试述项目成本考核的实施。

项目 5
施工项目现场管理

项目导读

- **主要内容及要求**　本项目主要介绍施工项目现场管理的意义与施工项目管理的内容及方法,重点介绍了施工项目安全管理、施工项目现场管理评价。通过本项目的学习,懂得施工项目现场管理的意义,施工项目现场管理的内容、方法,熟悉施工项目安全管理,会进行施工项目现场管理评价,完成施工项目现场管理的任务。
- **重点**　施工项目现场管理、施工项目安全管理。
- **难点**　施工项目现场管理评价。

子项 5.1　施工项目现场管理概述

5.1.1　施工项目现场管理的基本知识

1)施工项目现场管理的基本概念

施工项目现场指从事工程施工活动经批准占用的施工场地。该场地既包括红线以内占用的建筑用地和施工用地,又包括红线以外现场附近经批准占用的临时施工用地。施工项目现场管理是指项目经理部按照《施工现场管理规定》和城市建设管理的有关法规,科学合理地安排使用施工现场,协调各专业管理和各项施工活动,控制污染,创造文明安全的施工环境和人、材、物、资金流畅通的施工秩序所进行的一系列管理工作。施工项目现场管理是指这些工作如何科学筹划合理使用,并与环境各因素保持协调关系,成为文明施工现场。

2)施工项目现场管理的任务

施工项目现场管理的任务,主要从以下 4 个方面进行分析。

（1）施工枢纽站

良好的施工项目现场有助于施工活动正常进行，施工现场是施工的"枢纽站"，大量的物资进场后"停站"于施工现场。活动于现场的大量劳动力、机械设备和管理人员，通过施工活动将这些物资一步步地转变成建筑物或构筑物。这个"枢纽站"能否管理好，涉及人流、物流和财流是否畅通，涉及施工生产活动是否顺利进行。

（2）专业绳结

施工现场是一个"绳结"，把各个专业管理联系在一起。在施工现场，各项专业管理工作既按合同分工分头进行，而又密切协作，相互影响、相互制约，很难完全分开。施工现场管理的好坏，直接关系到各专业管理的技术经济效果。

（3）现场镜子

工程施工现场管理是一面"镜子"，能"照出"施工单位的面貌。通过观察工程施工现场，施工单位的精神面貌、管理面貌，施工面貌赫然显现，一个文明的施工现场有着重要的社会效益，能够赢得很好的社会信誉。反之也会损害施工企业的社会信誉。

（4）法规焦点

工程施工现场管理是贯彻执行有关法规的"焦点"。施工现场与许多城市管理法规有关，诸如房地产开发、城市规划、市政管理、环境保护、市容美化、环境卫生、城市绿化、交通运输、消防安全、文物保护、居民安全、人防建设、居民生活保障、工业生产保障、文明建设等。每一个在施工现场从事施工和管理工作的人员，都应有法治观念，需要执法、守法、护法。每一个与施工现场管理发生联系的单位都关注工程施工现场管理。所以施工现场管理是一个严肃的社会问题和政治问题，不能有半点疏忽。

3）施工项目现场管理的内容

建筑工程施工项目现场管理的主要内容包括以下5个方面内容：

①合理规划施工用地。根据施工项目及建设用地特点，应充分合理利用施工场地；如场地空间不足，应向有关部门申请后方可利用场外临时施工用地。

②科学设计施工总平面图。施工组织设计中要科学设计施工总平面图，并随着施工的进展，不断修改完善。大型机械及重要设施，布局要合理，不要频繁调整。根据建筑总平面图、单位工程施工图、拟订的施工方案、现场地理位置和环境及政府部门的管理标准，充分考虑现场布置的科学性、合理性、可行性，设计施工总平面图、单位工程施工平面图。单位工程施工平面图应根据施工内容和分包单位的变化，设计出阶段性施工平面图，并在阶段性进度目标开始实施前，通过施工协调会议确认后实施。

③建立施工现场管理组织。明确项目经理人的地位及职责，建立健全的各级施工现场管理组织。建立健全施工现场管理规章制度，班组实行自检互检交接制度。

项目经理全面负责施工过程中的现场管理，并建立施工项目现场管理组织体系；施工项目现场管理组织应由主管生产的副经理、主任工程师、分包人、生产、技术、质量、安全、保卫、消防、材料、环保、卫生等管理人员组成；建立施工项目现场管理规章制度和管理标准、实施措施、监督办法和奖惩制度；根据工程规模、技术复杂程度和施工现场的具体情况，遵循"谁生产、谁负责"的原则，建立按专业、岗位、区片的施工现场管理责任制，并组织实施；建立现场管理例会和协调制度，通过调度工作实施的动态管理，做到经常化、制度化。

④建立文明施工现场。施工现场入口处应有施工单位标志及现场平面布置图,应在施工现场悬挂现场规章制度、岗位责任制等。按规定要求堆放好各种施工材料等。

遵循国务院及地方建设行政主管部门颁布的施工现场管理法规和规章认真管理施工现场。按审核批准的施工总平面图布置和管理施工现场,规范场容。项目经理部应对施工现场场容、文明形象管理做出总体策划和部署,分包人应在项目经理部指导和协调下,按照分区划块原则做好分包人施工用地场容、文明形象管理的规划。经常检查施工项目现场管理的落实情况,听取社会公众、近邻单位的意见,发现问题,及时处理,不留隐患,避免再度发生问题,并实施奖惩。接受政府建设行政主管部门的考评机构和企业对建设工程施工现场管理的定期抽查、日常检查、考评和指导。加强施工现场文明建设,展示和宣传企业文化,塑造企业及项目经理部的良好形象。

⑤及时清场转移。施工结束后,应及时组织清场,向新工地转移组织剩余物资退场,拆除临时设施,清除建筑垃圾,按市容管理要求恢复临时占用土地。

4)施工项目现场管理的要求

（1）现场标志

①在施工现场门头设置企业名称、标志。

②在施工现场主要进出口处醒目位置设置施工现场公示牌和施工总平面图,具体有:工程概况(项目名称)牌(见图5.1),施工总平面图,安全无重大事故计数牌,安全生产、文明施工牌,项目主要管理人员名单及项目经理部组织结构图,防火须知牌及防火标志(设置在施工现场重点防火区域和场所),安全纪律牌(设置在相应的施工部位、作业点、高空施工区及主要通道口)。

工程名称:	建筑面积:
建设单位:	
设计单位:	
施工单位:	工地负责人:
开工日期:	竣工日期:

图 5.1　工程概况牌内容

（2）场容管理

①遵守有关规划、市政、供电、供水、交通、市容、安全、消防、绿化、环保、环卫等部门的法规、政策,接收其监督和管理,尽力避免和降低施工作业对环境的污染和对社会生活正常秩序的干扰。

②施工总平面图设计应遵循施工现场管理标准,合理可行,充分利用施工场地和空间,降低各工种、作业活动的相互干扰,符合安全防火、环保要求,保证高效、有序、顺利、文明施工。

③施工现场实行封闭式管理,在现场周边应设置临时维护设施(市区内其高度应不低于1.8 m),维护材料要符合市容要求;在建工程应采用密闭式安全网全封闭。

布置施工项目的主要机械设备、脚手架、模具,施工临时道路及进出口,水、气、电管线,材料制品堆场及仓库,土方及建筑垃圾,变配电间、消防设施、警卫室、现场办公室、生产生活临时设施,加工场地、周转使用场地等井然有序。

④施工物料器具除应按照施工平面图指定位置就位布置外,尚应根据不同特点和性质,规范布置方式和要求,做到位置合理、码放整齐、限宽限高、上架入箱、规格分类、挂牌标识,便于来料验收、清点、保管和出库使用。

⑤大型机械和设施位置应布局合理,力争一步到位;需按施工内容和阶段调整现场布置

时,应选择调整耗费较小,影响面小或已经完成作业活动的设施;大宗材料应根据使用时间,有计划地分批进场,尽量靠近使用地点,减少二次搬运,以免浪费。

⑥施工现场应设置场通道排水沟渠系统,工地地面宜做硬化处理,场地不积水、泥浆,保持道路干燥坚实。

⑦施工过程应合理有序,尽量避免前后反复,影响施工;对平面和高度也要进行合理分块分区,尽量避免各分包或各工种交叉作业、互相干扰,维持正常的施工秩序。

⑧坚持各项作业"落手清",即工完料尽场地清。杜绝废料残渣遍地、好坏材料混杂,改善施工现场脏、乱、差、险的状况。

⑨做好原材料、成品、半成品、临时设施的保护工作。

⑩明确划分施工区域、办公区、生活区域。生活区内宿舍、食堂、厕所、浴室齐全,符合卫生标准;各区都有专人负责,创造一个整齐、清洁的工作和生活环境。

(3)环境保护

①施工现场泥浆、污水未经处理不得直接排入城市排水设施和河流、湖泊、池塘。

②除有符合规定的装置外,不得在施工现场熔化沥青或焚烧油毡、油漆,也不得焚烧其他可产生有毒有害烟尘和恶臭气味的废弃物,禁止将有毒有害废弃物做土方回填。

③建筑垃圾、渣土应在指定地点堆放,及时运到指定地点清理;高空施工的垃圾和废弃物应采用密闭式串筒或其他措施清理搬运;装载建筑材料、垃圾、渣土等散碎物料的车辆应有严密遮挡措施,防止飞扬、洒漏或流溢;进出施工现场的车辆应经常冲洗,保持清洁。

④在居民和单位密集区域进行爆破、打桩等施工作业前,项目经理部除按规定报告申请批准外,还应将作业计划、影响范围、程度及有关措施等情况,向有关的居民和单位通报说明,取得协作和配合;对施工机械的噪声与振动扰民,应有相应的措施予以控制。

⑤经过施工现场的地下管线,应由发包人在施工前通知承包人,标出位置,加以保护。

⑥施工时发现文物、古迹、爆炸物、电缆等,应当停止施工,保护好现场,及时向有关部门报告,按照有关规定处理后方可继续施工。

⑦施工中需要停水、停电、封路而影响环境时,必须经有关部门批准,事先告示,并设有标志。

⑧温暖季节宜对施工现场进行绿化布置。

(4)防火保安

①应做好施工现场保卫工作,采取必要的防盗措施。现场应设立门卫、根据需要设置警卫。施工现场的主要管理人员应佩戴证明其身份的证件,采用现场施工人员标识,有条件时可对进出场人员使用磁卡管理。

②承包人必须严格按照《中华人民共和国消防条例》的规定,在施工现场建立和执行防火管理制度,现场必须安排消防车出入口和消防道路,设置符合要求的消防设施,保持完好的备用状态。在容易发生火灾的地区或储存、使用易燃、易爆器材时,承包人应当采取特殊的消防安全措施。施工现场严禁吸烟,必要时可设吸烟室。

③施工现场的通道、消防入口、紧急疏散楼道等,均应有明显标志或指示牌。有高度限制的地点应有限高标志:临街脚手架、高压电缆,起重把杆回转半径伸至街道的,均应设安全隔离棚;在行人、车辆通行的地方施工,应当设置沟、井、坎、穴覆盖物和标志,夜间设置灯光

警示标志；危险品库附近应有明显标志及围挡措施，并设专人管理。

④施工中需要进行爆破作业的，必须经上级主管部门审查批准，并持说明爆破器材的地点、品名、数量、用途、四邻距离的文件和安全操作规程，向所在地县、市公安局申领"爆破物品使用许可证"，由具备爆破资质的专业人员按有关规定进行施工。

⑤关键岗位和有危险作业活动的人员必须按有关规定，经培训、考核，持证上岗。

⑥承包人应考虑规避施工过程中的一些风险因素，并向保险公司投施工保险和第三者责任险。

（5）卫生防疫及其他

①现场应准备必要的医疗保健设施点。在办公室内显著地点张贴急救车和有关医院电话号码。

②施工现场不宜设置职工宿舍，设置时应尽量和施工场地分开。

③现场应设置饮水设施，食堂、厕所要符合卫生要求，根据需要制订防暑降温措施，并进行消毒、防毒和注意食品卫生等。

④现场应进行节能、节水管理，必要时下达使用指标。现场涉及的保密事项应通知有关人员执行。

⑤参加施工的各类人员都要保持个人卫生、仪表整洁，同时还应注意精神文明，遵守公民社会道德规范，不打架、赌博、酗酒等。

5.1.2 施工现场平面布置的管理

1）施工现场平面布置

（1）合理规划施工用地

首先要保证场内占地的合理使用。当场内空间不充足时，应同建设单位按规定向规划部门和公安交通部门申请，经批准后才能获得并使用场外临时施工用地。

（2）按施工组织设计中施工平面图设计布置现场

施工现场的平面布置，是根据工程特点和场地条件，以配合施工为前提进行合理安排的，有一定的科学根据。但是，在施工过程中，往往会出现不执行现场平面布置的情况，从而造成人力、物力浪费的情况。如以下几种情况：

①材料、构件不按规定地点堆放，造成二次搬运，不仅浪费人力，材料、构件在搬运中还会受到损失。

②钢模和钢管脚手架等周转设备，用后不予整修并堆放不整齐，而是任意乱堆乱放，既会影响场容整洁，又容易造成损失，特别是将周转设备放在路边，一旦车辆开过，轻则变形，重则报废。

③任意开挖道路，又不采取措施，造成交通中断，影响物资运输。

④排水系统不畅，遇雨则现场积水严重，造成不安全事故，对材料产生不利影响。

（3）根据施工进展的具体需要，按阶段调整施工现场的平面布置

不同的施工阶段，施工的需要不同，现场的平面布置亦应进行调整。当然，施工内容变化是主要原因，另外分包单位也随之变化，新的分包单位也会对施工现场提出新要求。因此，调整也不能太频繁，以免造成浪费。一些重大设施应基本固定，调整对象应是浪费不大、

规模小的设施,或已经实现功能失去作用的设施,代之以满足新需要的设施。

（4）加强对施工现场使用的检查

现场管理人员应经常检查同场布置是否按平面布置图进行,是否符合各项规定,是否满足施工需要,还有哪些薄弱环节,从而为调整施工现场布置提供有用的信息,加强对施工现场使用的检查,也可使施工现场保持相对稳定,不被复杂的施工过程打乱或破坏。

2）文明施工现场的建立

（1）文明施工现场

文明施工现场即指按照有关法规的要求,使施工现场和临时占地范围内秩序井然,文明安全,环境得到保持,绿地树木不被破坏,交通畅达,文物得以保存,防火设施完备,居民不受干扰,场容和环境卫生均符合要求。

（2）措施与要求

建立文明施工现场有利于提高工程质量和工作质量,提高企业信誉。为此,应当做到"主管挂帅,系统把关,普遍检查,建章建制,责任到人,落实整改,严明奖惩",及时清场转移。

①主管挂帅,即公司和分公司均成立主要领导挂帅,各部门主要负责人参加的施工现场管理领导小组,在企业范围内建立以项目管理班子为核心的现场管理组织体系。

②系统把关,即各管理业务系统对现场的管理进行分口负责,每月组织检查,发现问题及时整改。

③普遍检查,即对现场管理的检查内容,按达标要求逐项检查,填写检查报告,评定现场管理先进单位。

④建章建制,即建立施工现场管理的检查规章制度和实施办法,按法办事,不得违背。

⑤责任到人,即管理责任不但要明确到部门,而且各部门要明确到人,以便落实管理工作。

⑥落实整改,即对各种问题,一旦发现,必须采取措施纠正,避免再度发生。无论涉及哪一级、哪个部门、哪个人,绝不能姑息迁就,必须整改落实。

⑦严明奖惩。如果成绩突出,便应按奖惩办法予以奖励;如果有问题,要按规定给予必要的处罚。

⑧及时清场转移。施工结束后,项目管理班子应及时组织清场,将临时设施拆除,剩余物资退场,组织向新工程场地转移,以便整治规划场地,恢复临时占用工地,不留后患。

3）施工现场环境管理

（1）一般规定

工程施工前,项目管理机构应进行下列调查:施工现场和周边环境条件;施工可能对环境带来的影响;制订环境管理计划的其他条件。项目管理机构应进行项目环境管理策划,确定施工现场环境管理目标和指标,编制项目环境管理计划。

（2）管理要求

施工现场应符合下列环境管理要求:

①工程施工方案和专项措施应保证施工现场及周边环境安全、文明,减少噪声污染、光污染、水污染及大气污染,杜绝重大污染事件的发生。

②在施工过程中应进行垃圾分类,实现固体废弃物的循环利用,设专人按规定处置有毒、有害物质,禁止将有毒、有害废弃物用于现场回填或混入建筑垃圾中外运。

③按照分区划块原则,规范施工污染排放和资源消耗管理,进行定期检查或测量,实施预控和纠偏措施,保持现场良好的作业环境和卫生条件。

④针对施工污染源或污染因素,进行环境风险分析,制订环境污染应急预案,预防可能出现的非预期损害;在发生环境事故时,应进行应急响应以消除或减少污染,隔离污染源并采取相应措施防止二次污染。

⑤组织应在施工过程及竣工后,进行环境管理绩效评价。

子项 5.2　施工项目安全管理

5.2.1　现场安全生产管理的目的

现场安全生产管理的目的在于保护施工现场的人身安全和设备安全,减少和避免不必要的损失,要达到这个目的,就必须强调按规定的标准去管理,不允许有任何细小的疏忽。否则,会造成难以估量的损失,其中包括人身、财产和资金等损失。

①不遵守现场安全操作规程,容易发生工伤事故,甚至死亡事故,不仅会造成相关人员的人身伤害,而且项目还要支付一笔大额的医药费、抚恤金,有时还会造成停工损失。

②不遵守机电设备的操作的规程,容易发生一般设备事故,甚至重大设备事故,不仅会损坏机电设备,还会影响正常施工。

③忽视消防工作和消防设施的检查,容易发生火警和对火警的有效抢救,其后果更是不可想象。

5.2.2　施工项目管理任务分析

(1)人的不安全行为

控制靠人,人也是控制的对象。人的行为是安全的关键。人的不安全行为可能导致安全事故的发生,因此要对人的不安全行为加以分析。

人的不安全行为是人的生理和心理特点的反映,主要表现在身体缺陷、错误行为和违纪违章3个方面。

①身体缺陷。身体缺陷包括疾病、职业病、精神失常、智商过低、紧张、烦躁、疲劳、易冲动、易兴奋、运动迟钝、对自然条件和其他环境过敏、不适应复杂和快速工作、应变能力差等。

②错误行为。错误行为包括嗜酒、吸毒、吸烟、赌博、玩耍、嬉闹、追逐、误视、误听、误嗅、误触、误动作、误判断、意外碰撞和受阻、误入险等。

③违纪违章。违纪违章包括粗心大意、漫不经心、注意力不集中、不履行安全措施、安全检查不认真、不按工艺规程或标准操作、不按规定使用防护用品、玩忽职守有意违章等。

统计资料表明:有88%的安全事故是由人的不安全行为所造成的,而人的生理和心理特点直接影响人的不安全行为。因此在安全控制中,定期检验可抓住人的不安全行为这一关键因素,采取策略应对。在采取相应策略时,又必须针对人的生理和心理特点对安全的影响,培养劳动者的自我保护能力,以结合自身生理和心理特点预防不安全行为发生,增强安全意识,做好安全控制。

(2)物的不安全状态

如果人的心理和生理状态都能适应物质和环境条件,而物质和环境条件又能满足劳动者生理和心理的需要,便不会产生不安全行为,反之就可能导致安全伤害事故。

物的不安全状态表现为 3 个方面:设备和装备的技术性能降低、强度不够、结构不良、磨损、老化、失灵、腐蚀、物理和化学性能达不到要求等;作业场所的缺陷是指施工场地狭窄、立体交叉作业组织不当、多工种交叉作业不协调、道路狭窄、机械拥挤、多单位同时施工等;物质和环境的危险源有化学方面的、机械方面的、电气方面的、环境方面的等。

物和环境均有危险源存在,是产生安全事故的另一种主要因素。在安全控制中,必须根据施工具体条件,采取有效措施断绝危险源。当然,在分析物质、环境因素对安全的影响时,也不能忽视劳动者本身生理和心理的特点。故在创造和改善物质、环境的安全条件时,也应从劳动者生理和心理状态出发,使两方面相互适应,解决采光照明,树立彩色标志,调节环境温度、加强现场管理等,都是将人的不安全行为导因和物的不安全状态的排除结合起来考虑,以控制安全事故、确保安全的重要措施。

5.2.3 施工项目安全控制的基本原则

(1)管生产必须管安全

安全蕴于生产中,并对生产发挥促进与保证作用。安全和生产管理的目标及目的具有高度一致和完全统一。安全控制是生产管理的重要组成部分,一切与生产有关的机构和人员,都必须参与安全控制并承担安全责任。

(2)必须明确安全控制的目的

安全控制的目的是对生产中的人、物、环境因素状态的控制,有效地控制人的不安全因素和物的不安全状态,消除或避免事故发生,达到保护劳动者的安全与健康的目的。

(3)必须贯彻预防为主的方针

安全生产的方针是"安全第一、预防为主"。安全第一是从保护生产力的角度和高度,表明在生产范围内,安全与生产的关系,肯定安全在生产活动中的位置和重要性。

在生产活动中进行的安全控制,要针对生产的特点,对生产因素采取管理措施,有效地控制不安全因素,把可能发生的事故消灭在萌芽状态,以保证生产活动中人的安全与健康。

贯彻预防为主,要端正对生产中不安全因素的认识,端正消除不安全因素的态度,选准消除不安全因素的时机。在安排与布置生产内容时,应针对施工生产中可能出现的危险因素,采取措施予以消除。在生产活动过程中,经常检查、及时发现不安全因素,采取措施,明确责任,并尽快、坚决地予以消除。

(4)坚持动态管理

安全管理不只是少数人和安全机构的事,而是一切与生产有关的人共同的事。生产组织者在安全管理中的作用固然重要,但全员参与管理更重要。安全管理涉及生产活动的方方面面,涉及从开工到竣工交付的全部生产过程、全部的生产时间和一切变化的生产要素。因此在生产活动中必须坚持全员、全过程、全方位、全天候的动态安全管理。

（5）不断提高安全控制水平

生产活动是在不断发展与变化的，导致安全事故的因素也处在变化中，因此要随生产的变化调整安全控制工作，还要不断提高安全控制水平，以取得更好的效果。

5.2.4　相关的法律法规

项目经理部应在学习国家、行业、地区、企业安全法规的基础上，制订本项目部的安全管理制度，并以此为依据，对施工项目安全施工进行经常性、制度化、规范化管理，也就是执法。守法是按照安全法规的规定进行工作，使安全法规变为行动，产生效果。

有关安全生产的法规很多。中央和国务院颁布的安全生产法规有《工厂安全生产规程》《建筑安装工程安全技术操作规程》《工人职员伤亡事故报告规程》等。国务院各部委颁布的安全生产条例和规定也很多，如国务院令第393号《建设工程安全生产管理条例》。有关安全生产的标准与规程有《建筑施工安全检查标准》（JGJ 59—2011）、《液压滑动模板施工安全技术规程》（JGJ 65—2013）、《高处作业分级》（GB/T 3608—2008）等。另外，施工企业应建立安全规章制度（即企业的安全"法规"），如安全生产责任制、安全教育制度、安全检查制度、安全技术措施计划制度、分项工程工艺安全制度、安全事故处理制度、安全考核办法、劳动保护制度和施工现场安全防火制度等。

5.2.5　建立施工项目安全组织系统和安全责任系统

（1）组织系统

建立"施工项目安全生产组织管理系统"（见图5.2）和"施工项目安全施工责任保证系统"（见图5.3），为施工项目安全施工提供组织保证。

（2）项目经理的安全生产职责

①对参加施工的全体职工的安全与健康负责，在组织与指挥生产的过程中，把安全生产责任落实到每一个生产环节中，严格遵守安全技术操作规程。

②组织施工项目安全教育。对项目的管理人员和施工操作人员，按其各自的安全职责范围进行教育，建立安全生产奖励制度。对违章和失职者要予以处罚，对避免事故发生，按章工作并对做出成绩者给予奖励。

③工程施工中发生重大事故时，应立即组织人员保护现场，向上级主管部门汇报，积极配合劳动部门、安全部门和司法部门调查事故原因，提出预防事故重复发生和防止事故危害扩大的初步措施。

④配备安全技术员以协助项目经理履行安全职责。安全技术员应具有同类或类似工程的安全技术管理经验，能较好地完成本职工作；取得了有关部门考核合格的专职安全技术人员证书；掌握施工安全技术基本知识；热心于安全技术工作。

项目经理的安全管理内容是：定期召开安全生产会议，研究安全决策，确定各项措施执行人；每天对施工现场进行巡视，处理不安全因素及安全隐患；开展现场安全生产活动；建立安全生产工作日志，记录每天的安全生产情况。

（3）提高对施工安全控制的认识

①要认识到，建筑市场的管理和完善与施工安全紧密相关。施工安全与业主责任制的

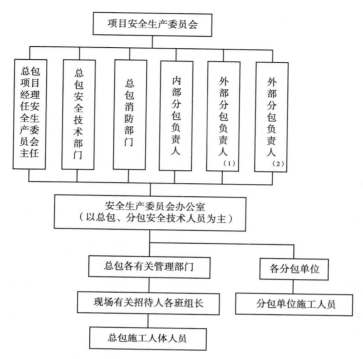

图5.2 施工项目安全生产组织管理系统

健全有关。只有健全招投标制,才能促使企业自觉地重视施工安全管理,要使施工安全与劳动保护成为合同管理工作的重要内容,体现宪法劳动保护的原则,建设监理也是搞好施工安全的一条重要途径。

②要建立工伤保险机制。工伤保险是一种人身保险,也是社会保险体系的重要组成部分。我国的社会保险包括4大险种,即失业保险、养老保险、医疗保险和工伤保险。建立工伤保险新机制是利用经济的办法促使企业、工人及社会各方面与施工安全保持切身利益关系,主动自觉地进行安全管理。

③工程质量与施工安全是统一的,只要工程建设存在,就有质量和安全问题。质量的安全体现了产品生产中的统一性,安全是工作质量的体现。

④在市场经济条件中,应增强施工安全和法治观念,法治观念的核心是责任制。

⑤建立安全效益观念,即安全的投入会带来更大和效益。安全好,住房伤亡少,损失少,效益好,信誉就高,竞争力强,则效益大;安全上企事业文化和企业精神的反映,既是物质文明建设的重要内容,又是精神文明建设的重要内容,是经济效益的所在。

⑥建立系统安全管理的观念。造成事故的原因很复杂,需要进行系统分析,并加强组织管理。

⑦开展国际交往,学习国际惯例。按照惯例,每年都会召开一次国际劳动安全会议,我们要多参与及了解国际上的安全管理经验。

（4）加强安全教育

安全教育包括安全思想教育和安全技术教育,目的是提高企业职工的安全施工意识,法人代表的安全教育、三总师和项目经理的安全教育,安全专业干部的培训也要加强,安全教

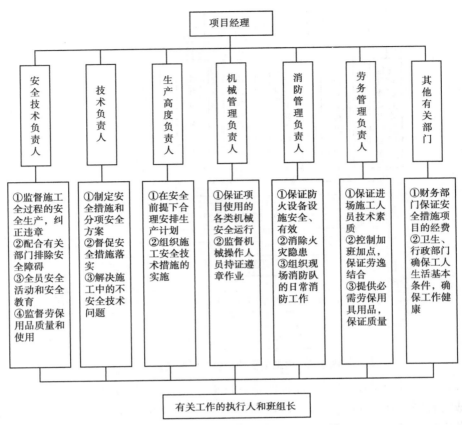

图5.3　施工项目安全施工责任保证系统

育要正规化、制度化、采取有力措施。要特别重视进城务工人员的安全教育,让他们知道无知蛮干不仅伤害自己,还会伤及别人。使用进城务工人员的主体应负责他们的安全教育和安全保障,坚持培训考核上岗,建立职工培训档案制度。换工种、换岗位、换单位都要先教育,后上岗。

5.2.6　采取的安全技术措施

1)有关技术组织措施的规定

为了进行安全生产、保障工人的健康和安全,施工企业必须加强安全技术组织措施管理、编制安全技术组织措施计划,积极预防安全事故的发生,具体规定如下所述。

①所有工程的施工组织设计(施工方案)都必须有安全技术措施;爆破、吊装、水下、深坑、支模、拆除等大型特殊工程,都需要编制单项安全技术方案,否则不得开工。安全技术措施要有针对性,要根据工程特点,施工方法劳动组织和作业环境来制订,防止一般化。施工现场道路、上下水及采暖管道、电气线路、材料堆放、临时和附属设施等的平面布置,都要符合安全、卫生和防火要求,并要加强管理,做到安全生产和文明生产。

②企业在编制生产技术财务计划的同时,必须编制安全技术措施计划。安全技术措施所需的设备、材料应列入物资、技术供应计划。每项措施应该确定实现的期限和负责人。企业负责人应对安全技术措施计划编制的贯彻执行负责。

③安全技术措施计划的范围,包括改善劳动条件(主要指影响安全和健康的)、防止伤亡事故、预防职业病和职业中毒为目的的各项措施,不要与生产、基建和福利等措施混淆。

④安全技术措施计划所需的经费,按照现行规定,属于增加固定资产的,由国家拨款,属于其他的支出摊入生产成本。企业不得将劳动保护费的拨款挪作他用。

⑤企业编制和执行安全技术措施计划,要组织群众定期检查,以保证计划的实现。

2)施工现场预防工伤措施

①参加施工现场作业人员,要熟记安全技术操作规程和有关安全制度。

②在编制施工组织设计时,要有施工现场安全施工技术组织措施。开工前要做好安全技术组织措施。

③按施工平面图布置的施工现场,要保证道路畅通,现场布置安全稳妥。

④在高压线下方 10 m 范围内,不准堆放物料,不准搭设临时设施,不准停放机械设备。在高压线或其他架空线一侧进行重吊装时,要按国家质量监督检验检疫总局颁发的《起重机械安全规程》(系列标准)的规定执行。

⑤施工现场要按施工平面布置图设置消防器材。在消防栓周围 3 m 内不准堆放物料,严禁在现场吸烟,吸烟者要进入吸烟室。

⑥现场设围墙及保护人员,以便防火、防盗、防人为破坏机电设备及其他现场设施。

⑦大型工地要设立现场安全生产领导小组,小组成员包括参加施工各单位的负责人及安全部门、消防部门的代表。

⑧安全工作要贯彻"预防为主"的一贯方针,把安全工作当成一个系统来抓,并对照过去的经验教训选择安全措施方案,实现安全措施计划。对措施效果应进行分析总结,进一步研究改进防范措施的 6 个环节,使其作为安全管理的周期性流程,达到最佳的安全状态。

另外,还要专门制订预防高空坠落的技术组织措施,预防物体打击事故的技术组织措施,预防机械伤害事故的技术组织措施,防止触电事故的技术组织措施,电焊、气焊安全技术组织措施,防止坍塌事故的技术组织措施,脚手架安全技术组织措施,冬雨季施工安全技术措施,分项工程工艺安全规程等。

5.2.7　安全检查

安全检查是发现不安全行为和不安全状态的重要途径,是消除事故隐患,落实整改措施,防止事故伤害,改善劳动条件的重要工作方法。安全检查的形式有普遍检查、专业检查和季节性检查。

(1)安全检查的内容

安全检查的内容主要是查思想、查管理、查制度、查现场、查隐患和查事故处理。

(2)安全检查的组织

①建立安全检查制度,按制度要求的规模、时间、原则、处理、赔偿全面落实。

②成立由第一责任人、业务部门、人员参加的安全检查组织。

③安全检查必须做到有计划、有目的、有准备、有整改、有总结、有处理。

(3)安全检查方法

常用的安全检查方法有一般检查方法和安全检查表法。

①一般检查方法,常采用看、听、嗅、问、查、测、验、析等方法。

a.看:看现场环境和作业条件、看实物和实际操作、看记录和资料等。

b.听:听汇报、听介绍、听反映,听意见或批评,听机械设备的运转响声或承重物发出的微弱声等。

c.嗅:对挥发物、腐蚀物、有毒气体进行辨别。

d.问:对影响安全问题,详细询问,寻根究底。

e.查:查明问题、查对数据、查清原因、追查责任。

f.测:测量、测试、监测。

g.验:进行必要的试验或化验。

h.析:分析安全隐患、原因。

②安全检查表法,是一种原始的、初步的定性分析方法,它通过事先拟定的安全检查明细表或清单,对安全生产进行初步的诊断和控制。

5.2.8 施工现场防火

(1)施工现场防火及特点

①建筑工地易燃建筑物多,全场狭小,缺乏有效的安全距离,因此,一旦起火,容易蔓延成灾。

②建筑工地易燃材料多,如木材、木模板、脚手架、沥青、油漆、乙炔发生器、保温材料和油毡等。因此,应特别加强管理。

③建筑工地临时用电线路多,容易漏电起火。

④在施工期间,随着工程的进展,工种增多,施工方法不同,会出现不同的火灾隐患。

⑤建筑工地临时现场产生火灾的危险性大,交叉作业多,管理不便,火灾隐患不易发现。

⑥施工现场消防水源和消防道路均系临时设置,消防条件差,一旦起火,灭火困难。

总之,建筑施工现场产生火灾的危险性大,稍有疏忽,就可能发生火灾事故。

(2)施工现场的火灾隐患

①石灰受潮发热起火。工地储存的生石灰,在遇水和受淹后,便会在熟化的过程中达到800 ℃左右,遇到可燃烧的材料后便会引火燃烧。

②木屑自燃起火,大量木屑堆积时,就会发热,积热量增多后,再吸收氧气,便可能自己起火。

③熬沥青作业不慎起火,熬制沥青温度过高或加料过多,会沸腾外溢,或产生易燃蒸汽,接触火源而起火。

④仓库内的易燃物触及明火就会燃烧起火。这些易燃物有塑料、油类、木材、油漆、燃料、防护品等。

⑤焊接作业时火星溅到易燃物上引火。

⑥电气设备短路或漏电,冬季施工用电热法养护不慎起火。

⑦乱扔烟头,遇易燃物引火。

⑧烟囱、炉灶、火炕、冬季炉火取暖或养护,管理不善起火。

⑨雷击起火。

⑩生活用房不慎起火,蔓延至施工现场。

（3）火灾预防管理工作

①对上级有关消防工作的政策、法规、条例要认真贯彻执行,将防火纳入领导工作的议事日程,做到在计划、布置、检查、总结、评比时均考虑防火工作,制定各级领导防火责任制。

②企业建立防火责任制度,其主要内容包括:

a.各级安全责任制;

b.工人安全防火岗位责任制;

c.现场防火工具管理制度;

d.重点部位安全防火制度;

e.安全防火检查制度;

f.火灾事故报告制度;

g.易燃、易爆物品管理制度;

h.用火、用电管理制度;

i.防火宣传、教育制度。

③建立安全防火委员会。由于现场施工负责人主持,进入现场后立即建立。有关技术、安全保卫、行政等部门参加,在项目经理的领导下开展工作。其职责是:

a.贯彻国家消防工作方针、法律、文件及会议精神,结合本单位具体情况部署防火工作;

b.定期召开防火检查,研究布置现场安全防火工作;

c.开展安全消防教育和宣传;

d.组织安全防火检查,提出消防隐患措施,并监督落实;

e.制订安全消防制度及保证防火的安全措施;

f.对防火灭火有功人员奖励,对违反防火制度及造成事故的人员批评、处罚以至追究责任。

④设专职、兼职防火员、成立消防组织。其职责是:

a.监督、检查、落实防火责任的情况;

b.审查防火工作措施并监督实施;

c.参加制订、修改防火工作制度;

d.经常进行现场防火检查,协助解决问题,发现火灾隐患有权指令停止生产或查封,并立即报告有关领导研究解决;

e.推广消防工作先进经验;

f.对工人进行防火知识教育,组织义务消防队员培训和灭火练习;

g.参加火灾事故调查、处理和上报。

5.2.9 安全生产管理规定(参照 GB/T 50326—2017)

1)一般规定

组织应建立安全生产管理制度,坚持以人为本、预防为主,确保项目处于本质安全状态;组织应根据有关要求确定安全生产管理方针和目标,建立项目安全生产责任制度,健全职业健康安全管理体系,改善安全生产条件,实施安全生产标准化建设;组织应建立专门的安全生产管理机构,配备合格的项目安全管理负责人和管理人员,进行教育培训并持证上岗。项目安全生产管理机构以及管理人员应当恪尽职守、依法履行职责;组织应按规定提供安全生产资源和安全文明施工费用,定期对安全生产状况进行评价,确定并实施项目安全生产管理计划,落实整改措施。

2) 安全生产管理计划

项目管理机构应根据合同的有关要求,确定项目安全生产管理范围和对象,制订项目安全生产管理计划,在实施中根据实际情况进行补充和调整。项目安全生产管理计划应按规定审核、批准后实施。

项目安全生产管理计划应满足事故预防的管理要求,并应符合下列规定:针对项目危险源和不利环境因素进行辨识与评估的结果,确定对策和控制方案;对危险性较大的分部分项工程编制专项施工方案;对分包人的项目安全生产管理、教育和培训提出要求;对项目安全生产交底、有关分包人制订的项目安全生产方案进行控制的措施;应急准备与救援预案。

项目管理机构应开展有关职业健康和安全生产方法的前瞻性分析,选用适宜可靠的安全技术,采取安全文明的生产方式。项目管理机构应明确相关过程的安全管理接口,进行勘察、设计、采购、施工、试运行过程安全生产的集成管理。

3) 安全生产管理实施与检查

项目管理机构应根据项目安全生产管理计划和专项施工方案的要求,分级进行安全技术交底。对项目安全生产管理计划进行补充、调整时,仍应按原审批程序执行。

施工现场的安全生产管理应符合下列要求:应落实各项安全管理制度和操作规程,确定各级安全生产责任人;各级管理人员和施工人员应进行相应的安全教育,依法取得必要的岗位资格证书;各施工过程应配置齐全劳动防护设施和设备,确保施工场所安全;作业活动严禁使用国家及地方政府明令淘汰的技术、工艺、设备、设施和材料;作业场所应设置消防通道、消防水源,配备消防设施和灭火器材,并在现场入口处设置明显标志;作业现场场容、场貌、环境和生活设施应满足安全文明达标要求;食堂应取得卫生许可证,并应定期检查食品卫生,预防食物中毒;项目管理团队应确保各类人员的职业健康需求,防治可能产生的职业和心理疾病;应落实减轻劳动强度、改善作业条件的施工措施。

项目管理机构应建立安全生产档案,积累安全生产管理资料,利用信息技术分析有关数据辅助安全生产管理。项目管理机构应根据需要定期或不定期对现场安全生产管理以及施工设施、设备和劳动防护用品进行检查、检测,并将结果反馈至有关部门,整改不合格并跟踪监督。项目管理机构应全面掌握项目的安全生产情况,进行考核和奖惩,对安全生产状况进行评估。

4) 安全生产应急响应与事故处理

项目管理机构应识别可能的紧急情况和突发过程的风险因素,编制项目应急准备与响应预案。应急准备与响应预案应包括下列内容:应急目标和部门职责;突发过程的风险因素及评估;应急响应程序和措施;应急准备与响应能力测试;需要准备的相关资源。

项目管理机构应对应急预案进行专项演练,对其有效性和可操作性实施评价并修改完善。发生安全生产事故时,项目管理机构应启动应急准备与响应预案,采取措施进行抢险救援,防止发生二次伤害。

项目管理机构在事故应急响应的同时,应按规定上报上级和地方主管部门,及时成立事故调查组对事故进行分析,查清事故发生原因和责任,进行全员安全教育,采取必要措施防止事故再次发生。组织应在事故调查分析完成后进行安全生产事故的责任追究。

5)安全生产管理评价

组织应按相关规定实施项目安全生产管理评价,评估项目安全生产能力满足规定要求的程度。安全生产管理宜由组织的主管部门或其授权部门进行检查与评价。评价的程序、方法、标准、评价人员应执行相关规定。项目管理机构应按规定实施项目安全管理标准化工作,开展安全文明工地建设活动。

子项 5.3 施工项目现场管理评价

5.3.1 施工项目现场管理评价概述

为了加强施工现场管理,提高施工现场管理水平,实现文明施工,确保工程质量的安全,应该对施工现场管理进行综合评价。

1)综合评价内容

评价内容应包括经营行为管理、工程质量管理、文明施工管理及施工队伍管理 5 个方面。

(1)经营行为管理评价

经营行为管理评价的主要内容是合同签订及履约、总分包、施工许可证、企业资质、施工组织设计及实施情况。经营中不得有以下行为:未取得许可证而擅自开工;企业资质等级与其承担的工程任务不符;层层转包;无施工组织设计;由于建筑施工企业的原因严重影响合同履约。

(2)工程质量管理评价

工程质量管理评价的主要内容是质量体系建立运转的情况、质量管理状态、质量保证资料情况。不得有以下情况:无质量体系;工程质量不合格;无质量保证资料。工程质量检查按有关标准规范执行。

(3)施工安全管理评价

施工安全管理评价的主要内容包括安全生产保证体系及执行,施工安全各项措施情况等。施工安全管理不得有以下情况:无安全生产保证体系;无安全施工许可证;施工现场的安全设施不合格;发生人员死亡事故。

(4)文明施工管理评价

文明施工管理评价的主要内容是场容场貌、料具管理、消防保卫、环境保护、职工生活状况等。文明施工管理不得有以下情况:施工现场的场容场貌严重混乱;不符合管理要求;无消防设施或消防设施不合格;职工集体食物中毒。

(5)施工队伍管理评价

施工队伍管理评价的主要内容包括项目经理及其他人员持证上岗、民工的培训和使用、社会治安综合治理情况等。

2）综合评价方法

①日常检查制。每个施工现场一个月综合评价一次。

②评分方法。检查之后评分，5 个方面评分比重不同。假如总分满分为 100 分，可以给经营行为管理、工程质量管理、施工安全管理、文明施工管理、施工队伍管理分别评为 20 分、25 分、25 分、20 分、10 分。

③评分结果。结合评分结果可用作对企业资质实行动态管理的依据之一，作为企业申请资质等级升级的条件，作为对企业进行奖罚的依据。一般说来，只有综合评分达 70 分及其以上，方可算作合格施工现场；如为不合格现场，应给施工现场和项目经理警告或罚款。

5.3.2　施工项目管理的规定（参照 GB/T 50326—2017）

（1）一般规定

项目经理部应认真搞好施工现场管理，做到文明施工、安全有序、整洁卫生、不扰民、不损害公众利益。

现场门头应设置承包人的标志。承包人项目经理部应负责施工现场场容文明形象管理的总体策划和部署；各分包人应在承包人项目经理部的指导和协调下，按照分区划块原则，搞好分包人施工用地区域的场容文明形象管理规划，严格执行，并纳入承包人的现场管理范畴，接受监督、管理与协调。

项目经理部应在现场入口的醒目位置，公示下列内容：

①工程概况牌。工程概况牌包括工程规模、性质、用途，发包人、设计人、承包人和监理单位的名称，施工起止年月等。

②安全纪律牌。

③防火须知牌。

④安全无重大事故计时牌。

⑤安全生产、文明施工牌。

⑥施工总平面图。

⑦项目经理部组织架构及主要管理人员名单图。

项目经理应把施工现场管理列入经常性的巡视检查内容，并与日常管理有机结合，认真听取邻近单位、社会公众的意见和反映，及时抓好整改。

（2）规范场容

施工现场场容规范化应建立在施工平面图设计的科学合理化和物料器具定位管理标准化的基础上。承包人应根据本企业的管理水平，建立和健全施工平面图管理和现场物料器具管理标准，为项目经理部提供场容管理策划的依据。

项目经理部必须结合施工条件，按照施工方案和施工进度计划的要求，认真进行施工平面图的规划、设计、布置、使用和管理。

施工平面图宜按指定的施工用地范围和布置的内容，分别进行布置和管理。单位工程施工平面图宜根据不同施工阶段的需要，分别设计成阶段性施工平面图，并在阶段性进度目标开始实施前，通过施工协调会议确认后实施。

项目经理部应严格按照已审批的施工总平面图或相关的单位工程施工平面图划定的位置,布置施工项目的主要机械设备、脚手架、密封式安全网和围挡、模具、施工临时道路、供水、供电、供气管道或线路、施工材料制品堆场及仓库、土方及建筑垃圾、变配电间、消火栓、警卫室、现场的办公、生产和生活临时设施等。

施工物料器具除应按施工平面图指定位置就位布置外,尚应根据不同特点和性质,规范布置方式与要求,并执行码放整齐、限宽限高、上架入箱、规格分类、挂牌标识等管理标准。

在施工现场周边应设置临时围护设施。市区工地的周边围护设施高度不应低于1.8 m,临街脚手架、高压电缆、起重把杆回转半径伸至街道的,均应设置安全隔离棚。危险品库附近应有明显标志及围挡设施。

施工现场应设置畅通的排水沟渠系统,场地不积水、不积泥浆,保持道路干燥坚实,工地地面应做硬化处理。

(3)环境保护

项目经理部应根据环境管理系列标准建立项目环境监控体系,不断反馈监控信息,采取整改措施。

施工现场泥浆和污水未经处理不得直接排入城市排水设施和河流、湖泊、池塘。

除有符合规定的装置外,不得在施工现场熔化沥青和焚烧油毡、油漆,也不得焚烧其他可产生有毒有害烟尘和恶臭气味的废弃物,禁止将有毒有害废弃物作土方回填。

建筑垃圾、渣土应在指定地点堆放,每日进行清理。高空施工的垃圾及废弃物应采用密闭式串筒或其他措施清理搬运。装载建筑材料、垃圾或渣土的车辆,应采取防止尘土飞扬、洒落或流溢的有效措施。施工现场应根据需要设置机动车辆冲洗设施,冲洗污水应进行处理。

在居民和单位密集区域进行爆破、打桩等施工作业前,项目经理部应按规定申请批准,还应将作业计划、影响范围、程度及有关措施等情况,向受影响范围的居民和单位通报说明,取得协作和配合;对施工机械的噪声与振动扰民,应采取相应措施予以控制。

经过施工现场的地下管线,应由发包人在施工前通知承包人,标出位置,加以保护。施工时发现文物、古迹、爆炸物、电缆等,应当停止施工,保护好现场,及时向有关部门报告,按照有关规定处理后方可继续施工。

施工中需要停水、停电、封路而影响环境时,必须经有关部门批准,事先告示。在行人、车辆通行的地方施工,应当设置沟、井、坎、穴覆盖物和标志。

温暖季节宜对施工现场进行绿化布置。

(4)防火保安

现场应设立门卫,根据需要设置警卫,负责施工现场保卫工作,并采取必要的防盗措施。施工现场的主要管理人员在施工现场应当佩戴证明其身份的证件,其他现场施工人员宜有标识。有条件时可对进出场人员使用磁卡管理。

承包人必须严格按照《中华人民共和国消防法》的规定,建立和执行防火管理制度。现场必须有满足消防车出入和行驶的道路,并设置符合要求的防火报警系统和固定式灭火系统,消防设施应保持完好的备用状态。在火灾易发地区施工或储存、使用易燃、易爆器材时,承包人应当采取特殊的消防安全措施。现场严禁吸烟,必要时可设吸烟室。

施工现场的通道、消防出入口、紧急疏散楼道等,均应有明显标志或指示牌。有高度限制的地点应有限高标志。

施工中需要进行爆破作业的,必须经政府主管部门审查批准,并提供爆破器材的品名、数量、用途、爆破地点、四邻距离等文件和安全操作规程,向所在地县、市(区)公安局申领"爆破物品使用许可证",由具备爆破资质的专业队伍按有关规定进行施工。

(5)卫生防疫及其他事项

施工现场不宜设置职工宿舍,必须设置时应尽量和施工场地分开。现场应准备必要的医务设施。在办公室内显著位置应张贴急救车和有关医院电话号码。根据需要采取防暑降温和消毒、防毒措施。施工作业区与办公区应分区明确。

承包人应明确施工保险及第三者责任险的投保人和投保范围。项目经理部应对现场管理进行考评,考评办法应由企业按有关规定制定。项目经理部应进行现场节能管理。有条件的现场应下达能源使用指标。现场的食堂、厕所应符合卫生要求,现场应设置饮水设施。

项目小结

本项目主要介绍了施工项目现场管理涉及的施工项目现场管理的基本概念,施工现场安全管理与施工现场管理评价3个方面内容。

数字资源及
拓展材料

①施工项目现场管理概述。主要介绍施工项目现场与施工现场管理的基本概念,介绍了施工现场管理的主要内容及要求,重点对施工现场平面布置与施工现场文明施工进行介绍。

②施工现场安全管理。主要介绍施工安全管理的目的,主要任务分析,基本原则、相关法律,施工现场安全管理体系、安全管理技术措施、安全检查的内容及方法,重点介绍了施工现场防火管理。

③施工现场管理评价。主要介绍施工现场管理从5个方面评价体系,根据现行建筑施工项目管理规范介绍现行规范对施工现场管理的要求。

复习思考题

1.什么是施工现场管理?

2.施工现场管理有哪些内容?

3.建筑施工安全具有什么特点?

4.施工安全控制有哪些基本要求?

5.诱发建筑工程安全事故的因素有哪些?

6.施工安全保障体系有哪些内容?

7.安全检查的主要内容有哪些?

8.施工项目管理评价有哪些内容?

项目 6

建设工程项目信息管理

项目导读

- **主要内容及要求**　本项目主要介绍了建筑工程项目信息管理的目的和任务，建设工程项目信息的分类、编码和处理，工程管理信息化，施工文件档案管理，项目沟通管理的概念、特点、程序、类型、内容及作用，施工项目沟通计划等方面的内容。通过本项目学习，应了解建筑工程项目信息管理的目的及任务，掌握项目信息的分类、编码和处理，熟悉工程项目管理信息化，熟悉施工文件档案管理；了解项目沟通的概念、特点，熟悉项目沟通的程序、类型、内容及作用，熟悉施工项目沟通计划的编制。
- **重点**　工程项目信息化管理、项目沟通管理。
- **难点**　项目沟通计划。

子项 6.1　建设工程项目信息管理概述

6.1.1　建设工程项目信息管理的目的

1)信息

(1)信息的概念

关于信息(Information)的含义，人们站在不同的角度上有不同的说法。从广义角度上讲，通常认为"信息就是对客观事物的反映"。从本质上看信息是对社会、自然界的事物特征、现象、本质及规律的描述，它提供了有关现实世界事物的消息和知识，信息普遍存在于自然界、人类社会和思维领域中。从狭义的角度上讲，信息被定义为"经过加工处理以后，并对客观事物产生影响的数据",它对接受者有用,对决策或行为具有现实或潜在的价值。

数据和信息经常被人们混淆。数据是反映客观实体的属性值,它可以用数字、文字、声音、图像或者图形等形式表示。数据本身无特定的意义,只是记录事物的性质、形态、数量特征的抽象符号,是中性的概念。而信息则是被赋予一定含义的,经过加工处理以后的数据,如报表、账本和图纸等都是经过对数据加工处理以后产生的信息。数据和信息是相对概念,如对于施工企业来说,某个项目部的月结算报表是此项目部计经工作人员的信息,但是对于施工企业的总经理来说,它仅仅是原始的数据。如果说数据是原材料,而信息就是成品。于是可以认为,信息比数据更有价值、更高级,用途更广大。在一些不是很严格的场合或者不易区分的情况下,人们也把信息和数据当作同义词,不加以区分,笼统地称呼,如数据处理和信息处理、数据管理和信息管理等。

(2)信息的种类和特征

①信息的种类。信息的种类从不同的角度通常可以分为以下几类:

a.按照信息的特征信息可以分为自然信息和社会信息。自然信息是反映自然事物的,由自然世界产生的信息,如遗传信息、气象信息等;社会信息是反映人类社会的有关信息,如市场信息、经济信息、政治信息和科技信息等。自然信息与社会信息的本质区别在于社会信息可以由人类进行各种加工处理,成为改造世界和能够不断发明创造的有用知识。

b.按照信息的加工程度信息可以分为原始信息和综合信息。从信息源直接收集的信息就是原始信息;在原始信息的基础之上,经过信息系统的综合、加工产生出来的新的信息称为综合信息。产生原始信息的信息源往往分布广而且比较分散,收集这样的信息工作量一般很大,而综合信息对于管理决策更有价值。

c.按照信息的来源信息可以分为内部信息和外部信息。凡是在系统内部产生的信息称为内部信息;而在系统外部产生的信息称为外部信息(或者称为环境信息)。对于管理而言,一个组织系统的内部信息和外部信息同等重要。

d.按照管理层次信息可以分为战略级信息、战术级信息和作业(执行)级信息。战略级信息是提供给高层管理人员的,帮助他们制定组织长期策略的信息,如未来经济状况预测信息;战术级信息是提供给中层管理人员的,帮助他们监督和控制业务活动、有效地分配资源的信息,如各种报表信息;作业级信息是反映组织具体业务情况的信息,如应付款信息、入库信息。战术级信息是建立在作业级信息的基础上的信息,战略级信息则主要来自组织的外部环境信息。

e.信息还可以根据它的稳定性被划分为固定信息和流动信息;根据信息流向信息可划分为输入信息、中间信息和输出信息等。

②信息的特征。信息的特征,就是指信息区别于其他事物的本质属性。信息的基本特征主要有以下几个方面。

a.普遍性。信息是事物运动的状态和方式,只要有事物的存在,就有事物的运动,运动是绝对的,静止是相对的,只要有事物的运动,就会有其运动的状态和方式,就存在着信息。无论在自然界、人类社会,还是在人类思维领域,绝对的"真空"是不存在的,绝对不运动的事物也是没有的。因此,信息是普遍存在的。信息与物质、能量共同构成了客观世界的3大要素。

b.表征性。信息不是客观事物本身,而只是事物运动状态和存在方式的表征。一切事物都会产生信息,信息就是表征所有事物的属性、状态、内在联系与相互作用的一种普遍形式。宇宙时空中的事物是无限的,表征事物的信息现象也是无限的。

c.相对性。客观上信息是无限的,但是对于认知主体来说,人们实际获得的信息(实得信息)总是有限的,并且,由于不同主体所处的环境不同,也有着不同的感受能力、不同的理解能力和不同的目的性,因此,从同一事物中获得的信息(语法信息、语义信息和语用信息)肯定各不相同。

d.依存性。信息本身是看不见、摸不着的,它必须依附于一定的物质形式之上,不可能脱离物质单独存在。通常把这些承载信息为主要任务的物质形式称为信息的载体,如声波、电磁波、纸张、化学材料、磁性材料等,都是信息的载体。信息没有语言、文字、图像、符号等记录手段便不能表述,没有物质载体便不能储存和传播,但是其内容并不因记录手段或物质载体的改变而发生变化。

e.真伪性。信息有真信息与假信息,真实、准确和客观的信息可以帮助管理者作出正确的决策,虚假、错误的信息则可能误导管理者,使管理者作出错误决策。我们应该充分重视这一点,一方面要注重所收集信息的正确性,另一方面在对信息进行传送、储存和加工处理时保证不失真。

f.层次性。管理有层次性,不同层次的管理者有不同的职责,需要的信息也不同,因而信息也是分层的。与管理层次相对应,可以人为地将信息分为战略级信息、战术级信息和作业级信息 3 个层次,在前面信息的分类中我们已经阐述过。战略级需要更多的外部信息和深度加工的内部信息,如工程设计方案、新材料、新设备、新技术、新工艺选择的信息,工程完工后市场前景的信息;战术级信息需要较多的内部数据和信息,如编制工程月报时汇总的材料、进度、投资、合同执行的信息;作业级需要掌握工程各个分部分项、每时每刻实际产生的数据和信息,该部分数据加工量大、精度高、时效性强,如土方开挖量、混凝土浇筑量、材料供应保证性等具体事务的数据。

g.时效性。信息的时效是指从信息源出来,经过接收、加工、传播、利用的时间间隔及其效率。时间间隔越短,使用信息越及时,使用程度越高,时间性越强。信息的时效性是人们进行信息管理工作中要谨记的特性。由于信息在工程实际中是动态的,不断变化、不断产生的,要求人们要及时处理数据,及时得到信息,才能做好决策和工程管理工作,避免事故的发生,真正做到事前管理,信息本身有强烈的时效性。

h.可共享性。信息区别于物质的一个重要特征是它可以被共同占有、共同享用。如在一个施工企业中,许多信息可以被工程中各个部门使用,既保证了各个部门使用信息的统一,也保证了决策的一致性。信息的共享有其两面性,一方面它有利于信息资源的充分利用;另一方面也可能造成信息的贬值,不利于保密。因此在信息系统的建设中,既需要利用先进的网络和通信设备以利于信息的共享,又需要具有良好的保密安全手段,以防止保密信息的扩散。

i.可加工性。可加工性也称可处理性,人们可以对信息进行加工处理,把信息从一种形式变换为另一种形式,并保持一定的信息量。如工程前景分析的情况压缩成框图来高度概括。信息系统是对信息进行加工处理的系统,应注重对信息的分析与综合、扩充或浓缩。基于计算机的信息系统处理信息要靠人编写程序来实现。

j. 可储存性。信息的可储存性即信息储存的可能程度。信息的形式多种多样,它的可储存性表现在要求能储存信息的真实内容而不畸变,要求在较小的空间中储存更多的信息,要求储存安全而不丢失,要求能在不同的形式和内容之间很方便地进行转换和连接,对已储存的信息可以随时随地以最快的速度检索所需要的信息。计算机技术为信息可储存性提供了更好的条件。

k. 可传输性。信息可通过各种各样的手段进行传输。信息传输要借助于一定的物质载体,实现信息传输功能的载体称为信息媒介。一个完整的信息传输过程必须具备信息源(信息的付出方)、信宿(信息的接受方)、信道(媒介)、信息4个基本要素。

l. 价值性。信息作为一种资源是有实用价值的。信息的使用价值必须经过转换才能得到。鉴于信息存在生命周期,转换必须及时,如企业得知要停电的信息,及时备足柴油安排发电,信息资源就能转换为物质财富。反之,转换已不可能,信息也就没有什么价值了。管理者要善于转换信息,去实现信息的价值。

m. 动态性。客观事物都在不停地运动变化着,信息业在不断发展更新,随着时间的推移,情况在变,反映情况的信息也在变,因此在获取与利用信息时必须树立时效观念,不能一劳永逸。

(3)信息在管理中的地位和作用

信息是管理的基础与纽带,是使各项管理职能得以充分发挥的前提。这是因为信息活动贯穿管理的全过程,管理就是通过信息协调系统的内部资源、外部环境和系统目标,从而实现系统功能的。具体而言,信息在管理中的地位和作用表现在以下几个方面:

①信息是管理系统的基本构成要素,并促使各要素形成有机联系。信息是构成管理系统的基本要素之一,正是有了信息活动的存在,才使管理活动得以进行。同时,信息反映了组织内部的权责结构、资源状况和外部环境的状态,使管理者能够据此作出正确的决策,所以信息也是管理系统各要素形成有机联系的媒介。可以说,没有信息,就不会有管理系统的存在,也就不会有组织的存在,管理活动也就失去了存在的基础。

②信息是管理过程的媒介,使管理活动得以顺利进行。在管理过程中,信息发挥了极为重要的作用。各种管理活动都表现为信息的输入、变换、输出和反馈的过程。这表明管理过程是以信息为媒介的,唯有信息的介入,才使管理活动得以顺利进行。

③信息是组织中各部门、各层次、各环节协调的纽带。组织中的各个部门、层次与环节是相对独立的,都有自己的目标、结构和行动方式。但是,组织需要实现整体的目标,管理系统的存在也是为了达到这个目的。为此,组织的各个部门、层次与环节需要协调行动,以消除各自所具有的独立性的影响,这除了需要有一个中枢(管理者)以外,还需要有纽带能够将其联系在一起,使其能够相互沟通,信息就充当了这样的角色,成为组织各个部门、层次与环节协调的纽带。

④信息是决策者正确决策的基础。决策者所拥有的各种信息以及对信息的消化吸收是其作出决策的依据。决策者只有及时掌握全面、充分而有效的信息才能统揽全局,高瞻远瞩,从而作出正确的决策。所以信息是决策者作出正确决策的基础。

⑤信息的开发和利用是提高社会资源利用效率的重要途径。社会资源是有限的,需要

得到最合理、最有效的配置,提高其利用效率,对于工程管理而言,即表现为经济效益和社会效益的提高。

2)信息管理

（1）信息管理的概念

什么是信息管理(Information management)目前没有完全一致的说法,一般有两种基本的理解。

一种意见认为,信息管理就是对信息的收集、整理、储存、传播和利用过程。也就是信息从分散到集中,从无序到有序、从存储到传播、从传播到利用的过程。这种说法把信息管理局限于对信息本身的管理。

另一种意见认为,信息管理不只是对信息的管理,而是对涉及信息活动的各种要素,如信息、人员、技术、机构等进行管理,实现各种资源的合理配置以满足社会对信息需求的过程。

两种说法一种是狭义的,一种是广义的,根据目前发展的状况,采取广义的说法更适合。信息管理属于人类管理活动的一部分,自有人类以来就有管理活动,但是管理科学是 20 世纪初才开始的事情。现在,管理科学出现许多流派,如科学管理派、古典组织学派、人际关系学派、行为科学学派、管理科学学派、社会系学派、决策管理学派、经验主义学派、权变理论学派等,形成了所谓的"管理丛林"。而且在管理实践中出现了许多专门的领域,如企业管理、金融管理、行政管理、人员管理等。信息渗透在人类社会的一切活动之中,信息是最基本的资源,信息管理本应是人类最最基础的管理活动。但是由于人们对信息的作用有一个认识过程,把信息作为一种资源,成为一个独立的管理领域还是最近几年的事情。

（2）信息管理的发展历史

虽然将信息管理作为一个独立的管理领域时间不长,但是信息管理与人管理活动一样,有着悠久的历史,大体上可以分为 3 个时期,5 种模式。

①手工管理时期(古代至 20 世纪 40 年代)。这个时期以图书馆文献管理为标志。人类的信息管理活动是从图书馆对文献的管理开始的。为什么会产生图书馆？这是因为人类在社会实践中,一方面不断产生文献,另一方面又要利用文献。文献的生产是分散的、零乱的,而利用文献又要求集中、准确和高速,文献存在的客观状态与社会对文献的需求之间就产生了矛盾,为了解决这种矛盾,就需要有专门的部门对文献进行收集、整理和储存,这样就产生了图书馆。这是人类历史上第一种信息管理模式,即手工管理模式。这种模式中信息管理的对象主要是文献,管理手段是手工方式,与技术没有直接关系。在这个漫长的历史时期内,虽然是用手工方式对信息进行管理,但是积累了宝贵的经验,丰富了学术著作,而且为保存人类文化遗产做出了巨大的、不可磨灭的贡献。

②技术管理时期(20 世纪中叶至 80 年代)。由于现代技术特别是计算机技术和现代通信技术在信息管理中的应用,信息管理的手段发生了巨大的变化,使信息管理进入一个新的历史时期。由于这个时期技术起到主导作用,通常被称为技术管理时期,在这个时期产生了3 种信息管理模式:数据处理(Data processing,DP)、系统管理和网络管理。

国际标准化组织第 97 技术委员会(ISO-TS97)对数据处理所下的定义是数据处理是对数据进行系统性的操作,如加工、合并、分类和计算。可见,数据处理是以数据为对象,并使数据规则化,即对信息进行具体的加工和处理,信息管理处于微观和操作的层次上。这种模式管理的对象局限于数据,其基本目标是使数据有序,并处于操作和运行的层次上,技术在信息管理中开始发挥作用。

系统管理是指以信息系统作为信息管理的主要手段和内容,这里所说的信息系统是指以计算机技术为基础的现代信息系统。信息管理的系统管理模式是在数据处理发展的基础上产生的。由于单项的事务处理已经不能适应社会的进步和生产力的发展需要,系统理论的传播使人们的管理思想和观念发生变化,孕育出系统管理的思潮,而信息技术的进步为信息管理提供了新的工具和途径。在这种背景下,信息管理的系统管理模式应运而生,首先是管理信息系统(Management information system,MIS),自 20 世纪 60 年代以来,MIS 在不同领域大量应用,成为信息系统管理有代表性的工具。以后又推出了情报检索系统(Information retrieval system,IRS)、办公自动化系统(Office automation system,OAS)、决策支持系统(Decision support system,DSS)、专家系统(Expert system,ES)等,形成了以信息系统来实施信息管理的强劲势头。20 世纪 80 年代信息系统管理发生了结构性的变化,从覆盖面广、综合性强的大型系统演变为集中型与分散型的信息系统同时并存的局面。20 世纪 90 年代,出现了多元信息系统和人工智能信息系统,信息的系统管理又进入新的阶段。

网络管理是指将分散的信息系统连接成为网络,以实现资源共享为目的的一种管理模式。网络管理是社会发展的产物,也是信息技术进步的结果,在社会实践中,人们逐渐认识到,人类生活在一个相互奉献又相互依存的世界上,只有进行合作,实现资源共享,才能求得更大的发展。目前世界各国已经建成各种类型的计算机网络,Internet 是当前最大的国际性计算机互联网络,它不仅提供了迅速方便的通信手段,更重要的是有丰富的信息资源,让人们不受时间和空间的限制去获取和利用。

③资源管理时期(20 世纪 80 年代至今)。资源管理时期是在手工管理时期和技术管理时期发展起来的,主要的特点是把信息作为一种资源进行管理,强调信息资源是重要的经济资源,是实现经济和社会发展的直接要素和直接生产力。信息资源也是重要的管理资源,在管理中具有决定性的作用,各种管理都离不开信息的支持。其主要内容是提出了信息资源管理(Information resources management,IRM),这是 20 世纪 70 年代末 80 年代初从美国兴起的新的信息管理模式。

3)建设工程项目信息管理

(1)概述

建设工程项目信息管理,是指对建设工程项目信息进行的收集、整理、分析、处置、储存和使用等活动。信息是各项管理工作的基础和依据,没有及时、准确和满足需要的信息,管理工作就不能有效地起到计划、组织、控制和协调的作用。随着现代化的生产和建设日益复杂化,社会分工越来越细,管理工作不仅对信息的及时性和准确性提出了更高的要求,而且对信息的需求量也大大增加,这些都对信息的组织和管理工作提出了更高的要求。也就是说,信息管理变得越来越重要,任务也越来越繁重。实践证明,如果继续沿用传统的手工处理数据和传递信息,那么往往不能在需要的时间和范围内,把有用的信息送到有关人员的手中,从而影响管理工作的正常进行。只有采用电子计算机,才有可能高速度、高质量地处理大量的信息,并根据现代管理科学理论(如运筹学、网络计划技术、系统分析和模拟技术等)

和计算机处理的结果,作出最优的决策,取得良好的经济效果。因此,信息管理是现代管理中不可或缺的内容,而电子计算机则是现代管理中不可缺少的工具。

在建设工程项目中,信息管理同样必不可少,只有切实做好信息管理工作,才能保证项目的相关人员及时获得各自所需的信息,在此基础上才能够进一步做好成本管理、进度管理、质量管理、安全管理和合同管理等各项管理工作,最终达到优质、低价、快速地完成项目实施任务的目标。同时,由于建设项目管理是一种动态管理,需要及时地对大量的动态信息进行快速处理,这就需要借助于电子计算这一现代化工具来进行,因此在工程项目管理中必须把信息管理和计算机的应用有机地结合起来,充分发挥计算机在信息管理中的优势,为实现工程项目的动态管理服务。

在项目管理的 6 大任务中,信息管理是相当重要的方面,但是普遍没有引起重视,在许多项目的管理中是相当薄弱的。许多国际工程中,由于信息管理工作不规范、不到位、不重视所引起的损失是相当惊人的,因此,到国外参加过工程建设甚至在国内与国际工程公司合作过的公司对此都非常重视。我国从工业发达国家引进项目管理的概念、理论、组织、方法和手段,历时 20 年左右,虽取得了不少成绩。但是应认识到,在项目管理中最薄弱的工作环节仍是信息管理。至今多数业主方和施工方的信息管理还相当落后,其落后表现在对信息管理的理解,以及信息管理的组织、方法和手段基本上还停留在传统的方式和模式上。信息管理是一种十分必要的建设工程管理管理模式,随着建设法规体系、国家建设管理体制的逐步完善,我国加入世界贸易组织,融入国际经济体系后,我国的建设工程也将进入一个新的发展时期,对建设工程信息的规范化、标准化要求也越来越高了。

建设工程项目的实施需要人力资源和物质资源,应认识到信息也是项目实施的重要资源之一,所以,必须要对信息资源有足够的重视。

(2)项目信息管理的实施及影响

建设工程项目的信息管理是通过对各个系统、各项工作和各种数据的管理,使项目的信息能方便和有效地获取、存储、存档、处理和交流。建设工程项目信息管理的目的旨在通过有效地对项目信息进行传输、组织和控制(信息管理),为项目的建设提供增值服务。

据国际有关文献资料介绍,建设工程项目实施过程中存在的诸多问题,其中三分之二与信息交流(信息沟通)的问题有关;建设工程项目 10% ~33% 的费用增加与信息交流存在的问题有关;在大型建设工程项目中,信息交流的问题导致工程变更和工程实施的错误占工程总成本的 3% ~5% 。由此可见信息管理的重要性。

以上信息交流(信息沟通)的问题指的是一方没有及时或没有将另一方所需要的信息(如所需的信息的内容、针对性的信息和完整的信息)或没有将正确的信息传递给另一方。如设计变更没有及时通知施工方,而导致返工;如业主方没有将施工进度严重拖延的信息及时告知大型设备供货方,而设备供货方仍按原计划将设备运到施工现场,致使大型设备在现场无法存放和妥善保管;如施工已产生了重大质量问题的隐患,而没有及时向有关技术负责人及时汇报等。以上列举的问题都会不同程度地影响项目目标的实现。

6.1.2 项目信息管理的任务

1) 项目信息管理手册

业主方和项目参与各方都有各自的信息管理任务,为充分利用和发挥信息资源的价值、提高信息管理的效率以及实现有序的和科学的信息管理,各方都应编制各自的信息管理手册,以规范信息管理工作。信息管理手册描述和定义信息管理的任务(做什么)、执行者(谁做)、每项信息管理任务执行的时间(什么时候做)和其工作成果(结果是什么)等,是信息管理的核心指导文件。信息管理手册主要包括以下内容:

①确定信息管理的任务(信息管理任务目录)。

②确定信息管理的任务分工表和管理职能分工表。

③确定信息的分类。

④确定信息的编码体系和编码。

⑤绘制信息输入输出模型(反映每一项信息处理过程的信息的提供者、信息的整理加工者、信息整理加工的要求和内容,以及经整理加工后的信息传递给信息的接受者,并用框图的形式表示)。

⑥绘制各项信息管理工作的工作流程图,(如信息管理手册编制和修订的工作流程,为形成各类报表和报告,收集信息、审核信息、录入信息、加工信息、信息传输和发布的工作流程,以及工程档案管理的工作流程等)。

⑦绘制信息处理的流程图(如施工安全管理信息、施工成本控制信息、施工进度信息、施工质量信息、合同管理信息等的信息处理的流程)。

⑧确定信息处理的工作平台(如以局域网作为信息处理的工作平台,或用门户网站作为信息处理的工作平台等)及明确其使用规定。

⑨确定各种报表和报告的格式,以及报告周期。

⑩确定项目进展的月度报告、季度报告、年度报告和工程总报告的内容及其编制原则和方法。

⑪确定工程档案管理制度。

⑫确定信息管理的保密制度,以及与信息管理有关的制度。

2) 信息管理的主要工作任务

项目管理班子中各个工作部门的管理工作都与信息处理有关,它们也都承担一定的信息管理任务,而信息管理部门是专门从事信息管理的工作部门,其主要工作任务是:

①负责主持编制信息管理手册,在项目实施过程中进行信息管理手册的必要修改和补充,并检查和督促其执行。

②负责协调和组织项目管理班子中各个工作部门的信息处理工作。

③负责信息处理工作平台的建立和运行维护。

④与其他工作部门协同组织收集信息、处理信息和形成各种反映项目进展和项目目标控制的报表和报告。

⑤负责工程档案管理等。

3）信息管理的数据处理及实施控制

由于建设工程项目大量数据处理的需要,在当今的时代应重视利用信息技术的手段(主要指的是数据处理设备和网络)进行信息管理。其核心的技术是基于网络的信息处理平台,即在网络平台上(如局域网,或互联网)进行信息处理。

在国际上,许多建设工程项目都专门设立信息管理部门(或称为信息中心),以确保信息管理工作的顺利进行;也有一些大型建设工程项目专门委托咨询公司从事项目信息动态跟踪和分析,以信息流指导物质流,从宏观上和总体上对项目的实施进行控制。

6.1.3　项目信息与知识管理的规定

《建设工程项目管理规范》(GB/T 50326—2017)对信息与知识管理进行 7 个方面的规定,本节主要介绍一般规定、信息管理计划、信息管理过程与信息安全管理 4 个方面,其余规定在其他项目中介绍。

（1）一般规定

组织应建立项目信息与知识管理制度,及时、准确、全面地收集信息与知识,安全、可靠、方便、快捷地存储、传输信息和知识,有效、适宜地使用信息和知识。

信息管理应符合下列规定:应满足项目管理要求;信息格式应统一、规范;应实现信息效益最大化。信息管理应包括信息计划管理、信息过程管理、信息安全管理、文件与档案管理、信息技术应用管理。

项目管理机构应根据实际需要设立信息与知识管理岗位,配备熟悉项目管理业务流程,并经过培训的人员担任信息与知识管理人员,开展项目的信息与知识管理工作。项目管理机构可应用项目信息化管理技术,采用专业信息系统,实施知识管理。

（2）信息管理计划

项目信息管理计划应纳入项目管理策划过程。项目信息管理计划应包括项目信息管理范围、项目信息管理目标、项目信息需求、项目信息管理手段和协调机制、项目信息编码系统、项目信息渠道和管理流程、项目信息资源需求计划、项目信息管理制度与信息变更控制措施。

项目信息需求应明确实施项目相关方所需的信息,应包括信息的类型、内容、格式、传递要求,并应进行信息价值分析。项目信息编码系统应有助于提高信息的结构化程度,方便使用,并且应与组织信息编码保持一致。项目信息渠道和管理流程应明确信息产生和提供的主体,明确该信息在项目管理机构内部和外部的具体使用单位、部门和人员之间的信息流动要求。项目信息资源需求计划应明确所需的各种信息资源名称、配置标准、数量、需用时间和费用估算。项目信息管理制度应确保信息管理人员以有效的方式进行信息管理,信息变更控制措施应确保信息在变更时进行有效控制。

（3）信息过程管理

项目信息过程管理应包括信息的采集、传输、存储、应用和评价过程。项目管理机构应按信息管理计划实施下列信息过程管理:与项目有关的自然信息、市场信息、法规信息、政策信息;项目利益相关方信息;项目内部的各种管理和技术信息。

项目信息采集宜采用移动终端、计算机终端、物联网技术或其他技术进行及时、有效、准确的采集工作。项目信息应采用安全、可靠、经济、合理的方式和载体进行传输。项目管理机构应建立相应的数据库,对信息进行存储。

项目竣工后应保存和移交完整的项目信息资料。项目管理机构应通过项目信息的应用,掌握项目的实施状态和偏差情况,以便于实现通过任务安排进行偏差控制。项目信息管理评价应确保定期检查信息的有效性、管理成本以及信息管理所产生的效益,评价信息管理效益,持续改进信息管理工作。

(4)信息安全管理

项目信息安全应分类、分级管理,并采取下列管理措施:设立信息安全岗位,明确职责分工;实施信息安全教育,规范信息安全行为;采用先进的安全技术,确保信息安全状态。项目管理机构应实施全过程信息安全管理,建立完善的信息安全责任制度,实施信息安全控制程序,并确保信息安全管理的持续改进。

子项6.2 建设工程项目信息的分类、编码和处理

6.2.1 建设工程项目信息的分类

1)建设工程项目管理中信息的主要形式

建设工程信息管理工作涉及多部门、多环节、多专业、多渠道,工程信息量大,来源广泛,形式多样,建设工程项目信息主要由下列形式构成:

①文字图形信息,包括勘查、测绘、设计图纸及说明书、计算书、合同,工作条例及规定,施工组织设计,情况报告,原始记录,统计图表、报表、信函等信息。

②语言信息,包括口头分配任务、下达指示、汇报、工作检查、介绍情况、谈判交涉、建议、批评、工作讨论和研究、会议等信息。

③新技术信息,包括通过网络、电话、电报、电传、计算机、电视、录像、录音、广播等现代化手段收集及处理的一部分信息。

2)建设工程项目信息的分类原则和方法

信息的分类是指在一个信息管理系统中,将各种信息按照一定的原则和方法进行区分和归类,并建立起一定的分类系统和排列顺序,以便管理和使用信息。对信息分类体系的研究一直是信息管理科学的一项重要课题,信息分类的理论与方法广泛地应用于信息管理的各个分支,如图书馆管理、情报档案管理等。这些理论与方法是人们进行信息分类体系研究的主要依据。在工程管理领域,针对不同的应用需求,各国的研究者也在开发、设计各种信息分类标准。

在大型工程项目的实施过程中,处理信息的工作量巨大,必须对信息进行统一的分类和编码,并借助于计算机系统,才能更好地实现信息管理的目标。统一的信息分类和编码体系的意义在于使计算机系统和所有的项目参与方之间具有共同的语言:一方面使得计算机系统更有效地处理、储存项目信息;另一方面也有利于项目参与各方更方便地对各种信息进行交换与查询。项目信息的分类和编码是建设工程项目信息管理实施时所必须完成的一项基础工作,信息分类编码工作的核心是在对项目信息内容分析的基础上建立项目的信息分类

体系。

（1）信息分类的原则

对建设项目的信息进行分类必须遵循以下几个基本原则：

①稳定性原则。信息分类应选择分类对象最稳定的本质属性或特征作为信息分类的基础和标准。信息分类体系应建立在对基本概念和划分对象的透彻理解基础上。

②兼容性原则。项目信息分类体系必须考虑到项目各参与方所应用的编码体系的情况，项目信息分类体系应能满足不同项目参与方高效信息交换的需要。同时，与有关国际、国内标准的一致性也是兼容性应该考虑的内容。

③可扩展性原则。项目信息分类体系应具备较强的灵活性，可以在使用过程中进行方便的扩展。在分类中通常应设置收容类目（或者称为"其他"），以保证增加新的信息类型时，不至于打乱已经建立的分类体系，同时一个通用的信息分类体系还应为具体环境中信息分类体系的拓展和细化创造条件。

④逻辑性原则。项目信息分类体系中信息类目的设置有着极强的逻辑性，如要求同一层面上各个子类项目排斥。

⑤综合实用性原则。信息分类应从系统工程的角度出发，放在具体的应用环境中进行整体考虑。这体现在信息分类的标准与方法的选择上，应综合考虑项目的实施环境和信息技术工具。确定具体应用环境中的项目信息分类体系，应避免对通用信息分类体系的生搬硬套。

（2）项目信息分类的基本方法

根据国际上的发展和研究，建设工程项目信息分类有两种基本方法：

①线分类法。线分类法又名层级分类法或者树状结果分类法。它是将分类对象按所选定的若干属性或者特征（作为分类的划分基础）逐次地分成相应的若干个层级目录，并排列成一个有层次的、逐级展开的树状信息分类体系。在这一分类体系中，同一层面的同位类目间存在并列关系，同位类目间不重复、不交叉。线分类法具有良好的逻辑性，是最为常见的信息分类方法。

②面分类法。面分类法是将选定的分类对象的若干个属性或特征视为若干个"面"，每个"面"中又可以分成许多彼此独立的若干个类目。在使用时，可以根据需要将这些"面"中的类目组合在一起，形成一个符合的类目。面分类法具有良好的适应性，而且有利于计算机处理信息。

在工程实践中，由于工程项目信息的复杂性，单独使用一种信息分类方法往往不能满足使用者的需要。在实际应用中往往是根据应用环境组合使用，以某一种分类方法为主，辅以另一种分类方法，同时进行一些人为的特殊规定以满足信息使用者的需要。

3）建设工程项目信息的种类

建设工程项目管理过程中，涉及大量的信息，这些信息可以根据不同的标准进行划分：

（1）按照建设工程项目管理的目标划分

①成本控制信息：是指与成本控制直接有关的信息，如工程项目的成本计划、工程任务单、限额领料单、施工定额、对外分包经济合同、成本统计报表、材料价格、机械设备台班费、人工费、运杂费等。

②投资控制信息:是指与投资控制直接有关的信息,如各种估算指标、类似工程造价、物价指数;设计概算、概算定额、施工图预算、预算定额;工程项目投资估算;合同价组成;投资目标体系;计划工程量、已完工程量、单位时间付款报表、工程量变化表、人工/材料调差表;索赔费用表;投资偏差、已完工程结算;竣工决算、施工阶段的支付账单等。

③质量控制信息:是指与工程项目质量控制直接有关的信息,如国家或地方政府部门颁布的有关质量政策、法令、法规和标准等,质量目标体系和质量目标的分解,质量目标的分解图表,质量控制的工作流程和工作制度、质量保证体系的组成,质量控制的风险分析;质量抽样检查的数据、各种材料设备的合格证、质量证明书、检测报告、质量事故记录和处理报告等。

④进度控制信息:是指与工程项目进度控制直接有关的信息,如施工定额;项目总进度计划、进度目标分解、项目年度计划、工程总网络计划和子网络计划、计划进度与实际进度偏差;网络计划的优化、网络计划的调整情况;进度控制的工作流程、进度控制的工作制度、进度控制的风险分析;材料和设备的到货计划、各分项分部工程的进度计划、进度记录等。

⑤合同管理信息:是指建设工程相关的各种合同信息,如工程投标文件;工程建设施工承包合同,物资设备供应合同,咨询、监理合同;合同的指标分解体系;合同签订、变更、执行情况;合同的索赔等。

(2)按工程项目管理的工作流程划分

①计划信息,如已有的统计资料、要完成的各项指标、上级企业的有关计划、工程施工的预测等。

②执行信息,如下达的各项计划、指示、命令等。

③检查信息,如工程的实际进度、成本、质量等的实施状况。

④反馈信息,如各项调整措施、意见、改进的办法和方案等。

(3)按信息的来源划分

①工程项目的内部信息。取自工程项目本身,即指建设工程项目各个阶段、各个环节、各有关单位发生的信息总体。如工程概况、设计文件、合同结构、合同管理制度,工程施工完成的各项技术经济指标、信息资料的编码系统、信息目录表、会议制度、资料管理制度、项目经理部的组织等。

②工程项目的外部信息。来自建设工程建设项目上其他单位及外部环境的信息称为外部信息。如监理通知、设计变更、国家有关的政策及法规、国内及国际市场上原材料及设备价格、物价指数、类似工程的进度计划、类似工程造价及进度、投资单位的实力及信誉、国际和国内的新材料、新技术、新方法、国际大环境的变化、资金市场的变化等。

(4)按照信息的稳定程度划分

①固定信息:是指一定的时间内相对稳定的信息,如工程定额,政府部门颁发的技术标准,施工现场管理工作制度等。

②流动信息:是指在不断变化着的信息,如项目质量、投资成本及进度统计信息等。

(5)按照信息的性质划分

①管理信息:是指项目管理过程中的信息,如施工进度计划、材料消耗、库存储备等。

②技术信息:是指技术部门提供的工程技术方面的信息,如技术规范、施工方案、技术交

底等。

③经济信息:如施工项目成本计划、成本统计报表、资金耗用等信息。

④资源信息:如资金来源、劳动力供应、材料供应等信息。

(6)按照信息的层次划分

①战略级信息:是指工程项目建设过程中进行决策的信息,如项目概况、项目投资总额、项目建设总工期、承包商的确定、合同价格的确定等。

②战术级信息:是指工程项目建设过程中的管理信息,如工程项目年度进度计划、工程项目年度财务计划、工程项目年度材料计划、工程项目施工总体方案、工程项目3大目标控制计划等。

③作业级信息:是指工程项目建设过程中各业务部门的日常信息,较具体,精度较高,如分项工程作业计划、分项工程施工方案等。

还可以按照其他标准进行划分,如按照信息范围的大小不同,可以把建设工程项目管理中的信息分为精细的信息和摘要的信息两类;按照信息发生的时间不同,可以分为历史性的信息和预测性的信息;按项目实施的工作过程,可以分为设计信息、招投标信息和施工信息等。

业主方和项目参与各方可根据各自的项目管理的需求确定其信息管理的分类,但为了信息交流的方便和实现部分信息共享,应尽可能作一些统一分类的规定,如项目的分解结构应统一。

6.2.2 项目信息编码的方法

1)信息编码的概念

为了信息在收集、处理、表示上的方便、规范,可用一组数字或字符描述客观实体或实体的属性,这就是信息编码,一般表示一定的实际含义。

如在描述"人"这个实体时,可以用"0"表示"女性","1"表示"男性","9"表示"未知"等。信息编码的目的主要是使信息描述唯一、规范、系统,因此应遵循以下3个原则:

①唯一性原则。在客观世界中,许多实体如果不加标识是无法区分的,所以将原来不能区分的实体唯一地加以标识是编码的首要任务,因此相同的编码只能描述相同的客体或客体属性。如在一个单位的人事管理中,常常存在姓名重复问题,为了避免二义性,准确描述此"张三"非彼"张三",需要对职工进行编码,使其能唯一标志每名职工。从系统的角度讲,唯一性原则提高了数据的全局一致性。

②规范性原则。唯一性原则限制了不同客体或客体属性的语义编码不能重复,但若随意编码,可能导致信息表述变得杂乱无章,对信息处理、管理、利用反而带来不便,因此在遵循唯一性的前提下必须强调编码的规范化。

③标准化原则。在实际应用中,实体的大部分编码都有国家或行业标准。如我国行政区编码、一级会计科目编码、职务编码等都有国家编码标准;二级会计科目编码、产品规格编码等都有相应的行业标准。对信息进行编码应尽量标准化,以便信息的交流和使用。

2)建设工程项目信息编码的方法

一个建设工程项目有不同类型和不同用途的信息,为了有组织地存储信息,方便信息的

检索和信息的加工整理,也必须对项目的信息进行编码。建设工程项目信息编码的内容很多,包括以下几个方面:

①项目的结构编码。项目的结构编码依据项目结构图,对项目结构的每一层的每一个组成部分进行编码。

②项目管理组织结构编码。项目管理组织结构编码依据项目管理的组织结构图,对每一个工作部门进行编码。

③项目的政府主管部门和各参与单位编码(组织编码)。项目的政府主管部门和各参与单位编码包括政府主管部门,业主方的上级单位或部门,金融机构,工程咨询单位,设计单位,施工单位,物资供应单位,物业管理单位等。

④项目实施的工作项编码(项目实施的工作过程的编码)。项目实施的工作项编码应覆盖项目实施的工作任务目录的全部内容,包括设计准备阶段的工作项、设计阶段的工作项、招投标工作项、施工和设备安装工作项、项目动用前的准备工作项等。

⑤项目的投资项编码(业主方)、成本项编码(施工方)。项目的投资项编码并不是概预算定额确定的分部分项工程的编码,它应综合考虑概算、预算、标底、合同价和工程款的支付等因素,建立统一的编码,以服务于项目投资目标的动态控制。项目成本项编码并不是预算定额确定的分部分项工程的编码,它应综合考虑预算、投标价估算、合同价、施工成本分析和工程款的支付等因素,建立统一的编码,以服务于项目成本目标的动态控制。

⑥项目的进度项(进度计划的工作项)编码。项目的进度项编码应综合考虑不同层次、不同深度和不同用途的进度计划工作项的需要,建立统一的编码,服务于项目进度目标的动态控制。

⑦项目进展报告和各类报表编码。项目进展报告和各类报表编码应包括项目管理形成的各种报告和报表的编码。

⑧合同编码。合同编码应参考项目的合同结构和合同的分类,应反映合同的类型、相应的项目结构和合同签订的时间等特征。

⑨函件编码。函件编码应反映发函者、收函者、函件内容所涉及的分类和时间等,以便函件的查询和整理。

⑩工程档案编码。工程档案的编码应根据有关工程档案的规定、项目的特点和项目实施单位的需求而建立。

以上这些编码是因不同的用途而编制的,如投资项编码(业主方)服务于投资控制工作,成本项编码(施工方)服务于成本控制工作;进度项编码服务于进度控制工作。但是有些编码并不是针对某一项管理工作而编制的,如投资控制(业主方),成本控制(施工方)、进度控制、质量控制、合同管理、编制项目进展报告等都要使用项目的结构编码,因此就需要进行编码的组合。

6.2.3　项目信息处理的方法

在当今时代,信息处理已逐步向电子化和数字化方向发展,但建筑业和基本建设领域的信息化已明显落后于许多其他行业,建设工程项目信息处理很大程度上还沿用传统的方法和模式。随着互联网、多媒体数据库电子商务等以计算机和通信技术为核心的现代信息管理科技的迅猛发展,又为项目(特别是大型建设工程项目)信息管理系统的规划、设计和实施提供了全新的信息管理理念、技术支撑平台和全面解决方案。由此导入了 E 时代的项目信息管理的全新观念。我们应采取积极措施,使建设工程项目信息处理由传统的方式向基于网络的信息处理平台方向发展,以充分发挥信息资源的价值,以及信息对项目目标控制的作用。

1)基于网络的信息处理平台

基于网络的信息处理平台由一系列硬件和软件构成,主要包括:数据处理设备(计算机、打印机、扫描仪、绘图仪等);数据通信网络(形成网络的有关硬件设备和相应的软件等);软件系统(操作系统和服务于信息处理的应用软件等)。

数据通信网络主要有以下 3 种类型:

①局域网(LAN):由与各网点连接的网线构成网络,各网点对应于装备有实际网络接口的用户工作站。

②城域网(MAN):在大城市范围内两个或多个网络的互联。

③广域网(WAN):在数据通信中,用来连接分散在广阔地域内的大量终端和计算机的一种多态网络。

互联网是目前最大的全球性的网络,它连接了覆盖 100 多个国家的各种网络,如商业性的网络(.com 或.cn)、大学网络(.ac 或.edu)、研究网络(.org 或.net)和军事网络(.mil)等,并通过网络连接数亿台的计算机,以实现连接互联网的计算机之间的数据通信。互联网由若干个学会、委员会和集团负责维护和运行管理。

2)项目参与方之间的信息交流

建设工程项目的业主方和项目参与各方往往分散在不同的地点,或不同的城市,或不同的国家,因此其信息处理应考虑充分利用远程数据通信的方式,如:

①通过电子邮件收集信息和发布信息。

②通过基于互联网的项目信息门户(PIP——Project information portal)的为众多项目服务的公用信息平台实现业主方内部、业主方和项目参与各方,以及项目参与各方之间的信息交流、协同工作和文档管理。基于互联网的项目信息门户属于电子商务(E-business)两大分支中的电子协同工作(E-collaboration)。项目信息门户在国际学术界有明确的内涵,即在对项目实施全过程中项目参与各方产生的信息和知识进行集中式管理的基础上,为项目的参与各方在互联网平台上提供一个获取个性化项目信息的单一入口,从而为项目的参与各方提供一个高效的信息交流(Project-communication)和协同工作(Collaboration)的环境。它的核心功能是在互动式的文档管理的基础上,通过互联网促进项目参与各方之间的信息交流和促进项目参与各方的协同工作,从而达到为项目建设增值的目的。如美国和德国运营比较成熟的项目信息门户网站,都有大量用户在其上进行项目信息处理。

③通过基于互联网的项目专用网站(PSWS—Project specific website)实现业主方内部、业主方和项目参与各方以及项目参与各方之间的信息交流、协同工作和文档管理。基于互联网的项目专用网站是基于互联网的项目信息门户的一种方式,是为某一个项目的信息处理专门建立的网站。但是基于互联网的项目信息门户也可以服务于多个项目,即成为为众

多项目服务的公用信息平台。

④召开网络会议。

⑤基于互联网的远程教育与培训等。

由此可见,建设工程项目的信息处理方式已发生了根本性的变化。

子项 6.3 工程项目管理信息化

6.3.1 项目管理信息系统的功能

1)项目管理信息系统的含义

项目管理信息系统(PMIS——Project management information system)是一个由多个子系统组成的系统,是处理项目信息的人-机系统,它通过收集、储存及分析工程项目过程中的有关数据,辅助工程项目的管理人员和决策者规划、决策和检查,其核心是用于项目的目标控制。一般的管理信息系统(MIS——Management information system)是基于计算机的管理的信息系统,主要用于企业的人、财、物、产、供、销的管理。项目管理信息系统与一般的管理信息系统服务的对象和功能是不同的。

项目管理信息系统的应用,主要是用计算机的手段,进行项目管理有关数据的收集、记录、存储、过滤和把数据处理的结果提供给项目管理班子的成员。它是项目进展的跟踪和控制系统,也是信息流的跟踪系统。

20 世纪 70 年代末期和 80 年代初期国际上已有项目管理信息系统的商品软件,项目管理信息系统现已被广泛地用于业主方和施工方的项目管理。应用项目管理信息系统的主要意义是:实现项目管理数据的集中存储;有利于项目管理数据的检索和查询;提高项目管理数据处理的效率;确保项目管理数据处理的准确性;可方便形成各种项目管理需要的报表。

2)项目管理信息系统的功能

项目管理信息系统应该实现的基本功能主要有投资控制(业主方)或成本控制(施工方)、进度控制、质量控制、合同管理,有些项目管理信息系统还包括一些办公自动化的功能。

(1)投资控制

投资控制的功能主要包括:项目的估算、概算、预算、标底、合同价、投资使用计划和实际投资的数据计算和分析;进行项目的估算、概算、预算、标底、合同价、投资使用计划和实际投资的动态比较(如概算和预算的比较、概算和标底的比较、概算和合同价的比较、预算和合同价的比较等),并形成各种比较报表;计划资金的投入和实际资金的投入的比较分析;根据工程的进展进行投资预测;提供多种(不同管理平面)项目投资报表。

(2)成本控制

成本控制的功能主要包括:投标估算的数据计算和分析;计划施工成本;计算实际成本;计划成本与实际成本的比较分析;根据工程的进展进行施工成本预测;提供各种成本控制报表。

(3)进度控制

进度控制的功能包括:计算工程网络计划的时间参数,并确定关键工作和关键路线;绘制网络图和计划横道图;编制资源需求量计划;进度计划执行情况的比较分析;根据工程的进展进行工程进度预测;提供多种(不同管理平面)工程进度报表。

(4)质量控制

质量控制的功能主要包括:项目建设的质量要求和质量标准的制订;分项工程、分部工程和单位工程的验收记录和统计分析;工程材料验收记录(包括机电设备的设计质量、建造质量、开箱检验情况、资料质量、安装调试质量、试运行质量、验收及索赔情况);工程涉及质量的鉴定记录;安全事故的处理记录;提供多种工程质量报表。

(5)合同管理

合同管理的功能主要包括:合同基本数据查询;合同执行情况的查询和统计分析;标准合同文本查询和合同辅助起草;提供各种合同管理报表。

6.3.2 工程管理信息化

1)信息化的内涵

信息化指的是信息资源的开发和利用,以及信息技术的开发和应用。胡锦涛同志在党的十七大报告中阐述立足社会主义初级阶段这个最大实际时指出:要"全面认识工业化、信息化、城镇化、市场化、国际化深入发展的新形势新任务,深刻把握我国发展面临的新课题、新矛盾,更加自觉地走科学发展道路"。上述这"五化"中,比以往多了一个"信息化",并且仅排在"工业化"之后,并且首次提出了信息化与工业化融合发展的崭新命题,对信息化重视程度不断提升,这对今后我国信息化推进和通信业发展必将产生重大而深远的影响。信息化是继人类社会农业革命、城镇化和工业化后的又一个新的发展时期的重要标志。

我国实施国家信息化的总体思路是:以信息技术应用为导向;以信息资源开发和利用为中心;以制度创新和技术创新为动力;信息化与工业化融合发展,以信息化带动工业化;加快经济结构的战略性调整;全面推动领域信息化、区域信息化、企业信息化和社会信息化进程。

2)工程管理信息化

(1)工程管理信息化的含义

工程管理信息化指的是工程管理信息资源的开发和利用,以及信息技术在工程管理中的开发和应用。工程管理信息化属于领域信息化的范畴,它和企业信息化也有联系。

我国建筑业和基本建设领域应用信息技术与工业发达国家相比,尚存在较大的数字鸿沟,它反映在信息技术在工程管理中应用的观念上,也反映在有关的知识管理上,还反映在有关技术的应用方面。

信息技术在工程管理中的开发和应用,包括在项目决策阶段的开发管理、实施阶段的项目管理和使用阶段的设施管理中开发和应用信息技术。

(2)工程管理信息化的发展

自20世纪70年代开始,信息技术经历了一个迅速发展的过程,信息技术在建设工程管理中的应用也有一个相应的发展过程:

①20世纪70年代,单项程序的应用,如工程网络计划的时间参数的计算程序,施工图预算程序等;

②20 世纪 80 年代,程序系统的应用,如项目管理信息系统、设施管理信息系统(FMIS——Facility management information system)等;

③20 世纪 90 年代,程序系统的集成,它是随着工程管理的集成而发展的;

④20 世纪 90 年代末期至今,基于网络平台的工程管理。

目前,计算机在建设项目信息管理中起着越来越重要的作用。计算机具有储存量大、检索方便、计算能力强、网络通信便捷等优点,我们可以利用它来帮助我们管理项目,就是用项目管理软件"辅助"我们管理项目,形成建设项目管理信息系统,从而使建设项目的信息管理更加富有成效。

(3)工程管理的信息资源

工程管理的信息资源包括:

①组织类工程信息,如建筑业的组织信息、项目参与方的组织信息、与建筑业有关的组织信息和专家信息等。

②管理类工程信息,如与投资控制、进度控制、质量控制、合同管理和信息管理有关的信息等。

③经济类工程信息,如建设物资的市场信息、项目融资的信息等。

④技术类工程信息,如与设计、施工和物资有关的技术信息等。

⑤法规类信息等。

在建设一个新的工程项目时,应重视开发和充分利用国内和国外同类或类似工程项目的有关信息资源。

(4)工程管理信息化的意义

①工程管理信息资源的开发和信息资源的充分利用,可吸取类似项目的正反两方面的经验和教训,许多有价值的组织信息、管理信息、经济信息、技术信息和法规信息将有助于项目决策期多种可能方案的选择,有利于项目实施期的项目目标控制,也有利于项目建成后的运行。

②通过信息技术在工程管理中的开发和应用能实现信息存储数字化和存储相对集中(图 6.1)、信息处理和变换的程序化、信息传输的数字化和电子化、信息获取便捷、信息透明度提高、信息流扁平化。

"信息存储数字化和存储相对集中"有利于项目信息的检索和查询,有利于数据和文件版本的统一,并有利于项目的文档管理。

"信息处理和变换的程序化"有利于提高数据处理的准确性,并可提高数据处理的效率。

"信息传输的数字化和电子化"可提高数据传输的抗干扰能力,使数据传输不受距离限制并可提高数据传输的保真度和保密性。

"信息获取便捷""信息透明度提高"以及"信息流扁平化"有利于项目参与方之间的信息交流和协同工作。

③工程管理信息化有利于提高建设工程项目的经济效益和社会效益,以达到为项目建设增值的目的。

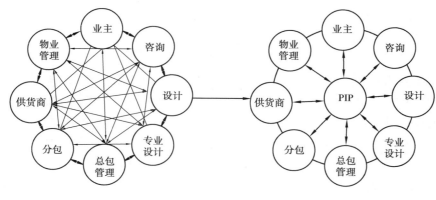

传统方式：点对点信息交流　　　　PIP方式：信息集中存储并共享

图 6.1　信息交流传统方式与现代 PIP 方式比较

6.3.3　信息技术应用管理

1）一般规定

《建设工程项目管理规范》(GB/T 50326—2017)中对信息技术应用管理有如下规定：

（1）主要内容

项目信息系统应包括项目所有的管理数据，为用户提供项目各方面信息，实现信息共享、协同工作、过程控制、实时管理。

（2）基础与功能

项目信息系统宜基于互联网并结合建筑信息模型（BIM）、云计算、大数据、物联网等先进技术进行建设和应用。项目信息系统应包括下列应用功能：信息收集、传送、加工、反馈、分发、查询的信息处理功能；进度管理、成本管理、质量管理、安全管理、合同管理、技术管理及相关的业务处理功能；与工具软件、管理系统共享和交换数据的数据集成功能；利用已有信息和数学方法进行预测、提供辅助决策的功能；支持项目文件与档案管理的功能。

（3）管理效果

项目管理机构应通过信息系统的使用取得下列管理效果：实现项目文档管理的一体化；获得项目进度、成本、质量、安全、合同、资金、技术、环保、人力资源、保险的动态信息；支持项目管理满足事前预测、事中控制、事后分析的需求；提供项目关键过程的具体数据并自动产生相关报表和图表。

（4）安全管理

项目信息系统应具有身份认证、防止恶意攻击、信息权限设置、跟踪审计和信息过滤、病毒防护、安全监测、数据灾难备份等安全技术措施。项目管理机构应配备专门的运行维护人员，负责项目信息系统的使用指导、数据备份、维护和优化工作。

2）基于 BIM 技术的建筑信息化管理

建筑信息模型（BIM）作为一个全生命周期的项目信息化管理模型。我国将 BIM 系统作为科技部"十一五"的重点研究项目，住建部在《2011—2015 年建筑业信息化发展纲要》中也指出，"十二五"期间，加快推广建筑信息模型（BIM）、协同等新技术在工程中的应用。目前，国内越来越多的大型项目,如上海中心、迪斯尼中国、SOHO 中国等业主方明确要求应用 BIM 技术,提高项目精细化管理,提高工程效率。

(1)基于 BIM 工程项目管理信息化的重要性

①全生命周期的项目管理,打破信息孤岛。BIM 技术将给施工企业项目精细化管理、企业集约化管理和企业的信息化管理带来强大的数据支撑和技术支撑,突破了以往传统管理技术手段的瓶颈,从而带来项目管理革命。在项目决策阶段,需要评价项目的可行性以及工程费用估算的合理性,作出科学决策;在设计阶段,三维的图形设计,使得建筑、结构、设备、电气、暖通等多个专业设计人员可以更好地分工合作;在招投标阶段,可直接统计出建筑的实物工程量,根据清单计价规则套上清单信息,形成招标文件的工程量清单;在施工阶段,利用 BIM 模型,添加时间进度信息,就可以实现 4D 模拟建造,分析统计每阶段的成本费用,进行 5D 模拟;在运营阶段,利用 BIM 模型进行数字化管理;在拆除阶段,利用 BIM 模型分析拆除的最佳方案,确定爆破方案的炸药点设置是否合理,可以在 BIM 模型上模拟爆破的坍塌反应,评价爆破对本建筑及周边建筑的影响。

②基于数据,实现数据共享。BIM 是以建筑工程项目的各项相关信息数据为基础,建立的数字化建筑模型。它具有可视化、协调性、模拟性、优化性和可出图形五大特点,给工程建设信息化带来重大变革。首先,BIM 技术采用以数据为中心的协作方式,实现数据共享,大大提高了建筑行业工效;其次,能够提升建筑品质,实现绿色的设计和建造。

③全新的 5D 模型。利用 BIM 技术的 5D 模型(3D + 时间 + 费用),可以直观地确定在建设过程中不同时间点的资金需求,可以模拟并优化资金筹措和使用分配,实现投资资金财务收益最大化。

④事先模拟分析。BIM 为设计、施工、造价等各环节人员提供"模拟和分析"的协同工作平台,他们利用三维数字模型对项目进行设计、建造及运营管理,最终使整个工程项目在设计、施工和使用等各个阶段都能够有效地节省能源、节约成本和提高效率。

(2)基于 BIM 技术的建筑工程信息化管理

①设计信息化管理。BIM 技术创建的工程项目模型实质是一个可视化的数据库,将枯燥的绘图工作变成了一个类似搭积木的过程,提高工作效率,减少错误发生;BIM 与各专业相关信息集成,方便地实现了各专业的对接,使得各专业能够对 BIM 模型进行进一步分析和设计;同时 BIM 模型是项目各相关专业信息的集成,方便地实现了各专业的协同,避免冲突,降低成本。BIM 还可以模拟采光效果、楼梯人员疏散效果等,保障设计图纸高质量。

②招投标信息化管理。BIM 模型能够自动生成材料和设备明细表,为工程量计算、造价、预算和决算提供有利的依据,提供预决算实际效率。BIM 技术可以有效完成商务标中工程量清单编制和费用指标确定,投标人可直接编制清单和招标控制价,投标人可编制投标报价。同时,BIM 模型可进行动态修改,方便招标方随时进行节点测算。提高工程量计算与项目成本估算的准确性。投标人应用 BIM 进行投标可以提高竞争力,合理确定投标报价,避免盲目压低投标报价给企业带来严重损失。

③施工信息化管理。基于 BIM 技术的建筑施工信息化主要体现在可视化施工文档存储、基础数据共享与调用、项目精细化管理及造价控制等方面。BIM 技术的可视化与虚拟施工不仅可以判断现场情况,还可以为编制施工进度计划、施工顺序、场地布置等提供依据,为

项目管理者提供直观具体的实物参考,同时利用基于 BIM 的 5D 集成直接生产材料统计,减少材料浪费,控制建设成本。另外,建筑信息模型在施工阶段就可以把索赔和违约相关信息与参数录入,在竣工阶段即可直接由 BIM 得到竣工结算造价,避免造价争议,有效帮助建设单位控制造价。

(3)BIM 项目管理信息化的发展趋势

①BIM 与高新技术融合。近年来,新的网络和通信技术、云技术、移动技术、物联网等新一代信息技术不断涌现,势必会给工程项目管理信息化发展带来新的动力和影响。而借助这些新技术,BIM 将更好地得到应用,通过云技术,各个参与方可以更便捷地进行数据共享、查询,实现同步多方操作,借助移动技术,实现随时随地了解信息,及时管理控制。

②建筑信息模型将继续完善。从国家层面实现交付标准的统一,使得建筑模型可以从设计阶段不断被沿用,各个参与方的协作标准达成,信息可以在整个项目的多个环节多个参与方自由共享,从而避免信息孤岛;国内软件逐渐成熟,使得目前的软件可以成功地进行对接,不同软件之间的接口也可以实现,实现一稿多用,避免重复设计。

子项 6.4 施工文件档案管理

6.4.1 施工文件档案管理的内容

1)文档管理的任务和基本要求

文档管理指的是对作为信息载体的资料进行有序的收集、加工、分解、编目、存档,并为项目各参加者提供专用的和常用的信息的过程。文档系统是管理信息系统的基础,是管理信息系统有效率运行的前提条件。文档系统有如下要求:

①文档要有系统性,即包括项目相关的,应进入信息系统运行的所有资料。事先要罗列各种资料并进行系统化。

②各个文档要有单一标志,能够互相区别,通常通过编码区别。

③文档管理责任的落实,即有专门人员或部门负责资料工作,对具体的项目资料要确定具体的问题。

④内容正确、实用,在文档处理过程中不失真。

因此,对具体的项目资料要确定:谁负责资料工作,什么资料,针对什么问题,什么内容和要求,何时收集、处理,向谁提供(见图 6.2)。

2)项目文件资料的种类

资料是数据或信息的载体,在项目实施过程中资料上的数据有两种(见图 6.3):

①内容性数据。内容性数据为资料的实质性内容,如施工图纸上的图,信件的正文等。它的内容丰富,形式多样,通常有一定的专业意义,其内容在项目过程中可能有变更。

②说明性数据。说明性数据是为了方便资料的编目、分解、存档、查询,对各种资料作出说明和解释,用一些特征互相加以区别。它的内容一般在项目管理中不改变,由文档管理者设计,如图标,各种文件说明、文件的索引目录等。具体的文档管理,如生成、编目、分解、存

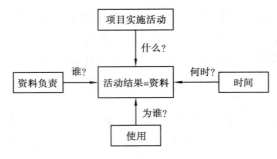

图 6.2 文档管理的基本要求

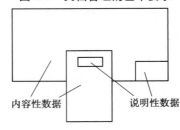

图 6.3 两种数据资料

档等就是以说明性数据为基础的。

6.4.2 施工文件的立卷

在工程建设活动中直接形成的很多具有归档保存价值的文字、图表、声像等各种形式的历史记录,被称为建设工程档案,也可简称为工程档案,我们必须要按照一定的原则和方法,将这些有保存价值的文件分门别类整理成案卷,这样的工作称为立卷,亦称组卷。

1)立卷原则

施工文件的立卷应该遵循两个原则:

①立卷应遵循工程文件的自然形成规律,保持卷内文件的有机联系,便于档案的保管和利用。

②一个建设工程由多个单位工程组成时,工程文件应按单位工程组卷。

2)立卷方法

①工程文件可按建设程序划分为工程准备阶段的文件、监理文件、施工文件、竣工图、竣工验收文件 5 部分。

②工程准备阶段文件可按建设程序、专业、形成单位等组卷。

③监理文件可按单位工程、分部工程、专业、阶段等组卷。

④施工文件可按单位工程、分部工程、专业、阶段等组卷。

⑤竣工图可按单位工程、专业等组卷。

⑥竣工验收文件按单位工程、专业等组卷。

3)立卷要求

①案卷不宜过厚,一般不超过 40 mm。

②案卷内不应有重份文件;不同载体的文件一般应分别组卷。

③文字材料按事项、专业顺序排列。同一事项的请示与批复、同一文件的印本与定稿、主件与附件不能分开,并按批复在前、请示在后,印本在前、定稿在后,主件在前、附件在后的顺序排列。

④图纸按专业排列,同专业图纸按图号顺序排列。

⑤既有文字材料又有图纸的案卷,文字材料排前,图纸排后。

6.4.3　施工文件的归档

归档是指文件形成单位完成其工作任务后,将形成的文件整理立卷后,按规定移交档案管理机构。

1)基本要求

①归档文件必须完整、准确、系统,能够反映工程建设活动的全过程。

②归档的文件必须经过分类整理,并应组成符合要求的案卷。

2)时间要求

①根据建设程序和工程特点,归档可以分阶段分期进行,也可以在单位或分部工程通过竣工验收后进行。

②勘察、设计单位应当在任务完成时,施工、监理单位应当在工程竣工验收前,将各自形成的有关工程档案向建设单位归档。

3)其他要求

①勘察、设计、施工单位在收齐工程文件并整理立卷后,建设单位、监理单位应根据城建档案管理机构的要求对档案文件完整、准确、系统情况和案卷质量进行审查。审查合格后向建设单位移交。

②工程档案一般不少于两套,一套由建设单位保管,一套(原件)移交当地城建档案馆(室)。

③勘察、设计、施工、监理等单位向建设单位移交档案时,应编制移交清单,双方签字、盖章后方可交接。

④凡设计、施工及监理单位需要向本单位归档的文件,应按国家有关规定的要求单独立卷归档。

子项 6.5　项目沟通管理

6.5.1　沟通与项目沟通管理

1)基本概念

沟通是组织协调的手段,是解决组织成员间障碍的基本方法。组织协调的程度和效果常依赖于各项目参加者之间沟通的程度。通过沟通,不但可以解决各种协调的问题,如在技术、过程、逻辑、管理方法和程序中的矛盾、困难,而且还可以解决各参加者心理的和行为的障碍和争执。

工程项目沟通管理就是为确保项目信息及时、正确地提取、收集、传播、存储，以及最终进行处置所需实施的一系列过程。其目的是保证项目组织内部的信息畅通。项目组织内部信息的沟通直接关系到组织的目标、功能和结构，对项目的成功有着重要的意义。

2）项目沟通管理的特点

项目沟通管理的特点包括以下两个方面的内容：

（1）系统性

项目是开放的复杂系统，涉及社会政治、经济、文化等诸多方面，对生态环境、能源会产生或大或小的影响，所以项目沟通管理应从整体利益出发，运用系统的思想和分析方法，进行有效的管理。

（2）复杂性

任何项目的建立都关系到大量的组织机构和单位，而且多数项目都是由特意为其建立的项目组织实施的，具有临时性，因此，项目沟通管理必须协调各部分以及部门与部门之间的关系，以确保项目顺利实施。

3）项目沟通管理的作用

在工程项目管理中，信息沟通管理的作用主要表现在以下几个方面：

①决策和计划的基础。项目组织要作出正确的决策，必须以准确、完整、及时的信息作为基础。

②组织和控制管理过程的依据和手段。只有通过信息沟通，掌握项目组织内的各方面情况，才能为科学管理提供依据，才能有效地提高项目组织的管理效能。

③保证项目经理成功领导。项目经理需要通过各种途径将意图传达给下级人员，并使下级人员理解和执行。如果沟通不畅，下级人员就不能正确理解和执行领导意图，项目就不能按经理的意图进行，最终导致项目混乱，甚至失败。

④有利于建立和改善人际关系。信息沟通可以将许多独立的个人、团体组织贯通起来，使之成为一个整体。畅通的信息沟通，可以减少人与人的冲突，改善项目组织内、外部的关系。

6.5.2　项目沟通管理的程序

1）基本流程

组织进行项目沟通时，应按以下程序进行：

①根据项目的实际需要，预见可能出现的矛盾和问题，制订沟通与协调计划，明确原则、内容、对象、方式、途径、手段和所要达到的目标。

②针对不同阶段出现的矛盾和问题，调整沟通计划。

③运用计算机信息处理技术，进行项目信息收集、汇总、处理、传输与应用，进行信息沟通与协调，形成档案资料。

工程项目沟通的基本流程如图6.4所示。

2）规范程序

《建设工程项目管理规范》（GB/T 50326—2017）规定项目沟通管理应按如下程序进行：项

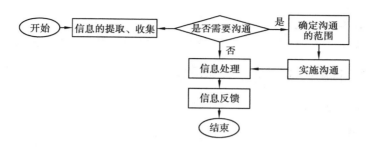

图 6.4　工程项目沟通的基本流程

目实施目标分解;分析各分解目标自身需求和相关方需求;评估各目标的需求差异;制订目标沟通计划;明确沟通责任人、沟通内容和沟通方案;按既定方案进行沟通;总结评价沟通效果。

6.5.3　项目沟通管理的类型与内容

1)项目沟通管理的类型

沟通管理按照信息流向的不同,可分为下向沟通、上向沟通、平行沟通、外向沟通、单向沟通、双向沟通;按沟通方法的不同,可分为正式沟通、非正式沟通、书面沟通、口头沟通、言语沟通、体语沟通;按沟通渠道的不同可分为链式沟通、轮式沟通、环式沟通 Y 式沟通、全通道式沟通。

另外,沟通管理的类型还包括网络沟通。网络沟通可大大降低沟通成本,使沟通主体直观化,极大地缩小信息存储的空间,工作便利,安全性好,跨平台,容易集成。网络沟通的方式有:基于网络的信息平台、数据通信网络、互联网、基于互联网的项目专用网站(PSWS)、电子邮件、基于互联网的项目信息门户(PIP)。

2)项目沟通管理的内容

工程项目沟通管理的内容涉及与项目实施有关的所有信息,主要包括项目各相关方共享的核心信息,以及项目内部和相关组织产生的有关信息。

项目沟通管理的内容包括以下内容:

(1)核心信息

核心信息应包括单位工程施工图纸、设备的技术文件、施工现场规范、与项目有关的生产计划及统计资料、工程事故报告、法规和部门规章、材料价格和材料供应商、机械设备供应商和价格信息、新技术及自然条件等。

(2)各种文件与证件

取得政府主管部门对该项建设任务的批准文件、地质勘探资料及施工许可证、施工用地范围及施工用地许可证、施工现场附近区域内的其他许可证等。

(3)项目内部信息

项目内部信息主要有工程概况信息、施工记录信息、施工技术资料信息、工程协调信息、工程进度及资源计划信息、成本信息、资源需要计划信息、商务信息、安全文明施工及行政管理信息、竣工验收信息等。

(4)监理方信息

监理方信息主要有项目的监理规划、监理大纲、监理实施细则等。

（5）相关方意见

相关方意见包括社区居民、分承包方、媒体等提出的重要意见或观点等。

6.5.4 项目沟通的要求及影响因素

1）项目沟通的要求

项目沟通要求是指项目涉及人信息需求的总和。信息需求可结合信息类型和格式进行定义。信息的类型和格式在信息的数值分析中是必需的，项目资源只有通过信息沟通才能获得扩展。决定项目沟通所需要的信息的因素通常包括：

①项目组织和项目涉及人责任关系。

②涉及项目的纪律、行政部门、专业。

③项目所需人员的推算以及应分配的位置。

④外部信息需求（如同媒体的沟通）。

2）项目沟通的制约与假设因素

（1）制约因素

制约因素是限制项目管理小组作出选择的因素，如需要大量采购项目资源，那么处理合同的信息就需要更多考虑。当项目按照合同执行时，特定的合同条款也会影响沟通计划。

（2）假设因素

对计划中的目的来说，假设因素被认为是真实的确定因素。假设通常包含一定程度的风险。

（3）项目沟通技术的影响因素

在项目的基本单位之间来回传递信息，所使用的技术和方法有时会有很大差异。如从简短的谈话到长期的会议；从简单的书面文件到即时查询在线进度表和数据库。项目沟通技术的影响因素包括以下几个方面：

①信息需求的即时性。项目的成功取决于即时通知频繁更新的信息，并非通过定期发行的报告就足够。

②技术的有效性。已到位的系统运行是否良好，系统是否要做一些变动。

③预期的项目人员配置。计划中的沟通系统是否同项目参与方的经验和知识相兼容，是否需要大量的培训和学习。

④项目工期的长短。现有技术在项目结束前是否已经发生变化以至于必须采用更新的技术。

6.5.5 项目沟通计划

项目管理机构应在项目运行之前，由项目负责人组织编制项目沟通管理计划。

1）编制依据

项目沟通管理计划编制依据应包括下列内容：合同文件；组织制度和行为规范；项目相关方需求识别与评估结果；项目实际情况；项目主体之间的关系；沟通方案的约束条件、假设以及适用的沟通技术；冲突和不一致解决预案。

2）项目沟通计划的内容

①沟通范围、对象、内容与目标。此项内容主要说明在项目的不同实施阶段,针对不同的项目相关组织及不同的沟通要求,制订相应的沟通内容与目标。

②信息沟通方法、手段及人员职责。此项内容主要说明拟采用的信息沟通方式和沟通途径,即说明信息(包括状态报告、数据、进度计划、技术文件等)流向何人、将采用什么方法(包括书面报告、文件、会议等)分发不同类别的信息。

③信息收集归档格式。此项内容用于详细说明收集和储存不同类别信息的方法,应包括对先前收集和分发材料、信息的更新和纠正。

④信息发布。信息发布的内容包括以下 3 个方面:

a. 发布时间。此项内容用于说明每一类沟通将发生的时间,确定提供信息更新依据或修改程序,以及确定在每一类沟通之前应提供的实时信息。

b. 发布信息说明。此项内容包括格式、内容、详细程度以及应采用的准则或定义。

c. 信息的发布和使用权限。

⑤项目绩效报告安排及沟通需要的资源。

⑥沟通效果检查与沟通管理计划的调整,更新、修改沟通管理计划。此项内容说明更新、修改沟通管理计划的方法。

⑦约束条件与假设。此项内容说明信息沟通的约束条件与假设。

其中,《建设工程项目管理规范》(GB/T 50326—2017)的沟通管理计划没有提到第④与第⑦项内容。

3）项目沟通管理计划的实施

项目组织应根据项目沟通管理计划规定沟通的具体内容、对象、方式、目标、责任人、完成时间、奖罚措施等,采用定期或不定期的形式对沟通管理计划的执行情况进行检查、考核和评价,并结合实施结果进行调整,确保沟通管理计划的落实和实施。项目沟通管理计划应由授权人批准后实施。项目管理机构应定期对项目沟通管理计划进行检查、评价和改进。

6.5.6 项目沟通障碍与冲突管理

1）项目沟通障碍的表现形式

项目沟通障碍的表现形式包括信息过滤、信息扭曲、沟通延迟 3 个方面。

（1）信息过滤

这种信息被部分筛除的现象之所以发生,是因为员工存在一种倾向,即在向主管报告时,只报告那些他们认为主管想要听的内容。但是,信息过滤也有合理的原因,所有的信息可能非常广泛,或者有些信息并不确定,需要进一步查证,或者主管要求员工仅报告那些事情的要点。因此,过滤必然成为沟通中潜在的问题。

（2）信息扭曲

这是指有意改变信息以便达到个人目的,有的项目组织成员为了得到更多的表扬或获取更多的利益,故意夸大自己的工作成绩,有些人则会掩饰部门中的问题,任何信息的扭曲都会使管理者无法准确了解情况,不能作出明智的决策,而且扭曲事实是一种不道德的行为,会破坏双方彼此的信任。

(3)沟通延迟

沟通延迟,即基层信息在向上传递时过分缓慢。一些下属在向上级反映问题时犹豫不决,因为当工作完成不理想时,向上级汇报就可能意味着承认失败,所以每一层的人都可能延迟沟通,以便设法决定如何问题。

2)项目沟通障碍的解决方法

熟悉各种沟通方式的特点,确定统一的沟通语言或文字,以便在进行沟通时能够采用恰当的交流方式。信息沟通后必须同时设法取得反馈,以弄清沟通方法是否已经了解,是否愿意遵循并采取相应的行动等。应重视双向沟通与协调的方法,尽量保持多种沟通渠道的利用,正确运用文字语言等。项目经理部应自觉以法律、法规和社会公德约束自身行为,在出现矛盾和问题时,首先应取得政府部门的支持以及社会各界的理解,按程序沟通解决;必要时可借助社会中介组织的力量,调节矛盾,解决问题。

3)项目沟通冲突的管理

(1)项目组织

如果项目的组织和行为规范不合理,就会使过程缺乏沟通,成员对问题的表述含糊会导致理解出现分歧或出现问题无法及时作出决策。当项目到了最后阶段就会发现所有的问题都逐渐显现出来,而解决起来就很困难,涉及面太广。

(2)任务分配

项目组的成员在具体分配任务方面可能也会产生冲突。项目实施过程中,每个任务在工作量、难度、成员的兴趣、成员的专长等方面可能有很大的差别,冲突可能会由于分配某个成员从事某项具体的工作任务而产生。

(3)任务的先后次序

当一个成员同时在多个项目中工作,或者忽然有新的任务时,就会使正常的工作量突然增加,同时会使工作进程受到干扰。这时在任务完成的先后次序方面就会产生冲突。

(4)计划进度

冲突可能来源于在完成任务时所需时间的长短、完成任务的次序等方面各方存在不同意见。项目经理在指定项目计划时,会经常碰到这方面的问题。

(5)工作内容

一个项目中,在将采用的技术、工作量、工作完成后的质量标准方面都可能存在冲突,不同的成员可能都有自己的看法。

(6)成员差异

项目组成员在思维方式、对待问题的态度方面的不同也会导致冲突。

4)项目沟通冲突的解决方法

项目管理过程中,人们也许会认为冲突是没有好处的,所以总是尽量避免。然而冲突又是不可避免的,不同的意见存在是正常的。试图压制冲突是一种错误做法,因为冲突可能会带来新信息、新方法,帮助项目组另辟蹊径,指定更好的问题解决方案。

对建设工程项目实施各阶段出现的冲突,项目经理部应根据沟通的进展情况和结果,按程序要求通过各种方式及时将信息反馈给相关各方,实现共享,提高沟通与协调效果,以便及早解决冲突。项目冲突的解决可采用以下方法:

①选择适宜的沟通与协调途径,灵活地采用协商、让步、缓和、强制和退出等方式。

②进行工作交底,创造条件使项目的相关方充分理解项目计划,明确项目目标与实施措施。

③及时做好变更管理。

④有效利用第三方调解。

项目小结

本项目主要介绍了建筑工程项目信息管理的目的和任务,建设工程项目信息的分类、编码和处理,工程管理信息化,施工文件档案管理,项目沟通管理的概念、特点、程序、类型、内容、作用,施工项目沟通计划等方面的内容。

数字资源及拓展材料

①工程项目信息管理。主要介绍了工程项目信息管理的目的、任务,建筑工程项目信息的分类、编码和处理,工程项目管理信息化,施工文件档案管理4个方面的内容。

②工程项目沟通管理。主要介绍了工程项目沟通管理的概念、特点、程序、类型与工程项目沟通管理的作用;重点介绍了项目沟通计划,包括项目够的要求、沟通制约和假设因素,项目沟通技术的影响因素,项目沟通计划的内容、实施,沟通障碍的表现形式、解决方法,项目沟通冲突管理及项目沟通冲突的解决方法。

复习思考题

1. 数据和信息之间有什么联系与区别?

2. 建设工程项目信息管理的目的是什么? 其任务主要有哪些?

3. 什么叫信息编码? 建设工程项目信息编码应该遵循哪些原则?

4. 施工文件的立卷和归档分别应遵循哪些原则?

5. 什么是项目沟通管理?

6. 项目沟通管理的内容有哪些?

7. 项目沟通管理的作用有哪些?

8. 项目沟通的要求有哪些?

9. 项目沟通技术的影响因素有哪些?

10. 项目沟通计划的内容有哪些?

11. 项目沟通障碍的解决方法有哪些?

12. 项目沟通冲突的解决方法有哪些?

13. 试述项目沟通管理的类型。

14. 分析如何解决项目沟通冲突。

项目 7
建筑工程项目资源管理

项目导读

- **主要内容及要求** 本项目主要介绍建筑施工项目资源管理的概念、要求、程序及内容,重点对资源管理涉及的人力资源管理、材料管理、技术管理、资金管理进行介绍。通过本项目的学习,应熟悉建筑工程项目资源管理的要求、程序及内容;建筑工程项目人力资源管理;掌握建筑工程项目材料管理;建筑工程项目技术管理;建筑工程施工项目资金管理。
- **重点** 建筑施工项目资源管理内容。
- **难点** 建筑工程项目资金管理。

子项 7.1 项目资源管理概述

7.1.1 项目资源管理的概念

(1)项目资源

项目资源是对项目实施中使用的人力资源、材料、机械设备、技术、资金和基础设施等的总称。资源是人们创造出产品(即形成生产力)所需要的各种要素,亦称生产要素。

(2)项目资源管理

项目资源管理是对项目所需的各种资源进行的计划、组织、指挥、协调和控制等系统活动。项目资源管理的复杂性主要表现为:

①工程实施所需资源的种类多、需要量大。

②建设过程对资源的消耗极不均衡。

③资源供应受外界影响很大,具有一定的复杂性和不确定性,且资源经常需要在多个项目间进行调配。

④资源对项目成本的影响最大。

加强项目管理,必须对投入项目的资源进行市场调查与研究,做到合理配置,并在生产中强化管理,以尽量少的消耗获得产出,达到节约物化劳动和活劳动、减少支出的目的。

7.1.2 项目资源管理的目的和要求

1)项目资源管理的目的

项目资源管理的目的,就是在保证工程施工质量和工期的前提下,节约活劳动和物化劳动,从而节约资源,达到降低工程成本的目的。

2)项目资源管理的要求

项目资源管理就是对资源进行优化配置,即适时、适量地按照一定比例配置资源,并投入到施工生产中,以满足需要。

进行资源的优化组合,即对投入项目的各种资源在施工项目中搭配适当、协调,使其能够充分发挥作用,更有效地形成生产力。

在整个项目运行过程中,要对资源进行动态管理。由于项目的实施过程是一个不断变化的过程,对资源的需求也会不断发生变化,因此资源的配置与组合也需要不断地调整以适应工程的需要,这就是一种动态的管理。动态资源管理是优化组合与配置的手段与保证。其基本内容应该是按照项目的内在规律有效地计划、组织协调、控制各种生产资源,使其能合理地流动,在动态中求得平衡。

在施工项目运行中,合理地、节约地使用资源,是实现节约资源(资金、材料、设备、劳动力)的一种重要手段。

7.1.3 项目资源管理的程序和内容

1)项目资源管理的程序

项目资源管理的全过程应包括项目资源的计划、配置、控制和处置。具体来说,项目资源管理应遵循下列程序:

①按合同要求,编制资源配置计划,确定投入资源的数量与时间。

②根据资源配置计划,做好各种资源的供应工作。

③根据各种资源的特性,采取科学的措施,进行有效组合,合理投入,动态调控。

④对资源收入和使用情况进行定期分析,找出问题,总结经验并持续改进。

2)项目资源管理的内容

(1)编制项目资源管理计划

项目施工过程中,往往涉及多种资源,如人力资源、原材料、机械设备、施工工艺及资金等,因此,在施工前必须编制项目资源管理计划。施工前,工程总承包商的项目经理部必须作出指导工程施工全局的施工组织计划,其中,编制项目资源计划便是施工组织设计中的一项重要内容。

为了对资源的投入量、投入时间、投入步骤有合理的安排,在编制项目资源管理计划时,必须按照工程施工准备计划、施工进度总计划和主要分部(项)工程进度计划以及工程的工作量,套用相关的定额,来确定所需资源的数量、进场时间、进场要求和进场安排,编制出详尽的需用计划表。

(2)资源的供应与节约使用

在项目施工过程中,为保证资源的供应,应当按照编制的各种资源计划,派专业部门人员负责组织资源的来源,进行优化选择,并把它投入到施工项目管理中,使计划得以实施,施工项目的需要得以保证。

在项目施工过程中,资源管理的最根本的意义就在于节约活劳动及物化劳动,因此,节约使用资源应该是资源管理诸环节中最为重要的一环。要节约使用资源,就要根据每种资源的特性,设计出科学的措施,进行动态配置和组合,协调投入,合理使用,不断地纠正偏差,以尽可能少的资源满足项目的使用要求,以达到节约的目的。

(3)资源核算

资源管理的另一个重要环节就是对施工项目投入的资源的使用和产出情况进行核算。只有完成了这道程序,资源管理者才能做到心中有数,才知道哪些资源的投入、使用是恰当的,哪些资源还需要进行重新调整。

(4)对资源使用效果进行分析

对资源使用效果进行分析,一方面是对管理效果的总结,找出经验与问题,评价管理活动;另一方面又为管理者提供储备与反馈信息,以指导以后的管理工作。

3)项目资源管理的范围

(1)人力资源管理

在工程项目资源中,人力资源是各生产要素中"人"的因素,具有非常重要的作用,主要包括劳动力总量,各专业、各级别的劳动力,操作工、修理工以及不同层次和职能的管理人员。人力资源泛指能够从事生产活动的体力和脑力劳动者,在项目管理中包括不同层次的管理人员和参与作业的各种工人。人是生产力中最活跃的因素,人具有能动性和社会性等。项目人力资源管理是指项目组织对该项目的人力资源进行的科学的计划、适当的培训教育、合理的配置、有效的约束和激励、准确的评估等方面的一系列管理工作。

项目人力资源管理的任务是根据项目目标,不断获取项目所需人员,并将其整合到项目组织中,使之与项目团队融为一体。项目中人力资源的使用,关键在于明确责任,调动职工的劳动积极性,提高工作效率。从劳动者个人的需要和行为科学的观点出发,责、权、利相结合,多采取激励措施,并在使用中重视对他们的培训,提高他们的综合素质。

(2)材料管理

一般工程中,建筑材料占工程造价的70%左右,加强材料管理对于保证工程质量、降低工程成本都将起到积极作用。项目材料管理的重点在现场、在使用、在节约和核算,尤其是节约,其潜力巨大。建筑材料主要包括原材料、设备和周转材料。其中,原材料和设备构成工程建筑的实体。周转材料,如脚手架材、模板材、工具、预制构配件、机械零配件等,都因在施工中有独特作用而自成一类,其管理方式与材料基本相同。

（3）机械设备管理

工程项目的机械设备主要是指项目施工所需的施工设备、临时设施和必需的后勤供应。

施工设备包括塔吊、混凝土拌和设备、运输设备等。临时设施包括施工用仓库、宿舍、办公室、工棚、厕所、现场施工用供排系统（水电管网、道路等）。机械设备管理往往实行集中管理与分散管理相结合的办法，主要任务在于正确选择机械设备，保证机械设备在使用中处于良好状态，减少机械设备闲置、损坏，提高施工机械化水平和使用效率。机械设备管理的关键在于提高机械使用效率，而提高机械使用效率必须提高利用率和完好率。利用率的提高靠人，完好率的提高在于保养和维修。

（4）技术管理

技术是指人们在改造自然、改造社会的生产和科学实践中积累的知识、技能、经验及体现这些的劳动资料。技术具体包括操作技能、劳动手段、生产工艺、检验试验方法及管理程序和方法等。任何物质生产活动都是建立在一定的技术基础上的，也是在一定技术要求和技术标准的控制下进行的。随着生产的发展，技术水平也在不断提高。施工的单件性、复杂性、受自然条件的影响等特点，决定了技术管理在工程项目管理中的作用尤其重要。工程项目技术管理，是对各项技术工作要素和技术活动过程的管理。其中技术工作要素包括技术人才、技术装备、技术规程等。工程项目技术管理的任务是：正确贯彻国家的技术政策，贯彻上级对技术工作的指示与决定；研究认识和利用技术规律，科学地组织各项技术工作，充分发挥技术的作用；确立正常的生产技术秩序，文明施工，以技术保证工程质量；努力提高技术工作的经济效果，使技术与经济有机地结合起来。

（5）资金管理

资金也是一种资源，从流动过程来讲，首先是投入，即将筹集到的资金投入到施工项目上；其次是使用，也就是支出。资金的合理使用是施工有序进行的重要保证，这也是常说的"资金是项目的生命线"的原因。

工程项目资金管理包括编制资金计划、筹集资金、投入资金（项目经理部收入）、资金使用（支出）、资金核算与分析等环节。资金管理应以保证收入、节约支出、防范风险为目的，重点是收入与支出问题，收支之差涉及核算、筹资、利息、利润、税收等问题。

子项 7.2　项目人力资源管理

7.2.1　工程施工项目劳动力组织与管理

（1）施工项目劳动力组织

大多数施工企业通过长期的施工管理实践，形成了比较固定的劳动力分组方式及工种、技术等级的配合。

所有间接劳动力的组织与配置，都从属于施工项目经理部组织形成。为直接劳动力服务的人员（如医生、厨师、司机等）、工地警卫、勤杂人员、工地管理人员等。可根据劳动力投入量计划按比例计算，或根据现场的实际需要配置。对大型施工项目，这些人员的投入比例较大，在5%～10%；中小型项目可利用项目周围社会资源，投入人数较少。

（2）劳动力的配置原则

①配置劳动力时，应让工人有超额完成的可能，以获得奖励，进而激发工人的劳动热情。

②尽量使劳动力和劳动组织保持稳定，防止频繁调动。劳动组织的形式有专业班组、混合班组、大包队。但当原劳动组织不适应工程项目任务要求时，项目经理部可根据工程需要，打乱原派遣到现场的作业人员建制，对有关工种工人重新进行优化组合。

③为保证作业需要，工种组合、技工与壮工比例必须适当、配套。

④尽量使劳动力配置均衡，使劳动资源消耗强度适当，以方便管理，达到节约的目的。

⑤每日劳动力需求量最好是在正常操作条件下所需各工种劳动力的近似估计，有一些因素，如学习过程、天气条件、劳动力周转、矿工、病假和超工时工作制度，都会影响每日劳动力需求总和。虽然很难量化这些变量，但为编制计划，建议每类劳动力增加5%左右以适应上述变化可能导致劳动力不足的情况。如果可能的话，适当加班能降低每日劳动需求量，最大可达10%～15%。

（3）劳动力的动态控制

项目经理部是项目施工范围内劳动力动态管理的直接责任者，劳动管理部门对劳动力的动态管理起主导作用，其主要工作有：

①根据项目经理部提出的劳动力需要量计划，签订劳务合同，并按合同派遣队伍。

②根据施工任务的需要和变化，从社会劳务市场中招募和遣返（辞退）民工。

③负责对企业劳务人员的工资进行管理，实行按劳分配，兑现合同中的经济利益条款，进行符合规章制度及合同约定的奖罚。

④对劳动力进行企业范围内的调度、平衡和统一管理。当施工项目中的承包任务完成后收回作业人员，重新进行平衡、派遣。

7.2.2　工程项目人力资源的确定

（1）项目管理人员、专业技术人员的确定

①根据岗位编制计划，参考类似工程经验进行管理人员、技术人员需求预测。在人员需求中应明确需求的职务名称、人员需求数量、知识技能等方面的要求，招聘的途径，选择的方法和程序，希望到岗的时间等，最终形成一个有员工数量、招聘成本、技能要求、工作类别以及为满足管理需要的人员数量和层次的分列表。

②管理人员需求计划编制一定要提前做好工作分析。工作分析是指通过观察和研究，对特定的工作职务作出明确的规定，并规定这一职务的人员应具备什么素质，具体包括工作内容、责任者、工作岗位、工作时间、如何操作、为何要做。根据工作分析的结果，编制工作说明书、制订工作规范。

（2）劳动力综合需要量计划的确定

劳动力综合需要量计划是确定暂设工程规模和组织劳动力进场的依据。

劳动力综合需要量计划应根据工种工程量汇总表所列的各个建筑物不同专业工种的工程量编制。查劳动定额，便可得到各个建筑物不同工种的劳动量，再根据总进度计划中各单位工程或分部工程的专业工种工作持续时间，即可得到某单位工程在某时段里的平均劳动力数量。以同样方法可计算出各主要工种在各个时期的平均工人数。最后，将总进度计划图表纵坐标方向上各单位工程同工种的人数叠加在一起并连成一条曲线,即为某工种的劳动力动态曲线。

劳动力需要量计划是根据施工进度计划、工程量、劳动生产率,依次确定专业工种、进场时间、劳动量和工人数,然后汇集成表格形式的,它可作为现场劳动力调配的依据。

7.2.3 工程项目人力资源的激励

1)人力资源经济激励计划的设计分类

①时间相关奖励计划。按基本工作时间成比例地对工人进行超时奖励。

②工作相关奖励计划。按可测的完成工作量对工人进行奖励。

③一次付清工作报酬。按比计划(标准定额)节省的时间及完成特定的固定量进行奖励。

④按利润分享奖金。在预先确定的时间,如一季度、半年或一年支付奖金。

2)人力资源经济激励的实践

项目管理组织的有效运作需要每一个组织成员都能够有效地发挥作用。要让各位员工能够积极努力地工作,除了严格的工作规章和工作纪律外,还必须通过对人员的激励,来调动人员的主观能动性,加强自律性。为了有效地将人的动机和项目提供的工作机会、工作条件和工作报酬等紧密地结合起来,管理者在实施激励手段的过程中,必须首先了解目标的设置是否能够满足员工的需要,只有这样才能有效地激发员工的目标导向行为。

(1)激励的起点是满足员工的需要

由于员工的需要存在个体差异性和动态性,而且只有在满足其最迫切的需要时,激励的强度才最大,管理者只有在掌握所有能够满足这些需要的前提下,有针对性地采取激励措施,才能收到实效。组织内的管理人员,应该注意研究和掌握员工的需要结构,把握其个性和共性,了解员工和员工之间需要的差异。在此基础上,根据掌握的资源进行有的放矢的激励。

对于收入水平较高的人群,特别是对知识分子和管理干部,则晋升其职务、授予其职称或荣誉,提供相应的教育条件,以及尊重其人格,鼓励其创新,放手让其工作,会收到更好的激励效果;对低工资人群,奖金、友情的作用就十分重要;对于从事笨重、危险、环境恶劣的体力劳动的员工,搞好劳动保护,改善其劳动条件,增加岗位津贴,重视、关心等都是有效的激励手段。

(2)组织激励方法

组织管理人员如何看待其员工一定程度上决定着他们所采用的管理方式。因此,管理者对人的本性的假设指导和控制着他们对员工的激励行为,决定着组织所采用的激励方法。组织中常用的激励方法有3种,即物质激励、精神激励和职业生涯发展激励。物质激励是一种最基本的激励手段,其手段有薪金、奖励、红利、股权、奖品等,目的是肯定员工的某些行为,以调动员工的积极性。

(3)激励实施

当工程项目完成交给用户(业主)后,企业的项目考核评价委员会,需要对项目的管理行为、项目管理效果以及项目管理目标实现程度进行检验和评定,使得项目经理和项目经理部的经营效果和经营责任制得到公平、公正的评判和总结。企业一定要根据评价来兑现项目管理目标责任书的奖罚承诺,使人员激励落到实处。

3) 人员激励的作用

激励的核心作用是调动员工工作的积极性。只有充分调动了员工的工作积极性,才能取得理想的工作绩效,保证组织目标的实现。

7.2.4 工程项目人力资源管理考核

1) 人力资源考核分类

(1) 基本考核

a. 试用或届满考核。对试用期内或届满的职工均需进行考核,以确定是否正式录用。该项考核通常由项目经理部授权劳动力管理机构进行,某些技术类或较为重要的职位也可自行考核。试用优秀者可提前转正或正式录用。

b. 业绩绩效考核。员工业绩(绩效)考核可根据其在施工生产中的表现和其完成工作量的多少、质量等因素进行综合考核,这是劳动力考核的主体。通常的做法是建立职工工作绩效考核卡。根据职工工作岗位的特点和要求,采取定岗定责,一人一岗一卡的方式进行考核。考核卡的内容中包括该名职工所在岗位的工作职责、工作要求和工作标准,考核时按卡检查考评该岗位工作。

c. 后进职工考核。该项考核可由后进职工主管,会同人事部门共同考核定案。对认定为后进的职工,可对其具体工作表现随时提出考核和改进意见,对于被留职察看的后进职工,可根据其具体表现作出考核决定。

d. 个案考核。该项考核可由职工主管和人事管理部门负责,常采用专案报告的形式。

(2) 重大事件考核

对职工日常工作中的重大事件,及时提出考核意见,决定奖励或处罚。

a. 调配考核。对职工的调配,项目人事管理部门首先应考虑调配人员的素质及其技术水平,然后向项目经理部提出考核意见。调配事项确定后,应提供调配职工在本部门工作情况的考核结论和评语,以供新主管参考。

b. 离职考核。职工离职前,应对其在本公司的工作情况做出书面考核,并且必须在职工离职前完成。公司应为离职员工出具工作履历证明和工作绩效意见,由人事管理部门负责办理,必要时可由部门主管协办。

总之,对职工的考核,应当公开、公平、公正,实事求是,不得徇私舞弊。应以岗位职责为主要依据,坚持上下结合、左右结合,定性与定量考核相结合的原则。

2) 人力资源考核评比方法

人力资源的考核评比工作,多采取定期考核与不定期抽查考核相结合、年终总评的方法。定期考核每月一次,由考评小组进行;不定期抽查考核由部门负责人组织,中心领导参加,随时可以进行,抽查情况要认真记录,以备集中考核时运用,年终结合评先工作进行总评。对中层干部和管理人员的考评,由企业领导组织职工管理委员会中的职工成员共同参与,进行年度考评。

7.2.5　人力资源的培训与开发

1)职工培训的要求

①企业的职工培训要从实际出发,兼顾当前和长期需要,采取多种方式,如上岗前培训、在职学习、业余学习、半脱产专业技术训练班、脱产轮训班和专科大专班等。

②职工培训应直接有效地为企业生产工作服务,要有针对性和实用性,讲究质量、注重实效。

③职工培训应从上而下形成培训系统,建立专门的培训机构。

④建立考试考核制度。

2)人力资源的开发

人力资源开发主要指人们通过传授知识、转变观念或提高技能来改善当前或未来管理工作绩效的活动。人力资源除了包括智力劳动能力和体力劳动能力外,同时也包含人现实的劳动能力和潜在的劳动能力。

人现实劳动能力是指人能够直接迅速投入劳动过程,并对社会经济的发展产生贡献的劳动能力。也有一部分人,出于某些原因,暂时不能直接参与特定的劳动,必须经过对人力资源的开发等过程才能形成劳动能力,这就是潜在的劳动能力。如对文化素质较低的人进行培训,使其具备现代生产技术所需要的劳动能力,从而能够上岗操作,这就属于人力资源的开发过程。

人力资源开发的方式如下:

①人力资源的开发,需要组织通过学习、训导的手段,提高员工的技能和知识,增进员工工作能力和潜能的发挥,最大限度地使员工的个人素质与工作相匹配,进而促进员工现在和将来的工作绩效的提高。严格地说,人力资源的开发是一个系统化的行为改变过程,工作行为的有效提高是人力资源开发的关键所在。

②培训是人力资源开发的主要手段,是指给新雇员或现有雇员传授其完成本职工作所必需的基本技能的过程。

子项 7.3　项目材料管理

7.3.1　材料管理计划

1)材料需求计划

材料需求量计算,根据不同的情况,可分别采用直接计算法和间接计算法确定材料需用量。

(1)直接计算法

对于工程任务明确、施工图纸齐全的情况可直接按施工图纸计算出分部、分项工程实物工程量,套用相应的材料消耗定额,逐条逐项计算各种材料的需用量,然后汇总编制材料需用计划,然后再按施工进度计划分期编制各期材料需用计划。

(2)间接计算法

对于工程任务已经落实,但设计尚未完成,技术资料不全,不具备直接计算需用量条件的情况,为了事前做好备料工作,可采用间接计算法。当设计图纸等技术资料具备后,应按直接计算法进行计算调整。

间接计算法有概算指标法、比例计算法、类比计算法、经验估算法。

2)材料总需求计划的编制

(1)编制依据

编制材料总需求计划时,其主要依据是项目设计文件、项目投标书中的"材料汇总表"、项目施工组织计划、当期物资市场采购价格及有关材料消耗定额等。

(2)编制步骤

计划编制人员与投标部门进行联系,了解工程投标书中该项目的"材料汇总表"。计划编制人员查看经主管领导审批的项目施工组织设计,了解工程工期安排和机械使用计划。根据企业资源和库存情况。对工程所需物资的供应进行策划,确定采购或租赁的范围;根据企业和地方主管部门的有关规定确定供应方式(招标或非招标,采购或租赁);了解当期市场价格情况。

3)材料计划期(季、月)需求计划的编制

(1)编制依据

计划期材料计划主要用来组织本计划期(季、月)内材料的采购、订货和供应等,其编制依据主要是施工项目的材料计划、企业年度方针目标、项目施工组织设计和年度施工计划、企业现行材料消耗定额、计划期内的施工进度计划等。

(2)确定计划期材料需用量

确定计划期(季、月)内材料的需用量常用以下两种方法:

①定额计算法。根据施工进度计划中各分部、分项工程量获取相应的材料消耗定额,求得各分部、分项的材料需用量,然后再汇总,求得计划期各种材料的总需用量。

②分段法。根据计划期施工进度的形象部位,从施工项目材料计划中,选出与施工进度相应部分的材料需用量,然后汇总,求得计划期各种材料的总需用量。

(3)编制步骤

季度计划是年度计划的滚动计划和分解计划,因此,欲了解季度计划,必须首先了解年度计划。年度计划是物资部门根据企业年初制订的方针目标和项目年度施工计划,通过套用现行的消耗定额编制的年度物资供应计划,是企业控制成本、编制资金计划和考核物资部门全年工作的主要依据。

月度需求计划也称备料计划,是由项目技术部门依据施工方案和项目月度计划编制的下月备料计划,也可以是年、季度计划的滚动计划,多由项目技术部门编制,经项目总工审核后报项目物资管理部门。

其编制步骤大致如下:

①了解企业年度方针目标和本项目全年计划目标。

②了解工程年度的施工计划。

③根据市场行情,套用企业现行定额,编制年度计划。

④编制材料备料计划。

7.3.2 材料供应计划

1)材料供应量的计算

材料供应量的计算是材料供应计划在确定计划期需用量的基础上,预计各种材料的期初储存量、期末储备量,经过综合平衡后,计算出材料的供应量,然后再进行编制。

$$材料供应量 = 材料需用量 + 期末储备量 - 期初库存量$$

式中,期末储备量主要是由供应方式和现场条件决定的,在一般情况下也可按下列公式计算:

$$某项材料储备量 = 某项材料的日需用量 \times (该项材料的供应间隔天数 + 运输天数 +$$
$$入库检验天数 + 生产前准备天数)$$

2)材料供应计划编制原则

①材料供应计划的编制,只是计划工作的开始,更重要的是组织计划的实施。而实施的关键问题是实行配套供应,即对各分部、分项工程所需的材料品种、数量、规格、时间及地点,组织配套供应,不能缺项,不能颠倒。

②要实行承包责任制,明确供求双方的责任与义务以及奖惩规定,签订供应合同,以确保施工项目顺利进行。

③材料供应计划在执行过程中,如遇到设计修改、生产或施工工艺变更时,应作相应的调整和修订,但必须有书面依据,制订相应的措施,并及时通告有关部门,要妥善处理并积极解决材料的余缺,以避免和减少损失。

3)材料供应计划的编制内容

材料供应计划的编制,要注意从数量、品种、时间等方面进行平衡,以达到配套供应、均衡施工。计划中要明确物资的类别、名称、品种(型号)、规格、数量、进场时间、交货地点、验收人和编制日期、编制依据、送达日期、编制人、审核人、审批人。

在材料供应计划执行过程中,应定期或不定期地进行检查,以便及时发现问题及时处理解决。主要检查内容包括供应计划落实的情况、材料采购情况、订货合同执行情况、主要材料的消耗情况、主要材料的储备及周转情况等。

7.3.3 材料控制

材料控制包括材料供应单位的选择及采购供应合同的订立、出厂或进场验收、储存管理、使用管理及不合格品处置等。施工过程是劳动对象"加工""改造"的过程,是材料使用和消耗的过程,在此过程中材料管理的中心任务就是检查、保证进场施工材料的质量,妥善保管进场的物资,严格、合理地使用各种材料,降低消耗,保证实现管理目标。

1)材料供应

为保证供应材料的合格性,确保工程质量,要对生产厂家及供货单位进行资格审查,审查内容有生产许可证、产品鉴定证书、材质合格证明、生产历史、经济实力等。采购合同内容除双方的责、权、利外,还应包括采购对象的规格、性能指标、数量、价格、附件条件和必要的说明。

2) 材料进场验收

(1) 材料进场验收的目的

材料进场验收的目的是划清企业内部和外部经济责任,防止进料中的差错事故和因供货单位、运输单位的责任事故造成企业不应有的损失。

(2) 材料进场验收的要求

材料进场验收的要求主要有:

①材料验收必须做到认真、及时、准确、公正、合理。

②严格检查进场材料的有害物质含量检测报告,按规范应复验的必须复验,无检测报告或复验不合格的应予退货。

③材料进场前,应根据平面布置图进行存料场地及设施的准备。

④在材料进场时必须根据进料计划、送料凭证、质量保证书或产品合格证进行质量和数量验收。

(3) 材料验收的方法

①双控把关。为了确保进场材料合格,对预制构件、钢木门窗、各种制品及机电设备等大型产品,在组织送料前,由两级材料管理部门业务人员会同技术质量人员先行看货验收;进库时由保管员和材料业务人员再一起进行组织验收方可入库。对于水泥、钢材、防水材料、各类外加剂实行检验双控,既要有出厂合格证,还要有试验室的合格试验单方可接收入库以备使用。

②联合验收把关。对直接送到现场的材料及构配件,收料人员可会同现场的技术质量人员联合验收;进库物资由保管员和材料业务人员一起组织验收。

③收料员验收把关。收料员对有包装的材料及产品,应认真进行外观检验;查看规格、品种、型号是否与来料相符,宏观质量是否符合标准,包装、商标是否齐全完好。

④提料验收把关。总公司、分公司两级材料管理的业务人员到外单位及材料公司各仓库提送料,要认真检查验收提料的质量、索取产品合格证和材质证明书。送到现场(或仓库)后,应与现场(仓库)的收料员(保管员)进行交接验收。

(4) 质量验收的要求

材料进场质量验收工作按质量验收规范和计量检测规定进行,并做好记录和标识,办理验收手续。施工单位对进场的工程材料进行自检合格后,还应填写《工程材料/构配件/设备报审表》,报请监理工程师进行验收。对不合格的材料应更换、退货或让步接收(降低使用),严禁使用不合格材料。

①一般材料外观检验,主要检验规格、型号、尺寸、色彩、方正、完整及有无开裂;专用、特殊加工制品外观检验,应根据加工合同、图纸及资料进行质量验收;内在质量验收,由专业技术员负责,按规定比例抽样后,送专业检验部门检验力学性能、化学成分、工艺参数等技术指标。

②数量验收主要是核对进场材料的数量与单据量是否一致。材料的种类不同,点数或

量方的方法也不相同。对计重材料的数量验证,原则上以进货方式进行验收;以磅单验收的材料应进行复磅或监磅,磅差范围不得超过国家规范,超过规范应按实际复磅重量验收;以理论重量换算交货的材料,应按照国家验收标准规范作检尺计量换算验收,理论数量与实际数量的差超过国家标准规范的,应作为不合格材料处理。不能换算或抽查的材料一律过磅计重,计件材料的数量验收应全部清点件数。

③材料进场抽查检验应配备必要的计量器具,对进场、入库、出库材料严格计量把关,并做好相应的验收记录和发放记录。对有包装的材料,除按包件数实行全数验收外,属于重要的、专用的易燃易爆、有毒物品应逐项逐件点数、验尺和过磅。属于一般通用的,可进行抽查,抽查率不得低于10%。砂石等大堆材料按计量换算验收,抽查率不得低于10%。水泥等袋装的材料按袋点数,抽查率不得低于10%。散装的除采取措施卸净外,按磅数抽查。

④构配件实行点件、点根、点数和验尺的验收方法。

7.3.4 材料保管

1)材料发放及领用

材料发放及领用是现场材料管理的中心环节,标志着料具从生产储备转向生产消耗。必须严格执行领发手续,明确领发责任,采取不同的领发形式。凡有定额的工程用料,都应实行限额领料。

2)现场材料保管

①材料保管、保养过程中,应定期对材料数量、质量、有效期限进行盘查核对,对盘查中出现的问题,应有原因分析、处理意见及处理结果反馈。

②施工现场易燃易爆、有毒有害物品和建筑垃圾必须符合环保要求。

③怕日晒雨淋、温度湿度要求高的材料必须入库存放。

④可以露天保存的材料,应按其材料性能上盖下垫,做好围挡。建筑物内一般不存放材料,确需存放时,必须经消防部门批准,并设置防护措施后方可存放,并标识清楚。

3)材料使用监督

材料管理人员应该对材料的使用进行分工监督,检查是否认真执行领发手续,是否合理堆放材料,是否严格按设计参数用料,是否严格执行配合比,是否合理用料,是否做到工完料净、工完退料、场退地清、谁用谁清,是否按规定进行用料交底和工序交接,是否按要求保管材料等。检查是监督的手段,检查要做到情况有记录、问题有(原因)分析、责任定明确、处理有结果。

4)材料回收

班组余料应回收,并及时办理退料手续,处理好经济关系。设施用料、包装物及容器在使用周期结束后组织回收,并建立回收台账。

7.3.5　周转材料管理

1)管理范围

①模板:大模板、滑模、组合钢模、异形模、木胶合板、竹模板等。

②脚手架:钢管、钢架管、碗扣、钢支柱、吊篮、竹塑板等。

③其他周转材料:卡具、附件等。

2)堆放

①大模板应集中码放,采取防倾斜等安全措施,设置区域围护并标识。

②组合钢模板、竹木模板应分规格码放,便于清点和发放,一般码十字交叉垛,高度应控制在180 cm以下,并标识。

③钢脚手架管、钢支柱等应分规格顺向码放,周围用围栏固定,减少滚动,便于管理,并标识。

④周转材料零配件应集中存放,装箱、装袋,做好转护工作,减少散失并标识。

3)使用

周转材料如连续使用的,每次使用完都应及时清理、除污,涂刷保护剂,分类码放,以备再用。如不再使用的,应及时回收、整理和退场,并办理退租手续。

子项7.4　施工机械设备管理

7.4.1　施工机械设备的获取

施工机械设备的获取方式有:

①从本企业专业机械租赁公司租用已有的施工机械设备。

②从社会上的建筑机械设备租赁市场租用设备。

③进入施工现场的分包工程施工队伍自带施工机械设备。

④企业为本工程新购买施工机械设备。

7.4.2　施工机械设备的选择

施工机械设备选择的总原则是经济合理和切合需要。

1)经济合理

对施工设备的技术经济进行分析,选择既满足生产、技术先进又经济合理的施工设备。结合施工项目管理规划,分析购买和租赁的分界点,进行合理配备。如果设备数量多,但相互之间使用不配套,不仅机械性能不能充分发挥,而且会造成经济上的浪费。

2)切合技术需求

现场施工设备的配套必须考虑主导机械和辅助机械的配套关系,在综合机械化组列中前后工序施工设备之间的配套关系,大、中、小型工程机械及劳动工具的多层次结构的合理比例关系。

3) 综合考虑机械特性

如果多种施工机械的技术性能可以满足施工工艺要求,还应对各种机械的下列特性进行综合考虑:工作效率、工作质量、施工费和维修费、能耗、操作人员及其辅助工作人员、安全性、稳定性、运输、安装、拆卸及操作的难易程度、灵活性、机械的完好性、维修难易程度、对气候条件的适应性、对环境保护的影响程度等。

7.4.3 施工机械设备需求计划

施工机械设备需求计划一般由项目经理部机械设备管理员负责编制。中小型机械设备一般由项目部主管项目经理审批,大型机械设备经主管项目经理审批后,还需报企业有关部门审批,方可实施运作。

7.4.4 施工机械设备验收

1) 企业的设备验收

企业要建立健全设备购置验收制度。企业新购置的设备,尤其是大型施工机械设备和进口的机械设备,相关部门和人员要认真进行检查验收,及时安装、调试、移交使用,以便在索赔期内发现问题,及时办理索赔手续。同时要按照国家档案管理要求,及时建立设备技术档案。

2) 工程项目的设备验收

①工程项目要严格设备进场验收工作,一般中小型机械设备由施工员(工长)会同专业技术管理人员和使用人员共同验收。

②大型设备、成套设备需在项目经理部自检自查基础上报请公司有关部门组织技术负责人及有关部门及人员验收。

③重点设备要组织具有认证或相关验收资质的第三方单位进行验收,如塔式起重机、电动吊篮、外用施工电梯、垂直卷扬提升架等。

7.4.5 施工机械设备的使用

1) 机械使用操作人员

①机械操作人员持证上岗,是指通过专业培训考核合格后,经有关部门注册,操作证年审合格,并且在有效期范围内,所操作的机种与所持操作证上允许操作机种相吻合。此外,机械操作人员还必须明确机组人员责任,并建立考核制度,奖优罚劣,使机组人员严格按规范作业,并在本岗位上发挥出最优的工作业绩。机组人员责任制应对机长、机员分别制订责任内容,对机组人员做到责、权、利三者相结合,定期考核,奖罚明确到位,以激励机组人员努力做好本职工作,使其操作的设备在一定条件下发挥出最大效能。

②为了使施工设备在最佳状态下运行使用,合理配备足够数量的操作人员并实行机械使用、保养责任制是关键。现场使用的各种施工设备应定机定组交给一个机组或个人,使之对施工设备的使用和保养负责。

③操作人员在开机前、使用中、停机后,必须按规定的项目和要求,对施工设备进行检查和例行保养,做好清洁、润滑、调整、坚固和防腐工作,经常保持施工设备的良好状态,提高施工设备的使用效率,节约使用费用,实现良好的经济效益,并保证施工的正常进行。

2)维修和保养

机械设备的管理、使用、保养与修理是几个互相影响、不可分割的方面。管好、养好、修好的目的是使用,但如果只强调使用,而忽视管理、保养、修理,则不能达到更好的使用目的。

(1)维修

机械在使用过程中,其零部件会逐渐产生磨损、变形、断裂等有形磨损现象,随着时间的增长,有形磨损会逐渐增加,使机械技术状态逐渐恶化而出现故障,导致不能正常作业,甚至停机。为维持机械的正常运转,更换或修复磨损失效的零件,并对整机或局部进行拆卸、调整的技术作业称为修理。

①修理计划。机械设备的修理计划是企业组织机械修理的指导性文件,也是企业生产经营计划的重要组成部分。企业机械管理部门按年、季度编制机械大修、中修计划。编制修理计划时,要结合企业施工生产需要,尽量利用施工淡季,优先安排生产急需的重点机械设备,并做好各机械设备年度修理力量的平衡。

②修理的分类。机械设备的修理可分为大修、中修和零星小修。

③修理的方式。有故障修理、定期修理、按需修理、综合修理、预知修理。

(2)保养

保养指在零件尚未达到极限磨损或发生故障以前,对零件采取相应的维护措施,以降低零件的磨损速度,消除产生故障的隐患,从而保证机械正常工作,延长使用寿命。

保养的内容包括清洁、紧固、调整、润滑、防腐。

保养所追求的目标是提高机械效率、减少材料消耗和降低维修费用。因此,在确定保养项目内容时,应充分考虑机械类型及新旧程度,使用环境和条件,维修质量,燃料油、润滑油及材料配件的质量等因素。

子项 7.5 项目技术管理

7.5.1 项目技术管理

运用系统的观点、理论与方法对项目的技术要素与技术活动过程进行的计划、组织、监督、控制、协调等全过程、全方位的管理称为项目技术管理。施工技术管理工作一般可以分成两大部分:

①建筑业企业技术管理基础工作。这部分工作是企业的经常性工作、基础工作。

②施工项目经理部在施工过程中的基本技术管理工作。这部分工作是阶段性工作,只有当企业承担某施工项目的承包任务并成立项目经理部时,这部分工作才会发生。

7.5.2 项目技术管理制度

1）图纸审查制度

图纸审查主要是为了学习和熟悉工程技术系统，并检查图纸中出现的问题。图纸包括设计单位提交的图纸以及根据合同要求由承包商自行承担设计和深化的图纸。图纸审查的步骤包括学习、初审、会审 3 个阶段。

图纸审查中提出的问题，应详细记录整理，以便与设计单位协商处理。在施工过程中应严格按照合同要求执行技术核定和设计变更签证制度，所有设计变更资料都应纳入工程技术档案。

2）技术交底制度

技术交底是在前期技术准备工作的基础上，在开工前以及分部、分项工程及重要环节正式开始前，对参与施工的管理人员、技术人员和现场操作工人进行的一次性交底，其目的是使参与施工的人员对施工对象从设计情况、建筑施工特点、技术要求、操作注意事项等方面有一个详细的了解。

7.5.3 技术复核制度

凡是涉及定位轴线，标高，尺寸，配合比，皮数杆，预留洞口，预埋件的材质、型号、规格，预制构件吊装强度等技术数据，都必须根据设计文件和技术标准的规定进行复核检查，并做好记录和标识，以避免因技术工作疏忽差错而造成工程质量和安全事故。

7.5.4 施工项目管理规划审批制度

施工项目管理实施规划必须经企业主管部门审批，才能作为建立项目组织机构、施工部署、落实施工项目资源和指导现场施工的依据。当实施过程中主、客观条件发生变化，需要对施工项目管理实施规划进行修改、变更时，应报请原审批人同意后方可实施。

7.5.5 工程洽商、设计变更管理制度

施工项目经理部应明确责任人，做到使设计变更所涉及的内容、变更项所在图纸编号、节点编号清楚，内容详尽，图文结合，明确变更尺寸、单位、技术要求。工程洽商、设计变更涉及技术、经济、工期诸多方面，施工企业和项目部应实行分级管理，明确各项技术洽商分别由哪一级、谁负责签证。

7.5.6 施工日记制度

施工日记既可用于了解、检查和分析施工的进展变化、存在问题与解决问题的结果，又可用于辅助证实施工索赔、施工质量检验评定以及质量保证等原始资料形成过程的客观真实性。

7.5.7 施工项目技术管理的工作内容

1)施工技术标准和规范的执行

①在施工技术方面已颁发的一整套国家或行业技术标准和技术规范是建立和维护正常的生产和工作程序应遵守的准则,具有强制性,对工程实施具有重要的指导作用。

②企业应自行制订反映企业自身技术能力和要求的企业标准,以执行和遵守国家标准,企业标准应高于国家或行业的技术标准。

③为了保证技术规范的落实,企业应组织各级技术管理人员学习和理解技术规范,并在实践中进行总结,对技术难题进行技术攻关,使企业的施工技术不断提高。

2)技术原始记录

技术工作原始记录包括建筑材料、构配件、工程用品及施工质量检验、试验、测量记录,图纸会审和设计交底、设计变更、技术核定记录,工程质量与安全事故分析与处理记录,施工日记等。

3)技术档案与科技情报

技术档案包括设计文件(施工图)、施工项目管理规划、施工图放样、技术措施以及施工现场其他实际运作形成的各类技术资料。

科技情报的工作任务是及时收集与施工项目有关的国内外科技动态和信息,正确、迅速地报道科技成果,交流实践经验,为实现改革和推广新技术提供必要的技术资料,内容主要包括:

①建立信息机构,将情报工作制度化、经常化。

②积极开展信息网活动,大力收集国内外同行业的科技资料,尤其是先进的科技资料和信息,并及时提供给生产部门。

③组织科技资料与信息的交流,介绍有关科技成果和新技术,组织研讨会,研究推广应用项目及确定攻关课题。

4)计量工作

计量工作包括计量技术和计量管理,具体内容有:计量人员职责范围、仪表与器具使用、运输、保管,制定计量工作管理制度,为施工现场正确配置计量器具,合理使用、保管并定期进行检测和及时修理或更换计量器具,确保所有仪表与器具精度、检测周期和使用状态符合要求。

子项 7.6 施工项目资金管理

7.6.1 项目资金管理的目的

1)保证收入

①生产的正常进行需要一定的资金来保证,项目经理部资金的来源,包括公司拨付资

金、向发包人收取工程进度款和预付备料款,以及通过公司获取银行贷款等。

②我国工程造价多数采用暂定量或合同价款加增减账结算。抓好工程预算结算,以尽快确定工程价款总收入,是施工单位工程款收入的保证。开工以后,随着工、料、机的消耗,生产资金陆续投入,必须随工程施工进展抓紧抓好已完工程的工程量确认及变更、索赔、奖励等工作,及时向建设单位办理工程进度款的支付。

③在施工过程中,特别是工程收尾阶段,注意抓好消除工程质量缺陷,保证工程款足额拨付工作,因为工程质量缺陷暂扣款有时需占用较大资金。同时还要注意做好工程保修,以利于5%工程尾款(质量保证金)在保修期满后及时回收。

2)提高经济效益

①项目经理部在项目完成后要做出资金运用状况分析,确定项目经济效益。项目效益的好坏,很大程度上取决于能否管好用好资金。

②必须合理使用资金,在支付工、料、机生产费用上,考虑货币的时间因素,签好有关付款协议,货比三家,压低价格。承揽任务,履行合同的最终目的是取得利润,只有通过"销售"产品收回了工程价款,取得了盈利,成本得到补偿,资金得到增值,企业再生产才能顺利进行。

③一旦发生呆、坏账,应收工程款只停留在财务账面上,利润就不实了。为此,抓资金管理,就投入生产循环往复不断发展来讲,既是起点也是终点。

3)节约支出

抓好开源节流,组织好工程款回收,控制好生产费用支出,保证项目资金正常运转,在资金周转中使投入能得到补偿并增值,才能保证生产持续进行。

4)防范资金风险

项目经理部对项目资金的收入和支出要做到合理的预测,对各种影响因素进行正确评估,才能最大限度地避免资金的收入和支出风险。

7.5.2 项目资金收支计划

1)项目资金收入与支出的管理原则

项目资金收入与支出的管理原则主要涉及资金的回收和分配两个方面。资金的回收直接关系到工程项目能否顺利进行;而资金的分配则关系到能否合理使用资金,能否调动各种关系和相关单位的积极性。

项目资金的收支原则有:

①以收定支原则,即以收入确定支出。这样做虽然可能使项目的进度和质量受到影响,但可以不加大项目资金成本,对某些工期紧迫或施工质量要求较高的部位,应视具体情况采取区别对待的措施。

②制订资金使用计划原则,即根据工程项目的施工进度、业主支付能力、企业垫付能力、分包或供应商承受能力等制订相应的资金计划,按计划进行资金的回收和支付。

2)项目资金收支计划的内容

项目资金计划包括收入方和支出方两部分。收入方包括项目本期工程款等收入,向公司内部银行借款,以及月初项目的银行存款。支出方包括项目本期支付的各项工料费用,上缴利税基金及上级管理费,归还公司内部银行借款,以及上月末项目银行存款。工程前期投入一般要大于产出,主要是现场临时建筑、临时设施、部分材料及生产工具的购置,对分包单位的预付款等支出较多,另外还可能存在发包方拖欠工程款,使得项目存在较大债务的情况。

在安排资金时要考虑分包人、材料供应人的垫付能力,在双方协商基础上安排付款。在资金收入上要与发包方协调,促其履行合同按期拨款。

7.5.3 项目资金收支计划的编制

1)年度资金收支计划的编制

根据施工合同工程款支付的条款和年度生产计划安排,预测年内可能达到的资金收入,再参照施工方案,安排工、料、机费用等资金分阶段投入,做好收入和支出在时间上的平衡。

年度资金收支计划编制时,关键是要摸清工程款到位情况,测算筹集资金的额度,安排资金分期支付,平衡资金,确定年度资金管理工作总体安排。这对保证工程项目顺利施工,保证充分的经济支付能力,稳定队伍,提高职工生活,顺利完成各项税费基金的上缴是十分重要的。

2)月、季度资金收支计划的编制

月、季度资金收支计划的编制是年度资金收支计划的落实与调整。要结合生产计划的变化,安排好月、季度资金收支,重点是月度资金收支计划。以收定支,量入为出,根据施工月度作业计划,计算出主要工、料、机费用及分项收入,结合材料月末库存,由项目经理部各用款部门分别编制材料、人工、机械、管理费用及分包费支出等分项用款计划,经平衡确定后报企业审批实施。月末最后5日内提出执行情况分析报告。

7.5.4 项目资金的使用

建筑业企业为了便于资金管理,确保资金的使用效率,往往在企业的财务部门设立项目专用账号,由财务部门对所承建的施工项目进行项目资金的收支预测,统一对外收支与结算。而施工项目经理则负责项目资金的使用管理。

项目小结

本项目主要介绍建筑工程施工项目资源管理涉及的资源管理的概念、要求及基本内容,重点对施工项目人力资源、材料资源、技术资源、资金资源进行介绍。

数字资源及
拓展材料

①建筑施工项目资源管理概述。主要介绍项目资源管理有关的项目资源、项目资源管理等重点概念,对项目资源管理的目的、要求与建筑工程施工项目资源管理内容进行介绍。

②建筑工程项目人力资源管理。主要包括建筑工程项目人力资源管理涉及的工程施工

项目劳动力组织与管理、工程项目人力资源的确定、工程项目人力资源的激励、工程项目人力资源管理考核、资源的培训与开发5个方面的内容。

③项目材料管理主要包括材料管理计划、材料供应计划、材料控制、材料保管、周转材料管理5个方面的内容。

④建筑工程项目施工机械设备管理。主要包括施工机械设备的获取、施工机械设备的选择、施工机械设备需求计划、施工机械设备的使用4个方面的内容。

⑤建筑工程项目技术管理主要包括项目技术管理介绍,项目技术管理制度、技术复核制度、施工项目管理规划审批制度、工程洽商、设计变更管理制度、施工日记制度、施工项目技术管理的工作内容8个方面的内容。

⑥建筑工程施工项目资金管理。主要包括项目资金管理的目的、项目资金收支计划、项目资金收支计划的编制、项目资金的使用4个方面的内容。

复习思考题

1. 什么是项目资源管理?

2. 项目资源管理的程序是什么?

3. 项目资源管理的范围是什么?

4. 项目人员激励的作用有哪些?

5. 项目管理人员培训的内容有哪些?

6. 材料供应计划的编制内容有哪些?

7. 项目技术管理制度有哪些?

8. 项目资金收支计划的内容有哪些?

9. 分析如何对项目施工材料进行控制。

10. 试述如何对项目资金进行管理。

项目 8

工程项目收尾管理

项目导读

- **主要内容及要求** 本项目主要介绍工程项目收尾管理中 3 个主要内容,包括工程项目竣工验收阶段的管理、项目考核与评价、项目使用阶段的项目维修与回访工作。通过本项目的学习与训练,懂得在工程收尾阶段的主要工作的内容、要求,能完成工程项目交工之前的工作任务。具有编制竣工验收文件、组织能力,口才表达的能力。
- **重点** 工程项目竣工验收。
- **难点** 工程项目维修及回访。

子项 8.1　工程项目竣工验收

8.1.1　概述

1)项目收尾管理与竣工验收

项目收尾管理是项目收尾阶段各项管理工作的总称,主要包括项目竣工收尾、竣工验收、竣工结算、竣工决算、项目回访保养与项目考核评价等工作。项目收尾管理是建设工程项目管理全过程的最后阶段,没有这个阶段,建设工程项目就不能顺利交工、不能投入使用,就不能最终发挥投资效益。另外在这个阶段还要熟悉工程项目保修的规定。

在项目竣工验收前,项目经理部应检查合同约定的哪些工作内容已经完成,或完成到什么程度,并将检查结果记录并形成文件;总分包之间还有哪些连带工作需要收尾接口,项目近外层和远外层关系还有什么工作需要沟通协调等,以保证竣工收尾顺利完成。

项目竣工验收是项目完成设计文件和图纸规定的工程内容,由项目业主组织项目参与各方进行的竣工验收。项目的交工主体应是合同当事人的承包主体,验收主体应是合同当事人的发包主体,其他项目参与人则是项目竣工验收的相关组织。

2)意义与作用

工程项目竣工验收交付使用,是项目周期的最后一个程序,它是检验项目管理好坏和项目目标实现程度的关键阶段,也是工程项目从实施到投入运行的使用的衔接转换阶段。

从宏观上看,工程项目竣工验收,是国家全面考核项目建设成果、检验项目决策、设计、施工、设备制造、管理水平、总结工程项目建设经验的重要环节。一个工程项目建成交付使用后,能否取得预想的宏观效益,需经过国家权威性的管理部门按照技术规范、技术标准组织验收确认。

从投资者角度看,工程项目竣工验收是投资者全面检验项目目标实现程度,并就工程投资、工程进度和工程质量进行审查认可的关键。它不仅关系到投资者在投资建设周期的经济利益,也关系到项目投产后的运营效果,因此,投资者应重视和集中力量组织好竣工验收,并督促承包者抓紧收尾工程,通过验收发现隐患,消除隐患,为项目正常生产,迅速达到设计能力创造良好条件。

从承包者角度看,工程项目竣工验收是承包者对所承担的施工工程接受全面检验,按合同全面履行义务,按完成的工程量收取工程价款,积极主动配合接受投资者组织好试生产、办理竣工工程移交手续的重要阶段。

3)组织与实施

工程项目竣工验收有大量检验、签证和协作配合,容易产生利益冲突,故应严格管理。国家规定,凡已具备验收和投产条件,3个月内不办理验收投产和移交固定资产手续的,取消建设部门和主管部门(或地方)的基建试车收入分成,由银行监督全部上缴财政,并由银行冻结其基建贷款或停止贷款。3个月内办理验收和移交固定资产手续确有困难、经验收部门批准,期限可适当延长,竣工验收对促进建设项目及时投入生产、发挥投资效益,总结建设经验,有着重要的作用。

建设项目的竣工验收主要由建设单位(或监理单位)负责组织和进行现场检查,收集与整理资料,设计、施工、设备制造单位有提供有关资料及竣工图纸的责任。在未办理竣工验收手续前,建设单位(或监理单位)对每一个单项工程要逐个组织检查,包括检查工程质量情况、隐蔽工程验收资料、关键部位施工记录、按图施工情况、有无漏项等,使工程达到竣工验收的条件。同时还要评定每个单位工程和整个工程项目质量的优劣、进度的快慢、投资的使用等情况以及尚需处理的问题和期限等。

大中型建设项目和指定由省、自治区、直辖市或国务院组织验收的,为使正式验收的准备工作做得充分,有必要组织一次验收,这对促进全面竣工、积极收尾和完善验收都有好处。预验收的范围和内容,可参照正式验收进行。对于小型建设项目的竣工验收,根据国家有关规定,结合项目具体情况,适当简化验收手续。

主要收尾工作分解结构如图8.1所示。

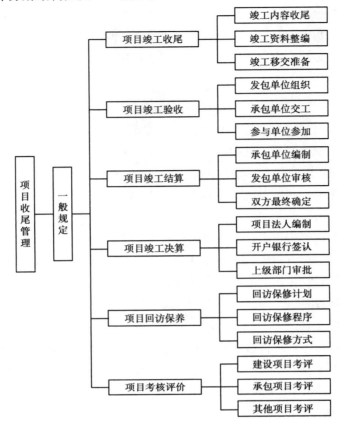

图8.1　项目收尾工作分解结构图

8.1.2　竣工验收的范围和依据

1)竣工验收范围

凡列入固定资产投资计划的建设项目或单项工程,按照上级批准的设计文件所规定的内容和施工图纸的要求全部建成,工业项目经符合试车考核或生产期能够正常生产合格产品,非工业项目符合设计要求,能够正常使用,不论新建、扩建、改造项目,都要及时组织验收,并办理固定资产交付事业的移交手续,事业技术改造资金进行的基本建设项目或技术改造项目,按现行的投资规模限额规定,亦应按国家关于竣工验收规定,办理竣工验收手续。

2)竣工验收依据

按国家现行规定,竣工验收的依据是经过上级审批机关批准的可行性研究报告、初步或扩大初步设计(技术设计)、施工图纸和说明、设备技术说明书、招标文件和过程承包合同、施工过程中的设计修改签证、现行的施工技术验收标准、规范以及主管部门有关审批、修改、调整文件等。建设项目的规模、工艺流程、工艺管线、土地使用、建筑结构形式、建筑面积、外形装饰、技术装备、技术标准、环境保护、单项工程等,必须与各种批准文件内容或工程承包合同内容相一致。其他协议规定的某一个国家或国际通用的工艺流程技术标准、从国外引进技术或成套设备项目及中外合资建设的项目,还应该按照签订的合同和国外提供的设计文件等资料进行验收。国外引进的项目合同中未规定标准的,按设计时采用的国内有关规定执行。若国内也无明确规定标准的,按设计单位规定的技术要求执行。由国外设计的土木、建筑、结构安装工程验收标准,中外规范不一致时,参照有关规定协商,提出适用的规范。

8.1.3　竣工验收的标准

建设项目竣工验收、交付生产和使用,必须有相应的标准予以遵循。一般有土建工程、安装工程、人防工程、管道工程、桥梁工程、电气工程及铁路建筑安装工程等的验收标准。此外,还可根据工程项目的重要性和繁简程度,对单位工程、分部工程和分项工程,分别指定国家标准、部门有关标准以及企业标准。对于技术改造项目,可参照国家或部门有关标准,根据工程性质提出各自适用的竣工验收标准。

1)竣工验收交付生产和使用标准

①生产性工程和辅助公用设施,已按设计要求建完,能满足生产使用。

②主要工艺设备配套,设备经联动符合试车合格,形成生产能力,能够生产出设计文件所规定的产品。

③必要的生活设施已按设计要求建成。

④环境保护设施,劳动安全卫生设施、消防设施等已按设计要求与主体工程同时建成使用。

2)土建安装、人防、大型管道必须达到竣工验收标准

（1）土建工程

凡是生产性工程、辅助公用设施及生活设施,按照设计图纸、技术说明书在工程内容上按规定全部施工完毕;室内工程全部做完室外的明沟勒角,踏步斜道全部做完,内外粉刷完毕;建筑物、构筑物周围 2 m 以内场地平整,障碍物清除,道路、给排水、用电、通信畅通,经验收组织单位按验收规范进行验收,使工程质量符合各项要求。

（2）安装工程

凡是生产性工程,其工艺、物料、热力等各种管道均已安装完,并已做好清洗,试压、吹扫、油漆、保温等工作,各种设备、电气、空调、仪表、通信等工程项目全部安装结束,经过单机、联机无负荷及投料试车,全部符合安装技术的质量要求,具备生产的条件,经验收组织单位按验收规范进行合格验收。

（3）人防工程

凡有人防工程或集合建设项目搞人防工程的工程竣工验收,必须符合人防工程的有关规定。应按工程登记,安装好防护密闭门。室外通道在人防防护密闭门外的部位,增设防雨便门、设排风孔口。设备安装完毕,应做好内部粉饰并防潮。内部照明设备完全通电,必要的通信设施安装通话,工程无漏水,做完回填土,使通道畅通无阻等。

（4）大型管道工程

大型管道工程(包括铸铁管、钢管、混凝土管和钢筋混凝土预应力管等)和各种泵类电动

机按照设计内容、设计要求、施工规范全部(或分段)按质按量铺设和安装完毕,管道内部积存物要清除,输油管道、自来水管道、热力管道等还要经过清洗和消毒,输气管道还要经过赶气、换气。这些管道均应做打压实验。在施工前,要对管道材质及防腐层(内壁和外壁)根据规定标准进行验收,钢管要注意焊接质量,并进行质量评定和验收。对设计中选项的闸阀产品质量要慎重检验。地下管道施工后,回填土要按施工规范要求分层夯实。经验收组织单位按验收规范验收合格,方能办理竣工手续,交付使用。

8.1.4 竣工验收的程序和内容

1)由施工单位做好竣工验收的准备

①做好施工项目的收尾工作。项目经理要组织有关人员逐层、逐段、逐房间进行查项,看有无丢项、漏项,一旦发现丢项、漏项,必须确定专人逐项解决并加强检查;对已经全部完成的部位或查项后修补完成的部位,要组织清理,保护好成品防止损坏和丢失,高标准装修的建筑工程(如高级宾馆、饭店、医院、使馆、公共建筑等),每个房间的装修和设备安装一旦完毕,立即加封,乃至派专人按层段加以看管;要有计划地拆除施工现场的各种临时设施、临时管线、清扫施工现场,组织清运垃圾和杂物,有步骤地组织材料、工具及各种物资回收退库、向其他施工现场转移和进行相应处理;做好电器线路和各种管道的交工前检查,进行电气工程的全负荷实验和管道的打压实验,有生产工艺设备的工程项目要进行设备的单体试车,无负荷联动试车和有负荷联动试车。

②竣工图与档案资料。组织工程技术人员绘制竣工图,清理和准备各项需向建设单位移交的工程档案资料,编制工程档案、资料移交清单。

③竣工结算表。组织预算人员(为主)、生产、管理、技术、财务、劳资等专职人员编制竣工结算表。

④竣工签署文件。准备工程竣工通知书、工程竣工报告、工程竣工验收说明书、工程保修证书。

⑤工程自检与报检。组织好工程自检,报请上级领导部门进行竣工验收检查,对检查出的问题及时进行处理和修补。

⑥准备好工程质量评定的各项资料。按结构性能、使用功能、处理效果等方面工程的地基基础、结构、装修及水、暖、电、卫、设备的安装等各个施工阶段所有质量检查资料,进行系统的整理,为评定工程质量提供依据,为技术档案移交归档作准备。

2)进行工程初验

施工单位决定正式提请验收后,应向监理单位或建设单位送交验收申请报告,监理工程师或单位收到验收报告后,应根据工程承包合同、验收标准进行审查。若监理单位认为可以进行验收,则应组织验收班子对竣工的工程项目进行初验,在初验中发现质量问题后,监理人员应及时以书面通知或备忘录的形式告诉施工单位,并令施工单位按有关质量要求进行修理甚至返工。

3)正式验收

规模较小或较简单的工程项目,可以一次进行全部项目的验收;规模较大或较复杂的工程项目,可分两个阶段验收。

（1）第一阶段验收

第一阶段验收是单项工程验收,又称交工验收,是指一个总体建设项目中,一个单项工程(或一个车间)已按设计规定的内容建成,能满足生产要求或具备使用条件,且已预验和初验,施工单位提出"验收交接申请报告",说明工程完成情况、验收准备情况、设备试运转情况及申请办理交接日期,便可组织正式验收。

由几个建筑施工企业负责施工的单项工程,当其中某一个企业所负责的部分已按设计完成,也可组织正式验收,办理交工手续,但应请总包单位参加。

对于建成的住宅,可分幢进行正式验收,对于设备安装工程,要根据设备技术规范说明书的要求,逐项进行单体试车、无负荷联动试车、负荷联动试车。

验收合格后,双方要签订"交工验收证明"。如发现有需要返工、修补的工程,要明确规定完成期限,在全部验收时,原则上不再办理验收手续。

（2）第二阶段验收

第二阶段是全部验收。全部验收又称动用验收,是指整个建设项目按设计规定全部建成,达到竣工验收标准,可以使用(生产)时,由验收委员会(小组)组织进行的验收。

全部验收工作首先要由建设单位会同设计、施工单位或施工监理单位进行验收准备,其主要内容有:

①财务决算分析凡决算超过概算的,要报主管财务部门批准。

②整理汇总技术资料(包括工程竣工图),装订成册,分类编目。

③核实未完工程。列出未完工程一览表,包括项目、工程量、预算造价、完成日期等内容。

④核实工程量并评定质量等级。

⑤编制固定资产构成分析表,列出各个竣工决算所占的百分比。

⑥总结试车考核情况。

4）竣工验收证明文件

竣工验收的证明文件包括:建筑工程竣工验收证明文件;设备竣工验收证明书;建设项目交工、验收鉴定书;建设项目统计报告。

5）验收支付

整个工程项目竣工验收,一般要经现场初验和正式验收两个阶段,即验收准备工作结束后,由上级主管部门组织现场初验,要对各项工程进行检验,进一步核实验收准备工作情况,在确认符合设计规定和工程配套的前提下,按有关标准对工作作出评价对发现的问题提出处理意见,公正、合理地排除验收工作中的争议,协调内外有关方面的关系,如把铁路、公路、电力、电信等工程移交有关部门管理等。现场初验要草拟"竣工验收报告书"和"验收鉴定书"。对在现场初验中提出的问题处理完毕后,经竣工验收机构复验或抽查,确认对影响生产或使用的所有问题都已经解决,即可办理正式交接手续,竣工验收机构成员要审查竣工验收报告,并在验收鉴定书上签字,正式验收交接工作即告结束,迅速办理固定资产交付使用的转账手续。

8.1.5 竣工验收的组织

1）验收组织的要求

国有资产投资的工程项目的竣工验收的组织,要根据建设项目的重要性、规模大小和隶属关系而定。大中型和限额以上基本建设和技术改造项目(工程),由国家发改委或由国家发改委委托项目主管部门、地方政府部门组织验收;小型和限额以下基本建设和技术改造项目(工程),由项目主管部门或地方政府部门组织验收。竣工验收要根据工程规模大小,复杂程度组织验收委员会或验收小组。验收委员会或验收小组应由银行、物资、环保、劳动、统计、消防及其他有关部门组成,建设单位、接管单位、施工单位、勘察设计的单位、施工监理单位参加验收工作。

2）验收组织的职责

验收委员会或验收小组,负责审查工程建设的各个环节,听取各有关单位的工作报告,审阅工程档案资料并实地检查建筑工程和设备安装情况并对工程设计、施工和设备质量等方面作出全面评价。不合格的工程不予验收,对遗留问题提出具体解决意见,限期落实完成。其具体职责如下:

①制订竣工验收工作计划;
②审查各种交工技术资料;
③审查工程决算;
④按验收规范对工程质量进行鉴定;
⑤负责试生产的监督与效果评定;
⑥签发工程项目竣工验收证书;
⑦对遗留问题作出处理和决定;
⑧提出竣工验收总结报告。

8.1.6 竣工资料的移交

1）一般规定

各有关单位(包括设计、施工、监理单位)应在工程准备开始就建立起工程技术档案,汇集整理有关资料。把这项工作贯穿到整个施工工程,直到工程竣工验收结束。这些资料由建设单位分类立卷,在竣工验收时移交给生产单位(或使用单位)统一保管,作为今后维护、改造、扩建、科研、生产组织的重要依据。

凡是列入技术档案的技术文件、资料,都必须经有关技术负责人正式审定。所有的资料、文件都必须如实反映情况,不得擅自修改、伪造或事后补作。工程技术档案必须严加管理,不得遗失损坏,人员调动要办理交接手续,重要资料(包括隐蔽工程照相)还应分别保送上级领导机关。

2）竣工资料

竣工资料的主要内容包括土建方面、安装方面、建设与设计单位方面的技术资料等。

（1）土建方面

土建方面的技术资料包括：

①开工报告；

②永久性工程的坐标位置、建筑物和构筑物以及主要设备基础轴线定位、水平定位和复核记录；

③混凝土和砂浆试块的验收报告、砂垫层测试记录和防腐质量检验记录、混凝土抗渗实验资料；

④预制构件、加工件、预应力钢筋出厂的质量合格证明和张拉记录，原材料检验证明；

⑤隐蔽工程验收记录（包括打桩、试桩、吊装记录）；

⑥屋面工程施工记录、沥青玛琋脂等防水材料试配记录；

⑦设计变更资料；

⑧工程质量的调查报告和处理记录；

⑨安全事故处理记录；

⑩施工期间建筑物、构筑物沉陷和变形测定记录；

⑪建筑物、构筑物使用要点；

⑫未完工程的中间交工验收记录；

⑬竣工验收证明；

⑭竣工图；

⑮其他有关该项工程的技术决定。

（2）安装方面

安装方面的技术资料包括：

①设备质量合格证明（包括出厂证明、质量保证书）；

②设备安装记录（包括组装）；

③设备单机运转记录和合格证；

④管道和设备等焊接记录；

⑤管道安装、清洗、吹扫、试漏、试压和检查记录；

⑥截门、安全阀试压记录；

⑦电器、仪表检验及电机绝缘、干燥等检查记录；

⑧照明、动力、电信线路检查记录；

⑨安全事故处理记录；

⑩隐蔽工程验收单；

⑪竣工图。

（3）建设与设计单位方面

建设与设计单位方面的技术资料包括：

①可行性研究报告及其批准文件；

②初步设计（扩大初步设计、技术设计）及其审批文件；

③地质勘探资料；

④设计变更及技术核定单；

⑤试桩记录；

⑥地下埋设管线的实际坐标、标高资料；

⑦征地报告及核定图纸、补偿拆迁协议书、征(借)土地协议书；

⑧施工合同；

⑨建设过程中有关请示报告和审批文件以及往来文件、动用岸线及专业铁路线的申请报告和批复文件；

⑩单位工程图纸总目录及施工图(绘竣工图)；

⑪系统联动试车记录和合格证、设备联动运转记录；

⑫采用新结构、新技术、新材料的研究资料；

⑬技术及新建议的实验、采用、改进的记录；

⑭有关重要技术决定和技术管理的经验总结；

⑮建筑物、构筑物使用要点。

8.1.7 竣工图的绘制

1)竣工图绘制程序

建设项目竣工图,是完整、真实记录的各种地下、地上建筑物、构筑物等详细情况的技术文件,是工程竣工验收、投产交付使用后的维修、扩建、改造的依据,是生产(使用)单位必须长期妥善保存的技术档案。按现行规定绘制好竣工图是竣工验收的条件之一,在竣工验收前不能完成的,应在验收时明确商定补交竣工图的期限。

建设单位(或施工监理单位)要组织、督促和协调各设计、施工单位检查自己负责的竣工图绘制工作情况,发现有拖期、不准确或短缺时,要及时采用措施解决。

2)竣工图绘制要求

①按图施工没有变动的,可由施工单位(包括总包和分包)在原施工图上加盖"竣工图"标志,即作为竣工图;在施工中,虽有一般性设计变更,但能将原施工图加以修改补充作为竣工图的,可不再重新绘制,由施工单位负责在原施工图(必须是新蓝图)上注明修改的部分,并附以设计变更通知单和施工说明加盖"竣工图"标志后,即可作为竣工图。

②结构形式改变、工艺改变、平面布置改变、项目改变以及其他重大的改变,不宜在原施工图上修改、补充的,应重新绘制改变后的竣工图。由设计原因造成的,设计单位负责重新绘制;由施工单位原因造成的由施工单位重新绘制,施工单位负责在新图上加盖"竣工图"标志,并附以有关记录和说明,作为竣工图。重大的改建、扩建工程涉及原有工程项目变更时,应将相关项目的竣工图资料统一整理归档,并在原因案卷内增补必要的说明。

③各项基本建设工程,在施工过程中就应着手准备,现场技术人员负责,在施工时做好隐蔽工程检验记录整理好设计变更文件,确保竣工图质量。

④施工图一定要与实际情况相符,要保证图纸质量,做到规格统一、图面整洁、字迹清楚、不得用圆珠笔或其他易于褪色的墨水绘制、并要经过承担施工的技术负责人审核签字。大中型建设项目和城市住宅小区建设的竣工图,不能少于两套,其中一套移交生产使用单位保管,一套交由基本建设工程,特别是基础、地下建(构)筑物、管线、结构、井巷、洞室、桥梁、

隧道、港口、水坝以及设备安装等隐蔽部位都要绘制竣工图。各种竣工图的绘制主管部门或技术档案部门长期保存。关系到全国性特别重要的建设项目,应增设一套给国家档案馆保存。小型建设项目的竣工图至少具备一套,移交生产使用单位保管。

8.1.8 工程技术档案资料管理

做好建设项目的工程技术档案资料工作,对保证各项工程建成后顺利地交付生产、使用以及为将来的维修、扩建、改建都有着十分重要的作用。各建设项目的管理、设计、施工、监理单位应对整个工程建设从建设项目的提出到竣工投产、交付使用的各个阶段所形成的文字资料、图纸、图表、计算材料、照片、录像、磁带进行归档,并努力保管好。

1)技术档案管理资料内容

技术档案管理资料内容如下:

在建设项目的提出、调研、可行性研究、评估、决策、计划安排、勘测、设计、施工、生产准备、竣工投产交付使用的全过程中,有关的上级主管机关、建设单位、勘察设计单位、施工单位、设备制造单位、施工监理单位以及有关的环保、市政、银行、统计等部门,都应重视该建设项目文件资料的形成、积累、整理、归档和保管工作,尤其要管好建筑物、构筑物和各种管线、设备的档案资料。

2)一般要求

①在工程建设过程中,现场的指挥管理机构要有位负责人分管档案资料工作,并建立与档案资料工作相适用的管理部门,配备能胜任工作的人员,制定管理制度,集中统一地管理建设好项目的档案资料。

②对于引进技术、引进设备的建设项目,应做好引进技术、设备的各种技术图纸、文件的收集工作。无论通过何种渠道得到的与引进技术、设备有关的档案资料都应交档案部门集中统一管理。

③竣工图是建设项目的实际反映,是工程的重要档案资料,施工单位的施工中要做好施工记录、检验记录、整理好变更文件,并及时做出竣工图,保证竣工图质量。

④各级建设主管部门以及档案部门,要负责检查和指导本专业、本地区建设项目的档案资料工作,档案管理部门参加工程竣工验收中档案资料验收工作。

子项8.2 工程项目考核评价与绩效管理

工程项目实施过程中,派出项目经理的单位即工程承包单位要制定制度对项目经理和项目经理部进行考核,工程完工后进行终结性考核评价,目的是规范项目管理行为,鉴定项目管理水平,确认项目管理成果,使工程项目管理活动在一定的约束机制下进行,以便取得最大的经济效果。

8.2.1 工程项目管理全面分析

1) 工程项目管理分析的概念与作用

(1) 工程项目管理分析的概念

工程项目管理分析是在综合考虑项目管理的内、外部因素的基础上,按照实事求是的原则对项目管理结果进行判别、验证,以便发现问题、肯定成绩,从而正确、客观地反映项目管理绩效的工作。根据工程项目管理分析范围的大小不同,工程项目管理分析可分为全面分析和单项分析两类。

(2) 工程项目管理分析的作用

①明确工程项目管理目标的实现水平;

②确认工程项目管理目标实现的准确性、真实性;

③正确识别客观因素对项目管理目标实现的影响及其程度;

④为工程项目管理考核、审计及评价工作提供切实可靠的事实依据;

⑤准确反映工程项目管理工作的客观实际,避免考核评价工作的失真;

⑥通过分析,找出工程项目管理工作的成绩、问题及差距,以便在今后的项目管理工作中借鉴。

2) 工程项目管理全面分析

(1) 全面分析

所谓全面分析,是指以工程项目管理实施目标为依据,对工程项目实施效果的各个方面都作对比分析,从而综合评价施工项目的经济效益和管理效果。

(2) 评价指标

①质量指标:分析单位工程的质量等级。

②工期指标:分析实际工期与合同工期及定额工期的差异。

③利润:分析承包价格与实际成本的差异。

④产值利润率:分析利润与承包价格的比值。

⑤劳动生产率:

$$劳动生产率 = 工程承包价格 / 工程实际耗用工日数$$

⑥劳动消耗指标:包括单方用工、劳动效率及节约工日。

$$单方用工 = 实际用工(工日) / 建筑面积(m^2)$$

$$劳动效率 = 预算用工(工日) / 实际用工(工日) \times 100\%$$

$$节约工日 = 预算用工 - 实际用工$$

⑦材料消耗指标:包括主要材料(钢材、木材、水泥等)的节约量及材料成本降低率。

$$主要材料节约量 = 预算用量 - 实际用量$$

$$材料成本降低率 = (承包价中的材料成本 - 实际材料成本) / 承包价中的材料成本 \times 100\%$$

⑧机械消耗指标:包括某种主要机械利用率和机械成本降低率。

$$某种机械利用率 = 预算台班数 / 实际台班数 \times 100\%$$

$$机械成本降低率 = (预算机械成本 - 实际机械成本) / 预算机械成本 \times 100\%$$

⑨成本指标:包括降低成本额和降低成本率。

$$降低成本额 = 承包成本 - 实际成本$$

$$降低成本率 = (承包成本 - 实际成本)/承包成本 \times 100\%$$

8.2.2 工程项目管理单项分析

工程项目管理单项分析是对项目管理的某项或某几项指标进行解剖性具体分析,从而准确地确定项目在某一方面的绩效,找出项目管理好与差的具体原因,提出应该如何加强和改善的具体内容。单项分析主要是对质量、工期、成本、安全4大基本目标进行分析。

(1)工程质量分析

工程质量分析是对照工程项目的设计文件和国家规定的工程质量检验评定标准,分析工程项目是否达到了合同约定的质量等级。要具体分析地基基础工程、主体结构工程、装修工程、屋面工程及水、暖、电、卫等各分部分项工程的质量情况。分析施工中出现的质量问题、发生的重大质量事故,分析施工质量控制计划的执行情况、各项保证工程质量措施的实施情况、质量管理责任制的落实情况。

(2)工期分析

工期分析是将工程项目的实际工期与计划工期及合同工期进行对比分析,看实际工期是否符合计划工期的要求,如果实际工期超出计划工期的范围,则看是否在合同工期范围内。根据实际工期、计划工期、合同工期的对比情况,确定工期是提前了还是拖后了。进一步分析影响工期的原因:施工方案与施工方法是否先进合理,工期计划是否最优,劳动力的安排是否均衡,各种材料、半成品的供应能否保证,各项技术组织措施是否落实到位,施工中各有关单位是否协作配合等。

(3)工程成本分析

工程成本分析应在成本核算的基础上进行,主要是结合工程成本的形成过程和影响成本的因素,检查项目成本目标的完成情况,并作出实事求是的评价。成本分析可按成本项目的构成进行,如人工费收支分析、材料费收支分析、机械使用费收支分析、其他各种费用收支情况分析、总收入与总支出对比分析、计划成本与实际成本对比分析等。成本分析是对项目成本管理工作的一次总检验,也是对项目管理经济效益的提前考查。

(4)安全分析

安全工作贯穿施工生产的全过程,生产必须保证安全是任何一个建筑企业必须遵守的原则,安全是项目管理各项目标实现的根本保证。对项目管理的安全工作进行分析,就是针对项目实施过程中所发生的机械设备及人员的伤亡事故,检查项目安全生产责任制、安全教育、安全技术、安全检查等安全管理工作的执行情况,分析项目安全管理的效果。

8.2.3 工程项目管理考核与评价

1)考核与评价的目的

项目管理考核与评价是项目管理活动中很重要的一个环节,它是规范项目管理行为,确认项目管理成果,鉴定项目管理水平及检验项目管理目标实现程度的基本工作,是公平、公正地反映项目管理工作的基础。通过考核评价工作,使得项目管理人员能够正确地认识自己的工作水平和业绩,能够进一步总结经验、找出差距、吸取教训,从而提高企业的项目管理水平和管理人员素质。

2)项目管理考核评价的主体和对象

项目考核评价的主体是派出项目经理的单位。由于工程项目的责任主体是承包企业,项目经理是承包企业法定代表人在工程项目上的全权委托代理人,项目经理要对企业法定代表人负责,所以企业法定代表人有权力也有责任对项目经理的行为进行监督,对项目经理的工作进行评价。

项目考核评价的对象应是项目经理部,其中应突出对项目经理的管理工作进行考核评价。

3)项目管理考核评价的依据

项目管理考核评价的依据是项目经理与承包人签订的"项目管理目标责任书",内容应包括完成工程施工合同、经济效益、回收工程款、执行承包人各项管理制度、各种资料归档等情况,以及"项目管理目标责任书"中其他要求内容的完成情况。也就是说,"项目管理目标责任书"中的各项目标指标和目标规定即为考核评价工作的依据和标准。

4)项目管理考核评价的方式

项目考核评价的方式很多,具体应根据项目的特征、项目管理的方式、队伍的素质等综合因素确定。一般分为年度考核评价、阶段考核评价和终结性考核评价3种方式。

工期超过两年的大型项目,可以实行年度考核。为了加强过程控制,避免考核期过长,应当在年度考核之中加入阶段考核。阶段的划分可以按用网络计划表示的工程进度计划关键节点进行,也可以同时按自然时间划分阶段进行季度、年度考核。工程竣工验收后,应预留一段时间完成整理资料、疏散人员、退还机械、清理场地、结清账目等工作,然后再对项目管理进行全面的终结性考核。

项目终结性考核的内容应包括确认阶段性考核的结果,确认项目管理的最终结果,确认该项目经理部是否具备"解体"的条件等工作。经考核评价后,兑现"项目管理目标责任书"确定的奖励和处罚。终结性考核评价不仅要注重项目后期工作的情况,而且应该全面考虑到项目前期、中期的过程考核评价工作,应认真分析因果关系,使得考核评价工作形成一个完整的体系,从而对项目管理工作有一个整体性和全面性的结论。

5)项目管理考核评价组织的建立

工程项目完成以后,企业应成立项目考核评价委员会。考核评价委员会应由企业主管领导和企业有关业务部门从事项目管理工作的人员组成,必要时也可聘请社团组织或大专院校的专家、学者参加,一般由5~7人组成,可以是企业的常设机构,也可以是一次性机构,由企业主管领导负责。在考核评价前,要明确组织分工,制定组织制度,熟悉考核评价工作标准,统一思想认识。

6)项目管理考核评价程序

①制订考核评价方案,并报送企业法定代表人审核批准,然后才能执行。具体内容包括考核评价工作时间、具体要求、工作方法及结果处理。

②听取项目经理汇报。主要汇报项目管理工作的情况和项目目标实现的结果,并介绍所提供的资料。

③查看项目经理部的有关资料。对项目经理部提供的各种资料进行认真细致的审阅,分析其经验及问题。

④对项目管理层和劳务作业层进行调查。可采用交谈、座谈、约谈等方式,以便全面了解情况。

⑤考查已完工程。主要是考查工程质量和现场管理,进度与计划工期是否吻合,阶段性目标是否完成。

⑥对项目管理的实际运作水平进行考核评价。根据既定的评分方法和标准,依据调查了解的情况,对各定量指标进行评分,对定性指标确定评价结果,得出综合评分值和评价结论。

⑦提出考核评价报告。考核评价报告内容应全面、具体、实事求是,考核评价结论要明确,具有说服力,必要时对一些敏感性问题要补充说明。

⑧向被考核评价的项目经理部公布评价意见。

7) 项目管理考核评价资料

资料是进行项目考核评价的直接材料,为了使考核评价工作能够客观公正、顺利高效地进行,参与项目管理考核评价的双方都要积极配合,互相支持,及时主动地向考评对方提供必要的工作资料。

(1)项目经理部应向考核评价委员会提供的资料

①"项目管理实施规划"、各种计划、方案及其完成情况;

②项目实施过程中所发生的全部来往文件、函件、签证、记录、鉴定、证明;

③各项技术经济指标的完成情况及分析资料;

④项目管理的总结报告,包括技术、质量、成本、安全、分配、物资、设备、合同履约及思想政治工作等各项管理的总结;

⑤项目实施过程中使用的各种合同、管理制度及工资奖金的发放标准。

(2)项目考核评价委员会应向项目经理部提供的资料

①考核评价方案和程序。目的是让项目经理部对考核评价工作的总体安排做到心中有数。

②考核评价指标、计分办法及有关说明。目的是让项目经理部清楚考核评价采用的定性与定量指标及评价方法,使考核评价工作公开透明。

③考核评价依据。说明考核评价工作所依据的规定、标准等。

④考核评价结果。考核评价结果应以结论报告的形式提供给项目经理部,为企业奖评或项目奖评提供依据,也为项目经理部今后的工作提供借鉴经验。

8) 项目管理考核评价指标

(1)考核评价的定量指标

考核评价的定量指标包括4项目标控制指标。

①工程质量指标。应按《建筑工程施工质量验收统一标准》(GB 50300—2013)和建筑

工程施工质量验收相关规范的具体要求和规定,进行项目的检查验收,根据验收情况评定分数。

②工程成本指标。通常用成本降低额和成本降低率来表示。成本降低额是指工程实际成本比工程预算成本降低的绝对数额,是一个绝对评价指标;成本降低率是指工程成本降低额与工程预算成本的相对比率,是一个相对评价指标。这里的预算成本是指项目经理与承包人签订的责任成本。用成本降低率能够直观地反映成本降低的幅度,准确反映项目管理的实际效果。

③工期指标。通常用实际工期与工期提前率来表示。实际工期是指工程项目从开工至竣工验收交付使用所经历的日历天数;工期提前量是指实际工期比合同工期提前的绝对天数;工期提前率是工期提前量与合同工期的比率。

④安全指标。工程项目的安全问题是工程项目实施过程中的第一要务,在许多承包单位对工程项目效果的考核要求中,都有安全一票否决的内容。《建筑施工安全检查标准》(JGJ 59—2011)将工程安全标准分为优良、合格、不合格 3 个等级。具体等级是由评分计算的方式确定,评分涉及安全管理、文明工地、脚手架、基坑支护与模板工程、"三宝""四口"防护、施工用电、物料提升机与外用电梯、塔吊、起重机吊装、施工机具等项目。具体方法可按《建筑施工安全检查标准》(JGJ 59—2011)执行。

(2)考核评价的定性指标

定性指标反映了项目管理的全面水平,虽然没有定量,但却应该比定量指标占有较大权数,且必须有可靠的数据,有合理可行的办法并形成分数值,以便用数据说话。其主要包括下列内容:

①执行企业各项制度的情况。通过对项目经理部贯彻落实企业政策、制度、规定等方面的调查,评价项目经理部是否能够及时、准确、严格、持续地执行企业制度,是否有成效,能否做到令行禁止、积极配合。

②项目管理资料的收集、整理情况。项目管理资料是反映项目管理实施过程的基础性文件,通过考核项目管理资料的收集、整理情况,可以直观地看出工程项目管理日常工作的规范程度和完善程度。

③思想工作方法与效果。此项指标主要考查思想政治工作是否有成效,是否适应和促进企业领导体制建设,是否提高了职工素质。

④发包人及用户的评价。项目管理实施效果的最终评定人是发包人和用户,发包人及用户的评价是最有说服力的。发包人及用户对产品满意就是项目管理成功的表现。

⑤在项目管理中应用的新技术、新材料、新设备、新工艺的情况。在项目管理活动中,积极主动地应用新材料、新技术、新设备、新工艺是推动建筑业发展的基础,是每一个项目管理者的基本职责。

⑥在项目管理中采用的现代化管理方法和手段。新的管理方法与手段的应用可以极大地提高管理的效率,是否采用现代化管理方法和手段是检验管理水平高低的尺度。

⑦环境保护。项目管理人员应提高环保意识,制订与落实有效的环保措施,减少甚至杜绝环境破坏和环境污染的发生,提高环境保护的效果。

8.2.4 施工项目绩效管理的规定

1)一般规定

（1）项目管理绩效评价制度

组织应制订和实施项目管理绩效评价制度,规定相关职责和工作程序,吸收项目相关方的合理评价意见。项目管理绩效评价可在项目管理相关过程或项目完成后实施,评价过程应公开、公平、公正,评价结果应符合规定要求。项目管理绩效评价应采用适合工程项目特点的评价方法.过程评价与结果评价相配套,定性评价与定量评价相结合。项目管理绩效评价结果应与工程项目管理目标责任书相关内容进行对照,根据目标实现情况予以验证。项目管理绩效评价结果应作为持续改进的依据。组织可开展项目管理成熟度评价。

（2）项目考核评价

①目的与对象。项目考核评价的目的应是规范项目管理行为,鉴定项目管理水平,确认项目管理成果,对项目管理进行全面考核和评价。项目考核评价的主体应是派出项目经理的单位。项目考核评价的对象应是项目经理部,其中应突出对项目经理的管理工作进行考核评价。

②考核评价依据与方式。考核评价的依据应是施工项目经理与承包人签订的项目管理目标责任书,内容应包括完成工程施工合同、经济效益、回收工程款、执行承包人各项管理制度、各种资料归档等情况,以及项目管理目标责任书中其他要求内容的完成情况。

项目考核评价可按年度进行,也可按工程进度计划划分阶段进行,还可综合以上两种方式,在按工程部位划分阶段进行考核中插入按自然时间划分阶段进行考核。工程完工后,必须对项目管理进行全面的终结性考核。

③项目终结性考核。工程竣工验收合格后,应预留一段时间整理资料、疏散人员、退还机械、清理场地、结清账目等,再进行终结性考核。项目终结性考核的内容应包括确认阶段性考核的结果,确认项目管理的最终结果,确认该项目经理部是否具备解体的条件。经考核评价后,兑现项目管理目标责任书确定的奖励和处罚。

（3）项目管理绩效评价的范围与内容

项目管理绩效评价应包括的范围:项目实施的基本情况;项目管理分析与策划;项目管理方法与创新;项目管理效果验证。

项目管理绩效评价应包括的内容:项目管理特点;项目管理理念、模式;主要管理对策、调整和改进;合同履行与相关方满意度;项目管理过程检查、考核、评价;项目管理实施成果。

2)考核评价实务

施工项目完成以后,企业应组织项目考核评价委员会。项目考核评价委员会应由企业主管领导和企业有关业务部门从事项目管理工作的人员组成,必要时也可聘请社团组织或大专院校的专家、学者参加。

（1）考核评价程序与过程

①项目考核评价程序。项目考核评价可按下列程序进行:

a.制订考核评价方案,经企业法定代表人审批后施行;

b. 听取项目经理部汇报,查看项目经理部的有关资料,对项目管理层和劳务作业层进行调查;

c. 考察已完工程;

d. 对项目管理的实际运作水平进行考核评价;

e. 提出考核评价报告;

f. 向被考核评价的项目经理部公布评价意见。

②项目绩效评价过程。项目管理绩效评价机构应在规定时间内完成项目管理绩效评价,保证项目管理绩效评价结果符合客观公正、科学合理、公开透明的要求。项目管理绩效评价应包括下列过程:

a. 成立绩效评价机构。

b. 确定绩效评价专家。项目管理绩效评价专家应具备相关资格和水平,具有项目管理的实践经验和能力,保持相对独立性。

c. 制订绩效评价标准。项目管理绩效评价标准应由项目管理绩效评价机构负责确定,评价标准应符合项目管理规律、实践经验和发展趋势。

d. 形成绩效评价结果。项目管理绩效评价机构应按项目管理绩效评价内容要求,依据评价标准,采用资料评价、成果发布、现场验证方法进行项目管理绩效评价。组织应采用透明公开的评价结果排序方法,以评价专家形成的评价结果为基础,确定不同等级的项目管理绩效评价结果。

(2)绩效考核资料

项目管理绩效考核资料主要包括项目部向考核评价委员会提供的考核证据资料与考核评价委员会向项目部提供的考核评价资料两部分。

①核证据资料。项目经理部应向考核评价委员会提供下列资料:

a. 项目管理实施规划、各种计划、方案及其完成情况;

b. 项目所发生的全部来往文件、函件、签证、记录、鉴定、证明;

c. 各项技术经济指标的完成情况及分析资料;

d. 项目管理的总结报告,包括技术、质量、成本、安全、分配、物资、设备、合同履约及思想工作等各项管理的总结;

e. 使用的各种合同、管理制度、工资发放标准。

②考核评价资料。项目考核评价委员会应向项目经理部提供项目考核评价资料。资料应包括下列内容:

a. 考核评价方案与程序;

b. 考核评价指标、计分办法及有关说明;

c. 考核评价依据;

d. 考核评价结果。

(3)考核评价指标

①定量指标。考核评价的定量指标宜包括下列内容:

a. 工程质量等级;

b. 工程成本降低率;

c. 工期及提前工期率；

d. 安全考核指标。

②定性指标。考核评价的定性指标宜包括下列内容：

a. 执行企业各项制度的情况；

b. 项目管理资料的收集、整理情况；

c. 思想工作方法与效果；

d. 发包人及用户的评价；

e. 在项目管理中应用的新技术、新材料、新设备、新工艺；

f. 在项目管理中采用的现代化管理方法和手段；

g. 环境保护。

③绩效评价指标。项目管理绩效评价应具有下列指标：

a. 项目质量、安全、环保、工期、成本目标完成情况；

b. 供方（供应商、分包商）管理的有效程度；

c. 合同履约率、相关方满意度；

d. 风险预防和持续改进能力；

e. 项目综合效益。

（4）项目管理绩效评价方法

项目管理绩效评价机构应在评价前根据评价需求确定评价方法。项目管理绩效评价机构宜以百分制形式对项目管理绩效进行打分，在合理确定各项评价指标权重的基础上，汇总得出项目管理绩效综合评分。组织应根据项目管理绩效评价需求规定适宜的评价结论等级，以百分制形式进行项目管理绩效评价的结论，宜分为优秀、良好、合格、不合格4个等级。不同等级的项目管理绩效评价结果应分别与相关改进措施的制订相结合，管理绩效评价与项目改进提升同步，确保项目管理绩效的持续改进。项目管理绩效评价完成后，组织应总结评价经验，评估评价过程的改进需求，采取相应措施提升项目管理绩效评价水平。

子项 8.3　工程项目产品回访与保修

8.3.1　工程项目的保修

工程竣工投产交付使用之后，建立保修制度，是施工单位对工程正常发挥工程项目功能负责的集体体现，通过保修可以听取和了解使用单位对工程施工质量的评价和改进意见，维护自己的信誉，提高企业的管理水平。

建设单位与施工单位应在签订工程施工承包合同中根据不同行业，不同的工程情况，协商指定"建筑安装工程保修证书"对工程保修范围、保修时间、保修内容等作出具体规定。

1）保修范围

以建筑安装工程而论，按制度要求，各种类型的工程及其各个部位，都应实行保修。保修的范围如下：

①屋面、地下室、外墙、阳台、厕所、浴室以及厨房、厕所等处渗水、漏水者。

②各种通水管道(包括自来水、热水、污水、雨水等)漏水者,各种气体管道漏气以及通气孔和烟道不通者。

③水泥路面有较大的空鼓、裂缝或起砂者。

④内墙抹灰有较大面积起泡,乃至空鼓脱落或墙面浆活起碱脱皮者,外墙粉刷自动脱落者。

⑤暖气管线安装不良,局部不热,管线接口处及洁具活接口处不严而造成漏水者。

⑥其他由于施工不良而造成的无法使用或使用功能不能正常发挥的工程部位。

凡是由于用户使用不当而造成建筑功能不良或损坏者,不属于保修范围;凡属工业产品项目发生问题,亦不属保修范围。以上两种情况由建设单位自行修理。

2) 保修时间

①民用与公用建筑、一般工业建筑、构筑物的土建工程为 1 年,其中屋面防水工程为 3 年。

②建筑物的电气管线、上下水管线安装工程为 6 个月。

③建筑物的供热及供冷为一个采暖期及供冷期。

④室外的上下水和小区道路等市政公用工程为 1 年。

⑤其他特殊要求的工程,其保修期限由建设单位和施工单位在合同中规定。

3) 保修做法

(1) 发送保修证书

在工程竣工验收的同时(最迟不应超过 3 天到一周),由施工单位向建设单位发送建筑安装工程保修证书。保修证书目前在国内没有统一的格式或规定,应由施工单位拟定并同意印刷。保修证书一般的主要内容包括:工程概况、房屋使用管理要求;保修范围和内容;保修时间;保修说明;保修情况记录。此外,保修证书还应附有保修单位(即施工单位)的名称、详细地址、电话、联系接待部门(如科、室)和联系人,以便于建设单位联系。

(2) 要求检查和修理

在保修期内,建设单位或用户发现房屋的使用功能不良,又是由于施工质量而影响使用者,可以用口头或书面方式同施工单位的有关保修部门,说明情况,要求派人前往检查修理,施工单位自接到保修通知书日起,必须在两周内到达现场,与建设单位共同明确责任方,商议返修内容。属于施工单位责任的,如施工单位未能按期到达现场,建设单位应再次通知施工单位;施工单位自接到再次通知书起的一周内仍不能到达时,建设单位有权自行返修,所发生的费用由原施工单位承担。不属施工单位责任的,建设单位应与施工单位联系,商议维修的具体期限。

(3) 验收

在发生问题的部门或项目修理完毕以后,要在保修证书的"保修记录"栏内做好记录,并经建设单位验收签认,以表示修理工作完结。

4) 维修的经济责任处理

①施工单位未按国家有关规范、标准和设计要求施工,造成的质量缺陷,由施工单位负责返修并承担经济责任。

②由于设计方面造成的质量缺陷,由设计单位承担经济责任。由施工单位负责维修,其费用按有关规定通过建设单位向设计单位索赔,不足部分由建设单位负责。

③因建筑材料、构配件和设备质量不合格引起的质量缺陷,属于施工单位采购的或经其验收同意的,由施工单位承担经济责任;属于建设单位采购的,由建设单位承担经济责任。

④因使用单位使用不当造成的质量缺陷,由使用单位自行负责。

⑤因地震、洪水、台风等不可抗拒原因造成的质量问题,施工单位、设计单位不承担经济责任。

8.3.2　工程项目的回访

1)回访的方式

回访的方式一般有 3 类:

(1)季节性回访

这类回访大多数是雨季回访屋面、墙面的防水情况,冬季回访锅炉房及采暖系统的情况;发现问题采取有效措施,及时加以解决。

(2)技术性的回访

这类回访主要了解在工程施工过程中采用的新材料、新技术、新工艺、新设备等的技术性能和使用后的效果,发现问题及时加以补救和解决;同时也便于总结经验,获取科学依据,不断改进与完善,并为进一步推广创造条件。这种回访既可定期进行,也可以不定期地进行。

(3)保修期满前的回访

这类回访一般是在保修即将届满之前,进行回访,既可以解决出现的问题,又标志着保修期即将结束,使建设单位注意建筑物的维修和使用。

2)回访的方法

回访应由施工单位的领导组织生产、技术、质量、水电(也可以包括合同、预算)等有关方面的人员进行,必要时还可以邀请科研方面的人员参加。回访时,由建设单位组织座谈会或意见听取会,并察看建筑物和设备的运转情况等。回访必须解决问题,并应该做出回访记录,必要时应写出回访纪要。

8.3.3　项目回访保修管理的规定

1)一般规定

回访保修的责任应由承包人承担,承包人应建立施工项目交工后的回访与保修制度,听取用户意见,提高服务质量,改进服务方式。

承包人应建立与发包人及用户的服务联系网络,及时取得信息,并按计划、实施、验证、报告的程序,搞好回访与保修工作。保修工作必须履行施工合同的约定和"工程质量保修书"中的承诺。

2）回访

（1）回访工作计划的内容

回访应纳入承包人的工作计划、服务控制程序和质量体系文件。

承包人应编制回访工作计划。工作计划应包括下列内容：

①主管回访保修业务的部门。

②回访保修的执行单位。

③回访的对象（发包人或使用人）及其工程名称。

④回访时间安排和主要内容。

⑤回访工程的保修期限。

执行单位在每次回访结束后应填写回访记录；在全部回访后，应编写"回访服务报告"。主管部门应依据回访记录对回访服务的实施效果进行验证。

（2）回访的方式

回访可采取以下方式：

①电话询问、会议座谈、半年或一年的例行回访。

②夏季重点回访屋面及防水工程和空调工程、墙面防水，冬季重点回访采暖工程。

③对施工过程中采用的新材料、新技术、新工艺、新设备工程，回访使用效果或技术状态。

④特殊工程的专访。

3）保修

"工程质量保修书"中应具体约定保修范围及内容、保修期、保修责任、保修费用等。

保修期为自竣工验收合格之日起计算，在正常使用条件下的最低保修期限。

在保修期内发生的非使用原因的质量问题，使用人填写"工程质量修理通知书"告知承包人，并注明质量问题及部位、联系维修方式。

承包人应按"工程质量保修书"的承诺向发包人或使用人提供服务。保修业务应列入施工生产计划，并按约定的内容承担保修责任。

保修经济责任应按下列方式处理：

①由于承包人未按照国家标准、规范和设计要求施工造成的质量缺陷，应由承包人负责修理并承担经济责任。

②由于设计人造成的质量缺陷，应由设计人承担经济责任。当由承包人修理时，费用数额应按合同约定，不足部分应由发包人补偿。

③由于发包人供应的材料、构配件或设备不合格造成的质量缺陷，应由发包人自行承担经济责任。

④由发包人指定的分包人造成的质量缺陷，应由发包人自行承担经济责任。

⑤因使用人未经许可自行改建造成的质量缺陷，应由使用人自行承担经济责任。

⑥因地震、洪水、台风等不可抗力原因造成损坏或非施工原因造成的事故，承包人不承担经济责任。

⑦当使用人需要责任以外的修理维护服务时，承包人应提供相应的服务，并在双方协议

中明确服务的内容和质量要求,费用由使用人支付。

子项 8.4   项目管理总结

在项目管理收尾阶段,项目管理机构应进行项目管理总结,编写项目管理总结报告,纳入项目管理档案。

8.4.1   编制依据

项目管理总结的编制依据宜包括下列内容:
①项目可行性研究报告;
②项目管理策划;
③项目管理目标;
④项目合同文件;
⑤项目管理规划;
⑥项目设计文件;
⑦项目合同收尾资料;
⑧项目工程收尾资料;
⑨项目的有关管理标准。

8.4.2   编制内容

项目管理总结报告应包括下列内容:
①项目可行性研究报告的执行总结;
②项目管理策划总结;
③项目合同管理总结;
④项目管理规划总结;
⑤项目设计管理总结;
⑥项目施工管理总结;
⑦项目管理目标执行情况;
⑧项目管理经验与教训;
⑨项目管理绩效与创新评价。

8.4.3   发布与奖惩

项目管理总结完成后,组织应进行下列工作:
①在适当的范围内发布项目总结报告;
②兑现在项目管理目标责任书中对项目管理机构的承诺;
③根据岗位责任制和部门责任制对职能部门进行奖罚。

项目小结

本项目主要介绍了施工项目收尾阶段管理的 4 个方面主要工作,主要包括施工项目竣工验收、施工项目考核评价、施工项目维修与回访。

数字资源及
拓展材料

①施工项目竣工验收。主要内容包括竣工验收的范围和依据、竣工验收的标准、竣工验收的程序和内容、竣工验收的组织、竣工资料的移交、竣工图的绘制、工程技术档案资料管理。

②施工项目考核评价。主要内容包括工程项目管理全面分析、工程项目管理单项分析、工程项目管理考核与评价以及现行施工项目管理规范的规定。

③施工项目维修与回访。主要内容包括工程项目的保修制度、项目维修的检查与验收,项目回访制度以及现行规范对施工项目维修及回访的规定要求。

④项目管理总结。主要内容包括项目管理总结编制的依据、内容以及项目总结报告的发布与奖惩。

复习思考题

1. 工程项目竣工验收必须满足什么条件?

2. 工程项目竣工验收的准备工作有哪些?

3. 工程竣工资料主要有哪些内容?

4. 工程竣工图的编制有哪些具体要求?

5. 竣工验收组织的构成和职责分别是什么?

6. 工程竣工验收的依据有哪些?

7. 工程项目竣工结算有什么作用?

8. 编制竣工结算的依据是什么?

9. 工程项目管理全面分析的评价指标有哪些?

10. 工程项目管理可以从哪几方面进行单项分析?

11. 工程项目管理考核评价的主体和对象是什么?

12. 工程项目管理考核评价的资料中,由项目经理部提供的有哪些?

13. 施工单位进行工程回访与保修有什么意义?

14. 在正常使用条件下,建设工程的最低保修期限有哪些规定?

15. 简述工程项目保修的经济责任。

16. 工程项目保修做法的步骤有哪些?

17. 回访工作计划应包括什么内容?

18. 回访工作的方式有哪几种?

19. 项目管理总结编制的依据有哪些?

20. 项目管理总结报告包括的内容有哪些?

参考文献

［1］张迪.施工项目管理［M］.北京：中国水利水电出版社,2009.

［2］徐猛勇,刘先春.建筑工程项目管理［M］.北京：中国水利水电出版社,2011.

［3］中华人民共和国住房和城乡建设部.建筑工程项目管理规范 GB/T 50326—2017：［S］.北京：中国建筑工业出版社,2017.

［4］申永康.建筑工程施工组织［M］.2 版.重庆：重庆大学出版社,2021.

［5］国向云.建筑工程施工项目管理［M］.北京：北京大学出版社,2009.

［6］王辉.建设工程项目管理［M］.北京：北京大学出版社,2010.